“十四五”职业教育国家规划教材

高等职业教育教材

模拟电子技术及应用

晏明军　张　力　主　编

于　玲　冀勇钢　吴　键　副主编

荆　珂　主　审

U0260564

中国铁道出版社有限公司

2025年·北京

内 容 简 介

　　本书是由具有多年职业教育工作经验的专任教师根据当代高等职业教育的培养目标和基本要求编写的一本实用教材。内容包括常用半导体器件、基本放大电路、负反馈放大电路、集成运算放大电路、功率放大电路、正弦波振荡电路、直流稳压电源。为宜教利学,每一章均配有知识归纳、知识训练、知识自测和技能训练,使学生从各个角度理解和掌握相关知识,培养、训练相关技能,形成利用所学知识技能解决实际问题的能力。

　　本书可作为高等职业教育电子技术类、通信技术类、计算机应用、自动控制、机电一体化、工业企业电气化等专业的专业课或技术基础课教材,也可供从事电子技术的工程技术人员参考。

图书在版编目(CIP)数据

模拟电子技术及应用/晏明军,张力主编.—北京:
中国铁道出版社,2018.3(2025.2重印)
高等职业教育教材
ISBN 978-7-113-24250-3

Ⅰ.①模… Ⅱ.①晏… ②张… Ⅲ.①模拟电路-电子
技术-高等职业教育-教材 Ⅳ.①TN710

中国版本图书馆 CIP 数据核字(2018)第 016088 号

书　　名:**模拟电子技术及应用**
作　　者:晏明军　张 力

责任编辑:亢丽君　绳 超　　　编辑部电话:(010)51873205　　　电子信箱:1728656740@qq.com
封面设计:郑春鹏
责任校对:苗 丹
责任印制:高春晓

出版发行:中国铁道出版社有限公司 (100054,北京市西城区右安门西街 8 号)
印　　刷:河北宝昌佳彩印刷有限公司
版　　次:2018 年 3 月第 1 版　2025 年 2 月第 5 次印刷
开　　本:787 mm×1 092 mm　1/16　印张:16.5　字数:422 千
书　　号:ISBN 978-7-113-24250-3
定　　价:45.00 元

前言 Preface

　　本书是根据高职教育的培养目标和学生特点,结合电子技术类及相关专业课程标准的要求,认真分析了现行电子技术的教学内容,总结多年教学实践的经验和体会,学习参考了多位专家学者的著作后编写而成的。本书以模拟电子技术的基本概念、基本原理和基本分析方法为主线,以"必需"和"够用"为度,以培养学生的专业技能和实践能力为核心,以应用为目的,注重实用,理论联系实际,充分体现了高等职业教育的特色。

　　本书内容与高职学生的知识、能力结构相适应,直接针对电类专业高等技术应用型人才岗位(群)所需的知识、能力,突出职业特色,加强工程针对性、实用性,不仅为专业课学习打好基础,为培养再学习能力服务,也为培养职业能力服务。

　　在内容阐述方面,力求简明扼要,通俗易懂。强化理论知识与实践的结合,以应用为目的,用适当的应用实例说明问题,突出高职教学特色。

　　淡化公式推导和过重的理论分析,重在教学生学会元器件、电子电路在实际中的应用和掌握基本分析工具、基本分析方法,注重结论性知识点的掌握和运用。

　　为使教学内容适应电子技术飞速发展的新形势,突出教学内容的先进性,加强了集成电路及其应用的内容,如集成运放、集成稳压器、集成功放、中规模数字集成电路等。

　　知识传授尽量建立在物理概念的基础上,力求做到由浅入深、由易到难、循序渐进,在通俗易懂、降低难度上下功夫,选用有代表性的例题,突出重点,分散难点,促进读者的求知欲和提高学习的主动性。

　　每章均编有知识训练、知识自测和技能训练,便于知识的消化理解、巩固提高和专业技能的培养。

　　本书教学时数为80课时,加※部分为选学内容。

　　本书适合作为高等职业教育电子技术、通信技术、计算机应用、自动控制、机电一体化、工业企业电气化等专业的专业课或技术基础课的教材,也可供从事电子技术的工程技术人员自学与参考。各专业或学习者可根据各自的实际情况对本书内容进行选取和删减。

  本书由辽宁铁道职业技术学院晏明军、张力任主编,辽宁铁道职业技术学院于玲、冀勇钢、吴键任副主编,营口理工学院荆珂主审。具体编写分工为:晏明军编写第一、三章;张力编写第二章及常用符号说明、附录;冀勇钢编写第四章;于玲编写第五、六章;吴键编写第七章。

  由于编者水平有限,书中难免有疏漏和不妥之处,敬请使用本书的读者给予批评指正。

编 者

2017 年 10 月

常用符号说明

一、基本符号

1. 电阻

R	电阻通用符号,直流电阻或静态电阻
r	交流电阻或动态电阻
R_P	电位器
R_B、R_C、R_E	三极管电路中基极、集电极、发射极电阻
R_G、R_D、R_S	场效应管电路中栅极、漏极、源极电阻
R_S	信号源内阻
R_L	负载电阻
R_L'	负载等效电阻
R_F	反馈电阻
r_{be}	三极管 b-e 极间的等效输入电阻
r_i、r_o	放大电路的交流输入、输出电阻
r_{if}、r_{of}	有反馈时电路的交流输入、输出电阻
r_{id}、r_{od}	差模输入电阻、输出电阻
r_{ic}、r_{oc}	共模输入电阻、输出电阻
r_d	二极管动态电阻
r_Z	稳压管动态电阻

2. 电容、电感

C	电容通用符号
C_B、C_E	基极、发射极旁路电容
C_S	源极旁路电容
C_F	反馈电容
C_j	PN 结结电容
C_B、C_D	势垒电容、扩散电容
C_{be}	b-e 极间的电容
C_{bc}	b-c 极间的电容
C_i	输入电容
C_L	负载电容
L	电感通用符号、自感系数
M	互感系数
T	变压器通用符号

二、器件符号

1. 二极管与三极管

P、N	空穴型、电子型半导体
V	三极管、场效应管
VD	普通二极管
VZ	稳压二极管
LED	发光二极管
LCD	液晶显示器
PC	光电池
A、K	整流元件阳极、阴极
b(B)	三极管基极
c(C)	三极管集电极
e(E)	三极管发射极
g(G)	场效应管栅极
d(D)	场效应管漏极
s(S)	场效应管源极

2. 集成器件

IC	集成电路通用符号
A	集成运算放大器
MUX	数据选择器
DMUX	数据分配器
ALU	算术逻辑运算单元
C	电压比较器
G	门
OC	集电极开路门
TS	三态门
TG	传输门
SW	模拟开关
F	触发器
ROM	只读存储器
RAM	随机存储器
PLD	可编程逻辑器件
PLA	可编程逻辑阵列
PAL	可编程阵列逻辑
GAL	通用阵列逻辑

三、电压与电流符号

1. 工作电源电压

符号规定：大写字母，大写下标，并双写该下标字母。

V_{BB}	三极管基极直流电源电压
V_{CC}	三极管集电极直流电源电压
V_{EE}	三极管发射极直流电源电压
V_{GG}	场效应管栅极直流电源电压
V_{DD}	场效应管漏极直流电源电压
V_{SS}	场效应管源极直流电源电压
E	电池通用符号
GND	接地端

2. 电压与电流

符号规定：

小写字母，小写下标，表示交流瞬时值；

小写字母，大写下标，表示含直流量的瞬时值；

大写字母，小写下标，表示交流有效值；

大写字母，大写下标，表示直流量（或静态值）。

U、u	电压通用符号
V、v	电位、电平通用符号
I、i	电流通用符号
$\dot{U}$、$\dot{I}$	交流复数值
ΔU、ΔI	直流变化量
Δu、Δi	瞬时值变化量
U_Q、I_Q	直流电压、电流静态值
u_I、i_I	输入电压、电流
u_O、i_O	输出电压、电流
u_S、i_S	信号源电压、电流
u_f、i_f	反馈电压、电流
u_{Id}（或 u_{id}）、	
u_{Od}（或 u_{od}）	差模输入、输出电压
u_{Ic}（或 u_{ic}）、	
u_{Oc}（或 u_{oc}）	共模输入、输出电压
u_+、i_+	集成运放同相端输入电压、电流
u_-、i_-	集成运放反相端输入电压、电流
U_R、U_{REF}	参考电压或基准电压
I_R、I_{REF}	参考电流或基准电流
U_P	夹断电压
U_T、U_{TH}	开启电压、门限电压或阈值电压
U_{T+}	施密特触发特性的正向阈值电压
U_{T-}	施密特触发特性的负向阈值电压

U_{IH}	输入高电平
U_{IL}	输入低电平
U_{OH}	输出高电平
U_{OL}	输出低电平
U_{ON}	开门电平
U_{OFF}	关门电平
U_{NH}	高电平噪声容限
U_{NL}	低电平噪声容限
$U_{(BR)CEO}$	基极开路时 c-e 极间的反向击穿电压
$U_{(BR)EBO}$	集电极开路时 e-b 极间的反向击穿电压
$U_{(BR)CBO}$	发射极开路时 c-b 极间的反向击穿电压
U_{CES}	三极管 c-e 极间的饱和管压降
I_{CBO}	发射极开路时 c-b 极间的反向饱和电流
I_{CEO}	基极开路时 c-e 极间的穿透电流
I_{CM}	三极管集电极最大允许电流
u_{BE}	三极管 b-e 极间含直流量的瞬时电压
u_{CE}	三极管 c-e 极间含直流量的瞬时电压
i_B、i_C、i_E	三极管 b、c、e 极的含直流量的瞬时电流
i_b、i_c、i_e	三极管 b、c、e 极的交流瞬时电流
I_{BQ}、I_{CQ}、I_{EQ}	三极管 b、c、e 极的静态工作电流
U_{GS}	场效应管 g-s 极间的直流电压
U_{DS}	场效应管 d-s 极间的直流电压
u_{GS}	场效应管 g-s 极间含直流量的瞬时电压
u_{DS}	场效应管 d-s 极间含直流量的瞬时电压
I_D	场效应管漏极电流、二极管整流电流
I_{DO}	增强型场效应管 $U_{GS}=2U_{IH}$ 时的漏极电流
I_{DSS}	耗尽型场效应管 $U_{GS}=0$ 时的漏极电流
U_Z、I_Z	稳压管的稳定电压、稳定电流
I_{FM}	二极管最大整流电流
I_S	二极管的反向饱和电流
I_R	二极管的反向电流

U_{RM}	二极管最高反向工作电压
$U_{(BR)}$	二极管的击穿电压

四、功率符号

P	功率通用符号
p	瞬时功率
p_{Om}	最大输出交流功率
P_V	晶体管耗散功率
P_E	电源消耗的功率
P_{CM}	集电极最大允许耗散功率

五、频率符号

f、ω	频率、角频率通用符号
f_{BW}	通频带
f_H	放大电路的上限截止频率
f_L	放大电路的下限截止频率
f_o	振荡频率或中心频率
f_S、f_P	石英晶体的串联、并联谐振频率
f_M	二极管的最高工作频率

六、放大倍数、增益符号

A	放大倍数或增益通用符号
A_u、A_{uo}	电压放大倍数、开环电压放大倍数
A_{us}	考虑信号源内阻时的电压放大倍数
A_{uf}	负反馈放大电路的闭环电压放大倍数
F	反馈系数通用符号
$\dot{A}$、$\dot{F}$	放大倍数、反馈系数的相量形式
A_{ud}	差模电压放大倍数
A_{uc}	共模电压放大倍数
K_{CMR}	共模抑制比
$\bar{\beta}$、β	三极管共射极直流、交流电流放大系数
$\bar{\alpha}$、α	三极管共基极直流、交流电流放大系数

g_m	场效应管低频互导(跨导)

七、脉冲、数字电路参数符号

f	周期性脉冲的重复频率
T	脉冲周期
U_m	脉冲幅度
t_r	上升时间
t_f	下降时间
t_w	脉冲宽度
q	占空比
t_{pd}	平均传输延迟时间
N_O	扇出系数
CP	时钟脉冲
CLK	时钟
B,D,H	二进制、十进制、十六进制
EN	允许、使能控制端
CE	输出允许

八、其他符号

Q	品质因数、静态工作点
T	温度
U_T	温度电压当量
η	效率
τ	时间常数
φ	相位角
φ_A	基本放大电路的相位移
φ_F	反馈或移相网络的相位移
t_{on}	导通时间
t_{off}	截止(关闭)时间
S_r	稳压系数
S_U	电压调整率
S_I	电流调整率
SR	转换速率
S	开关
K、KA	继电器

目录 Contents

第一章　常用半导体器件 ·· 1

第一节　半导体的基础知识 ·· 1

第二节　半导体二极管 ·· 5

※第三节　特殊二极管 ·· 13

第四节　半导体三极管 ·· 16

第五节　半导体器件的命名与检测 ·· 25

第六节　场效应管 ·· 28

知识归纳 ··· 37

知识训练 ··· 38

知识自测 ··· 42

技能训练 ··· 46

第二章　基本放大电路 ··· 51

第一节　放大电路的基本概念 ··· 51

第二节　共射极放大电路 ··· 53

第三节　图解分析法 ··· 56

第四节　微变等效电路分析法 ··· 62

第五节　共集电极和共基极放大电路 ·· 67

第六节　多级放大电路 ·· 72

第七节　场效应管放大电路 ·· 80

知识归纳 ··· 84

知识训练 ··· 85

知识自测 ··· 92

技能训练 ··· 97

第三章　负反馈放大电路 ·· 101

第一节　反馈的基本概念 ··· 101

第二节　负反馈放大电路的一般表达式及基本组态 ··· 105

第三节　负反馈对放大电路性能的影响 ··· 108

第四节　负反馈的引入及深度负反馈放大电路的估算 ……………………………… 111

　　知识归纳 ……………………………………………………………………………… 114

　　知识训练 ……………………………………………………………………………… 115

　　知识自测 ……………………………………………………………………………… 119

　　技能训练 ……………………………………………………………………………… 121

第四章　集成运算放大电路 ……………………………………………………………… 125

　第一节　集成电路概述 ………………………………………………………………… 125

　第二节　差分放大电路 ………………………………………………………………… 127

　第三节　集成运算放大器的组成与理想特性 ………………………………………… 133

　第四节　集成运算放大器的基本运算电路 …………………………………………… 140

　※第五节　集成运算放大器的非线性应用 …………………………………………… 148

　※第六节　集成运算放大器使用注意问题 …………………………………………… 152

　　知识归纳 ……………………………………………………………………………… 154

　　知识训练 ……………………………………………………………………………… 155

　　知识自测 ……………………………………………………………………………… 159

　　技能训练 ……………………………………………………………………………… 162

第五章　功率放大器 ……………………………………………………………………… 167

　第一节　功率放大器概述 ……………………………………………………………… 167

　第二节　互补对称功率放大器 ………………………………………………………… 169

　第三节　集成功率放大器 ……………………………………………………………… 175

　　知识归纳 ……………………………………………………………………………… 180

　　知识训练 ……………………………………………………………………………… 180

　　知识自测 ……………………………………………………………………………… 185

　　技能训练 ……………………………………………………………………………… 187

第六章　正弦波振荡电路 ………………………………………………………………… 190

　第一节　自激振荡的基本工作原理 …………………………………………………… 190

　第二节　RC 正弦波振荡电路 ………………………………………………………… 191

　第三节　LC 正弦波振荡电路 ………………………………………………………… 194

　第四节　石英晶体正弦波振荡电路 …………………………………………………… 200

　　知识归纳 ……………………………………………………………………………… 202

　　知识训练 ……………………………………………………………………………… 203

　　知识自测 ……………………………………………………………………………… 207

　　技能训练 ……………………………………………………………………………… 209

第七章　直流稳压电源 …………………………………………………………………… 213

　第一节　直流稳压电源的组成及性能指标 …………………………………………… 213

第二节　整流电路 ··· 214
第三节　滤波电路 ··· 217
第四节　串联型直流稳压电路 ····························· 222
第五节　线性集成稳压器 ····································· 226
第六节　开关型稳压电源 ····································· 230
知识归纳 ·· 234
知识训练 ·· 235
知识自测 ·· 237
技能训练 ·· 239

附　　录 ·· 243
附录 A　半导体器件型号命名方法 ····················· 243
附录 B　常用半导体器件的参数 ························· 245
附录 C　集成电路型号命名方法 ························· 249
附录 D　常用电子元器件图形符号新旧对照表 ····· 251

参考文献 ·· 252

常用半导体器件

常用的半导体器件主要有晶体二极管、晶体三极管、场效应管,它们是构成各种电子电路的基础。本章主要介绍它们的基本工作原理和基本特性。首先从介绍半导体的基本知识开始,讨论半导体器件的核心部分——PN结;然后介绍二极管的物理结构、工作原理、特性曲线和主要参数,并对几种特殊二极管也给予简要介绍;接着再介绍三极管、场效应管的物理结构、工作原理、特性曲线和主要参数。通过学习,能够识别和检测常用电子元器件,初步具备查阅电子器件手册、较合理地选用或代换器件的能力;确立电子器件的基本工作原理、基本概念和分析方法,熟悉器件的符号、特点和使用方法,重点掌握各种半导体器件结论性的知识点,为后续学习电子电路打下基础。

第一节　半导体的基础知识

一、半导体的导电特性

半导体器件是由半导体材料构成的,学习半导体器件,必须首先了解构成这些具有神奇功能半导体器件的半导体材料。

1. 半导体及其主要特性

自然界中的物质按其导电能力强弱的不同,可分为三大类:导体、绝缘体和半导体。通常将电阻率小于 10^{-4} $\Omega \cdot cm$ 的物质称为导体,例如金、银、铜、铁等金属都是良好的导体;将电阻率大于 10^{10} $\Omega \cdot cm$ 的物质称为绝缘体,例如橡胶、塑料、玻璃等都很难导电。还有一类物质,其导电能力介于导体和绝缘体之间,称为半导体(电阻率为 $10^{-4} \sim 10^{10}$ $\Omega \cdot cm$)。常用的半导体材料有硅(Si)、锗(Ge)和砷化镓(GaAs)等,大多数半导体器件所用的主要材料就是硅和锗。

导体导电能力最好,常用于构成传导电流的电路;绝缘体几乎不导电,宜用于限制电流流通,防止电流泄漏。半导体传导电流不如导体,限制电流又不如绝缘体,但却得到了广泛的应用,而且半导体技术的发展成为电子技术发展的标志,主要是因为半导体具有一些特殊性能,科学家利用这些特殊性能,制造出了性能优异的半导体器件,从而引发了电子技术的飞跃发展。

(1)热敏特性:半导体对温度很敏感,其电阻率随温度的升高会减小,导电能力将显著增加。例如,半导体锗在温度每升高 10 ℃时,其电阻率减小为原来的一半。虽然这种特性对半导体器件的工作性能、对半导体器件组成的电子电路的性能有许多不利的影响,但利用这种特性可制成各种热敏器件,用于自动控制系统以及温度测量等。由此制成的热敏电阻,可以感知万分之一摄氏度的温度变化,把热敏电阻安装在机器的重要部位,就能控制和测量它们的温度;用热敏电阻制作的恒温调节器,可以把环境温度设定在±5 ℃的范围内;在农业上,用热敏电阻制成的感测装置能准确地测出植物叶面的温度和土壤的温度;它还能测量辐射,如几百米远人体发出的热辐射或 1 km 外的热源都能方便地测出。

(2)光敏特性:半导体材料对光照很敏感。半导体材料受到光照射时,其电阻率减小,导电能力显著增强。例如,一种硫化铬的半导体材料,在一般灯光照射下,其电阻率是移去光照后的几十分之一或几百分之一。利用半导体的光敏特性,可以制成光电二极管、光电晶体管和光敏电阻等多种光电器件,用于自动控制和光电控制电路中。如应用光电器件可以实现路灯、航标灯的自动控制;可以制成火灾报警装置;可以进行产品自动计数等。

(3)掺杂特性:在纯净的半导体中人为地掺入微量的杂质元素,就会使它的导电能力急剧增强。例如在半导体硅中掺入亿分之一的硼(B),其导电能力可以提高几万倍。人们用控制掺杂浓度的方法,精确地控制半导体的导电能力,制造出了各种不同性能、不同用途的半导体器件,如二极管、三极管、场效应管等。而且在半导体不同的部位掺入不同的杂质,就会呈现不同的性能,再采用一些特殊工艺,将各种半导体器件进行适当的连接就可制成具有某一特定功能的电路——集成电路,甚至是系统,这就是半导体最具魅力之处。

常用的半导体材料在自然界中都是以晶体结构存在的,因此由其构成的半导体二极管、三极管又称晶体二极管和晶体三极管。

2. 本征半导体

半导体按其是否掺入杂质来划分,可分为本征半导体和杂质半导体。半导体之所以具有上述特殊特性,是其本身的结构特征决定了其特殊的特性。常用的半导体材料硅和锗都是四价元素,其原子最外层轨道都具有四个电子,称为价电子。每个价电子为相邻原子所共有,从而形成共价键,原子与原子之间通过共价键联系在一起,形成空间有序排列,半导体呈晶体结构。把这种非常纯净且原子排列整齐的半导体称为本征半导体,本征半导体结构如图 1-1 所示。

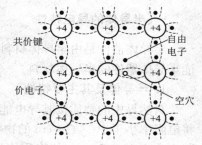

图 1-1　本征半导体结构

在 $T=0$ K(热力学温度零度)和没有外界激发时,由于共价键具有很强的结合力,价电子不能挣脱其束缚而成为自由电子,所以半导体因没有自由电子而不能导电,呈现绝缘状态。当温度升高或有外界激发时,价电子会挣脱共价键的束缚而成为自由电子,同时在原共价键中留下一个空位,这个空位称为空穴。本征半导体一旦有了自由电子,其导电能力就增加。在本征半导体中电子和空穴的数目总是相等的,且电子和空穴是成对出现的,所以称为电子-空穴对。把在热或光的作用下,本征半导体中的价电子挣脱共价键的束缚产生电子-空穴对的现象,称为本征激发。

在外电场作用下,自由电子和空穴都做定向移动,因此半导体中有两种载流子(导电粒子),一种是带负电荷的自由电子,一种是相当于带等量正电荷的空穴,它们在外电场作用下都能定向移动形成电流,这是半导体导电与导体导电的本质区别。本征半导体中两种载流子的数量相等,常温下自由电子和空穴两种载流子的数量很少,所以导电性很差。然而,当环境温度升高时,本征激发所带来的两种载流子的数量会显著增多,导电性明显提高,这就是半导体的导电性随温度变化而明显变化的原因。

3. 杂质半导体

在本征半导体中掺入微量的其他元素(称杂质),就会使它的导电性发生显著变化,这种掺入杂质的半导体称为杂质半导体。根据掺入杂质的不同,杂质半导体可分为 P 型半导体和 N 型半导体两大类。

(1)P 型半导体。在本征半导体中掺入微量的三价元素(如硼、铟、镓),则可构成 P 型半导体。因硼原子只有三个价电子,它与相邻的四个原子组成共价键时,因缺少一个价电子而出现空穴。这样 P 型半导体中的载流子除了本征激发产生的电子-空穴对外,还有因掺杂而产生的大量的空穴,每掺入一个杂质元素就能产生一个空穴,使得半导体中的空穴载流子数量大大提高,导电性显著增强,如图 1-2 所示。在 P 型半导体中,空穴的数量远大于自由电子的数量,空穴为多数载流子,简称多子;而电子为少数载流子,简称少子。由于 P 型半导体以空穴为导电主体,故又称空穴型半导体。

(2)N 型半导体。在本征半导体中掺入微量的五价元素(如磷、砷、锑),则可构成 N 型半导体。因磷原子有五个价电子,它与相邻的四个原子组成共价键时,多出的一个价电子便成为自由电子,每掺入一个杂质元素就能产生一个自由电子,使得半导体中的电子载流子数量大大提高,导电性显著增强,如图 1-3 所示。掺杂后的 N 型半导体中,电子和空穴两种载流子的数目不再相等,电子为多数载流子,空穴为少数载流子。由于 N 型半导体以电子为导电主体,故又称电子型半导体。

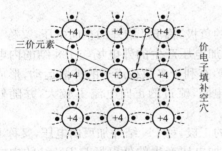 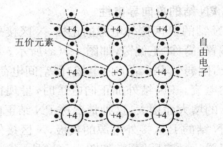

图 1-2 P 型半导体结构　　　　　　　　图 1-3 N 型半导体结构

在杂质半导体中,多数载流子的数量主要取决于掺杂的多少,因此,可以控制掺杂的浓度来控制其导电能力;而少数载流子的数量主要取决于温度,因此,半导体器件工作的稳定性是受温度影响的。无论哪种杂质半导体,对外均不显电性。

二、PN 结

1. PN 结的形成

虽然杂质半导体的导电能力大大提高,但单一的 P 型半导体或 N 型半导体只能起电阻作用。通过特殊的掺杂工艺,将纯净半导体的一侧做成 P 型半导体,另一侧做成 N 型半导体,在其交界处就形成了一个特殊的薄层,称为 PN 结,如图 1-4 所示。PN 结是构成各种半导体器件的基础。

因为 P 区的多数载流子是空穴,而 N 区的多数载流子是电子,因此,P 区一侧的空穴浓度远大于 N 区的空穴浓度,而 N 区一侧的电子浓度远大于 P 区的电子浓度。这种载流子浓度的差异,产生了多数载流子的扩散运动,P 区的空穴向 N 区扩散,N 区的电子向 P 区扩散,如

图 1-4 中箭头所示。扩散运动使交界面靠近 P 区一侧留下一层负离子,靠近 N 区一侧留下等量的正离子,于是在交界面两侧形成了正、负离子薄层,称为空间电荷区。

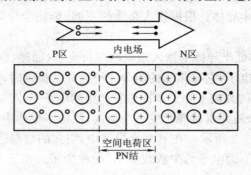

图 1-4　PN 结的形成

空间电荷区的出现产生了 PN 结的内电场,其方向由 N 区指向 P 区,它阻碍了多数载流子的扩散运动,却有助于两边的少数载流子的漂移运动。在扩散运动开始时,空间电荷区刚形成,内电场还很弱,扩散运动很强,而漂移运动较弱。随着扩散运动的不断进行,空间电荷区逐渐变宽,内电场不断加强,少数载流子的漂移运动随之增强。最后,多数载流子的扩散与少数载流子的漂移相抵消,达到动态平衡,空间电荷区的宽度保持不变,这个具有一定厚度、稳定的空间电荷区,称为 PN 结。

2. PN 结的单向导电性

PN 结的 P 区接外电源的正极,N 区接外电源的负极,称 PN 结外加正向电压,又称 PN 结正向偏置(简称"正偏"),如图 1-5(a)所示。这时外加电压产生的外电场与 PN 结的内电场方向相反,削弱了 PN 结的内电场,使空间电荷区变窄,有利于多数载流子的扩散运动,形成较大的正向电流。PN 结外加正向电压时,呈现很小的电阻,流过的正向电流 I_F 较大,并随外加正向电压的增大而增大,这种情况称 PN 结正向导通。

PN 结的 P 区接外电源的负极,N 区接外电源的正极,称 PN 结外加反向电压,又称 PN 结反向偏置(简称"反偏"),如图 1-5(b)所示。这时外加电压产生的外电场与 PN 结的内电场方向相同,内电场的作用增强,空间电荷区变宽,阻碍了多子载流子的扩散运动,却有助于少数载流子的漂移运动。由于是少数载流子移动形成的电流,所以反向电流很小。PN 结外加反向电压时,呈现很大的电阻,流过的反向电流 I_R 几乎为零,且基本不随外加电压变化而变化,这种情况称 PN 结反向截止。

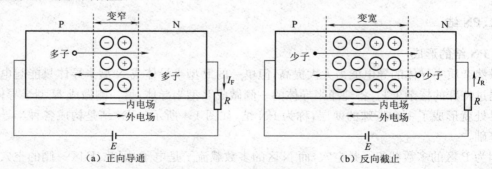

（a）正向导通　　　　　　　　　　　　（b）反向截止

图 1-5　PN 结的单向导电性

PN 结正偏时导通,反偏时截止的特性,称为 PN 结的单向导电特性。

第二节　半导体二极管

一、二极管的结构

二极管是最简单的半导体器件,由一个 PN 结构成。在 PN 结的两个区分别引出电极引线,并用一定的外壳封装,就制成了半导体二极管,其结构示意图如图 1-6(a)所示。

从 P 区引出的电极称为正极(或阳极),从 N 区引出的电极称为负极(或阴极)。二极管的图形符号如图 1-6(b)所示,三角箭头的方向表示二极管正向电流的流通方向,正向电流只能由 P 区流向 N 区,二极管的文字符号用 VD 表示。由于用途和封装的不同,二极管的外形各异,几种常见的二极管外形如图 1-6(c)所示。

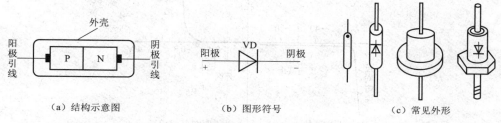

（a）结构示意图　　　　　　（b）图形符号　　　　　　（c）常见外形

图 1-6　二极管结构示意图、图形符号及常见外形

二极管的种类很多,按所用的半导体材料分,有硅二极管、锗二极管、砷化镓二极管等,其中硅二极管的热稳定性比锗二极管好得多;按功率分,有小功率管和大功率管;按用途分,有普通二极管、整流二极管、检波二极管、稳压二极管、开关二极管、变容二极管、发光二极管等;按结构分,有点接触型、面接触型和平面型三类,如图 1-7 所示。

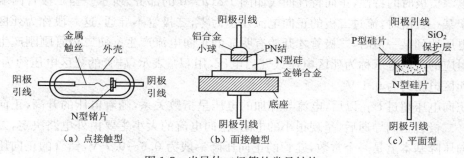

（a）点接触型　　　　　　（b）面接触型　　　　　　（c）平面型

图 1-7　半导体二极管的常见结构

点接触型二极管由于 PN 结面积小,结电容小,适用于在较高频率下工作,但允许通过的正向电流小,主要用于高频检波和小电流整流;面接触型二极管由于 PN 结面积大,结电容大,故只能在较低频率下工作,但它允许通过的正向电流大,可用于大功率整流电路,如电源整流;平面型二极管根据工艺方法不同,结面积可大可小,结面积大的适用于低频大电流整流,结面积小的适用于在数字电路中作开关管,这种工艺的 PN 结是集成电路常见的一种形式。

二、二极管的伏安特性

从结构组成可知,二极管实质上就是一个 PN 结,因此二极管的主要特性就是单向导电性。所谓伏安特性,就是加在二极管两端的电压与流过二极管的电流之间的关系,它能全面反映二极管的主要特点和性能,是选择和使用二极管的重要依据。二极管的伏安特性可用伏安特性曲线或伏安特性方程来描述。

1. 二极管的伏安特性曲线

将二极管两端的电压与流过的电流在坐标平面内建立起对应关系,所得的曲线就是二极管的伏安特性曲线。可以通过实验电路测量电压、电流数据,然后用描点法绘出二极管的伏安特性曲线,或是用晶体管特性图示仪直接观察,可得如图 1-8 所示的曲线。

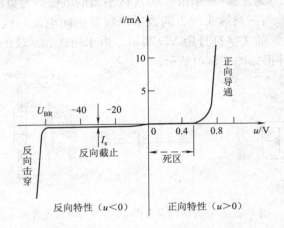

图 1-8　硅二极管的伏安特性曲线

二极管的伏安特性曲线可分成三部分来讨论:

(1)正向特性。正向特性是指二极管外加正向电压时的特性,即二极管阳极接电源正极,阴极接电源负极时的特性,正向特性曲线如图 1-8($u>0$ 的部分)所示。当二极管两端的正向电压小于某一数值时,流过二极的正向电流几乎为零,二极管不导通,这一段称为死区。只有当正向电压达到某一值时,二极管才开始有明显的正向电流产生。使二极管刚刚产生正向电流时所对应的正向电压称为死区电压或开启电压,用 U_{TH} 表示,硅管的死区电压约为 0.5 V,锗管的死区电压约为 0.1 V。

当正向电压超过 U_{TH} 以后,电流与外加的电压呈指数关系,随着电压的升高,正向电流迅速增大。二极管正向导通后,呈现很小的电阻,正向电流的大小主要由外电路决定,二极管两端的正向压降基本上是一个常数,硅管的正向压降一般为 0.6~0.7 V,锗管的正向压降一般为 0.2~0.3 V,工程上一般取硅管为 0.7 V,锗管为 0.3 V,用 U_{ON} 表示。

(2)反向特性。反向特性是指二极管外加反向电压时的特性,即二极管阳极接电源负极,阴极接电源正极时的特性,反向特性曲线如图 1-8($u<0$ 的部分)所示。当二极管两端的反向电压小于一定数值时,产生的反向电流极小,二极管呈现很大的电阻,近似处于截止状态。此时的反向电流有两个特点:其一,在温度一定时反向电流基本不变,即它的大小基本不随反向电压的变化而变化,呈饱和性,故称为反向饱和电流,用 I_S 表示,小功率硅管的 I_S 一般小于 0.1 μA,锗管达几十微安,这也是硅管应用比较多的原因之一;其二,反向电流受温度的影响很大,温度每升高 10 ℃,I_S 增大一倍,会影响二极管的单向导电性。

(3)反向击穿特性。当二极管两端的反向电压增加到某一数值时,反向电流会急剧增大,这种现象称为反向击穿,二极管处于反向击穿状态。使二极管反向击穿时所对应的反向电压称为反向击穿电压,用 U_{BR} 表示。反向击穿时二极管将失去单向导电性,击穿电流过大,甚至会烧毁二极管,所以,一般二极管不允许工作在反向击穿状态。

2. 二极管的伏安特性方程

不同类型二极管的正、反向伏安特性曲线的形状及变化趋势很相近,理论分析和实验均证明,流过二极管的电流 i 与其两端所加的电压 u 之间的关系可用式(1-1)表示,即

$$i = I_S(e^{u/U_T} - 1) \tag{1-1}$$

式中,I_S 为反向饱和电流;U_T 为温度电压当量。

U_T 与温度有关,常温下 $U_T \approx 26$ mV。当 $u=0$ 时,$i=0$;当 u 大于 U_T 几倍时,$i \approx I_S e^{u/U_T}$;当 $u<0$,且 $|u|$ 大于 U_T 几倍时,$i \approx -I_S$。

式(1-1)称为二极管的伏安特性方程。

综上所述,二极管的基本特性为单向导电性,无论是特性曲线还是特性方程,所反映的电流与电压之间的关系都不是线性的,其内阻不是常数,二极管是一种非线性半导体器件。

三、二极管的主要参数

器件的参数是对器件性能的定量描述,是实际工作中正确地选择和合理地使用器件的依据。二极管的主要参数有:

(1)最大整流电流 I_{FM}:I_{FM} 是指二极管长期工作时允许通过的最大正向平均电流值,其值与 PN 结面积和外部散热条件有关。使用时必须在一定的散热条件下,使流过二极管的正向平均电流不能超过此值,否则二极管会过热而损坏。

(2)最高反向工作电压 U_{RM}:U_{RM} 是指二极管工作时允许加的最大反向电压。若反向电压过大,反向电流会急剧增加,二极管会被反向击穿。反向电流剧增时所对应的电压称为反向击穿电压 U_{BR},一般手册上给出的 U_{RM} 约为 U_{BR} 的一半,以确保二极管安全工作。

(3)反向电流 I_R:I_R 是二极管未击穿时的反向工作电流。对二极管来说,I_R 越小越好。I_R 越小,二极管的单向导电性越好。实际使用时还应注意温度对 I_R 的影响。

(4)极间电容 C_j:C_j 就是 PN 结的结电容。C_j 由 PN 结的势垒电容 C_B 和扩散电容 C_D 两部分组成。

PN 结由于空间电荷区的存在产生了电容效应,当外加电压变化时,空间电荷区的电荷量会随之变化,从而显示出 PN 结的电容效应。由于这个等效电容是势垒区(空间电荷区)宽度随外加电压变化而引起的,所以称为势垒电容。外加电压频率越高,电容作用越显著。

当 PN 结正偏时,由于多数载流子的扩散会形成电荷堆积,从而产生电容效应。这个等效电容称为扩散电容。这样二极管的极间电容为 $C_j = C_B + C_D$,由于极间电容较小,在低频时可忽略,在高频时必须考虑其影响。

(5)最高工作频率 f_M:f_M 是指二极管工作的最高频率值。f_M 主要由结电容的大小来决定。若工作频率超过 f_M,则二极管的单向导电性会变差甚至失去单向导电性。

需要注意的是,由于器件的分散性很大,手册上所给的参数也是在一定条件下测得的。如果使用条件发生变化,相应的参数也会发生变化,因此,选择二极管时要注意留有余量。

四、二极管的电路模型

由二极管的伏安特性可知,二极管是一种非线性半导体器件,这给二极管应用电路的分析

带来一定的困难。为了便于分析,常在一定的条件下,用线性元件所构成的电路来近似模拟二极管的特性,并以之取代电路中的二极管。能够模拟二极管特性的电路称为二极管的等效电路,又称二极管的等效模型。在工程分析中,力求模型简单、实用,以突出电路的功能及主要特性。

1. 二极管大信号时的电路模型

在大信号工作时,二极管相当于一个开关,所以在分析二极管电路时,必须首先判断二极管是导通还是截止,然后再根据二极管在实际工作中的不同要求确定二极管相应的等效电路,从而把二极管电路变为特定条件下的线性电路。

(1)理想二极管模型。理想二极管模型是一种最简单而又最常用的模型,它将二极管的单向导电性做了理想化处理。所谓理想二极管是假设二极管在导通时的正向压降 $u_D=0$,截止时的反向饱和电流 $i_D=0$,理想二极管的伏安特性如图 1-9(a)所示。在正向偏置时,其管压降为 0 V,相当于开关闭合,二极管呈短路特性,其等效电路如图 1-9(b)所示;在反向偏置时,二极管截止,反向电流为零,相当于开关断开,二极管呈开路特性,其等效电路如图 1-9(c)所示。通常把这种特性称为二极管的开关特性。

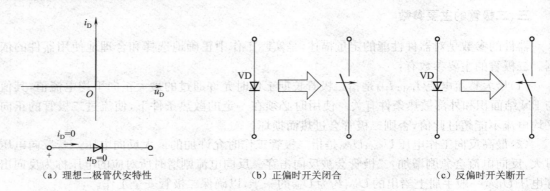

(a)理想二极管伏安特性　　　　(b)正偏时开关闭合　　　　(c)反偏时开关断开

图 1-9　理想二极管等效电路

理想二极管模型与实际的二极管特性虽然有一定的差别,但由于其简单实用,从而得到了广泛的应用。当电源电压远比二极管的管压降大时,常用此法来近似分析。

(2)二极管恒压降模型。在大多数情况下,二极管本身的导通压降不能忽略。二极管的伏安特性表明二极管导通时的正向压降是趋于恒定的(硅管为 0.7 V,锗管为 0.3 V),且不随电流而变化,考虑正向压降时的伏安特性如图 1-10(a)所示。当外加的工作电压大于导通压降时,二极管导通,此时可等效为一个闭合的开关和一个电压源 U_{ON} 的串联,等效电路如图 1-10(b)所示;当外加的工作电压小于导通压降时,二极管截止,此时相当于开关断开,等效电路如图 1-10(c)所示。

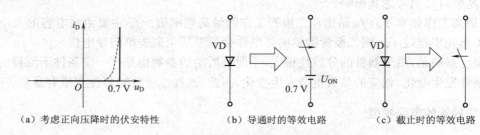

(a)考虑正向压降时的伏安特性　　　(b)导通时的等效电路　　　(c)截止时的等效电路

图 1-10　考虑正向压降时二极管等效电路

采用这种等效方法时,应使流过二极管的正向电流近似等于或大于 1 mA,这样才更接近实际的二极管特性。

在分析计算二极管电路时,应首先判断二极管是处于导通状态还是截止状态,然后再计算。方法是:先将该二极管假设移开,求出该二极管两端所加的正向的电位差。若电位差大于或等于二极管的正向导通电压(硅管 $U_{ON}=0.7$ V,锗管 $U_{ON}=0.3$ V)时,二极管肯定能导通;否则就不导通。

【例 1-1】 判断图 1-11 所示电路中硅二极管的工作状态并计算 U_{AB} 的值。

解: 在图 1-11(a)中,先假定 VD 断开,则 VD 上端 A 点电位和下端 B 点电位分别为 6 V 和 0 V。当接上 VD 时,可见 VD 能正偏导通,可得图 1-11(b)所示的等效电路。因为,硅二极管的正向导通压降为 0.7 V,VD 导通后,使 $U_{AB}=0.7$ V。

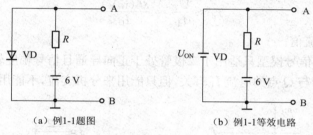

（a）例1-1题图　　　　　　　　（b）例1-1等效电路

图 1-11　例 1-1 图

【例 1-2】 由硅二极管 VD_1、VD_2 和 VD_3 组成的电路如图 1-12 所示,试求电压 U_{AB} 和电流 I。

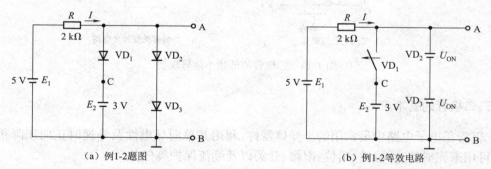

（a）例1-2题图　　　　　　　　（b）例1-2等效电路

图 1-12　例 1-2 图

解: (1)首先判断 VD_2 和 VD_3 是否导通。先将 VD_2,VD_3 断开,求 A、B 端的电位差 U_{AB}。设 VD_1 导通时,有 $U_{AB}=U_{ON}+E_2=(0.7+3)$ V $=3.7$ V,现将 VD_2 和 VD_3 接入,则 VD_2 和 VD_3 能导通。再设 VD_1 截止时,$U_{AB}=E_1=5$ V,若接入 VD_2 和 VD_3,也一定能导通。于是,可得出结论:不论 VD_1 是导通还是截止,VD_2 和 VD_3 肯定是导通的。

(2)在 VD_2 和 VD_3 导通的前提下,再来判断 VD_1 究竟是导通还是截止。将 VD_1 断开,求 A 和 C 两点的电位差 U_{AC}。$U_{AC}=U_{AB}+U_{BC}=U_{ON}+U_{ON}+(-E_2)=(0.7+0.7-3)$ V $=-1.6$ V。因此,接入 VD_1 也不会导通。得出的又一个结论是 VD_1 截止。

(3)三个二极管的工作状态均确定之后,可得相应的等效电路如图 1-12(b)所示。计算可得 $U_{AB}=U_{ON}+U_{ON}=(0.7+0.7)$ V $=1.4$ V,$I=(E_1-U_{AB})/R=[(5-1.4)/2]$ mA $=1.8$ mA。

2. 二极管低频小信号时的电路模型

当二极管外加直流正向偏置电压时,将有一个对应的直流电流,在二极管伏安特性曲线上可以找到反映该电压和电流的点,这个点称为静态工作点,简称 Q 点。若以 Q 点为中心,外加一个微小的交流电压,则可以用 Q 点为切点的直线来近似微小变化时曲线,如图 1-13(a)所示。即在 Q 点附近的小信号范围内,将二极管等效为一个交流电阻 r_d。r_d 定义为工作点 Q 附近电压与电流的变化量之比,即 $r_d = \Delta u_D/\Delta i_D$。在这里将二极管这个非线性器件用一个交流电阻来等效,称为线性化处理,得到二极管的微变等效电路如图 1-13(b)所示,即为二极管的低频小信号模型。

r_d 的大小与工作点位置有关,Q 点越高,切线的斜率越大,r_d 值越小。由二极管的伏安特性方程,即式(1-1),经过数学推导可以求得 r_d 的计算式为

$$r_d \approx \frac{U_T}{I_D} = \frac{26(\text{mV})}{I_D} \tag{1-2}$$

式中,I_D 是 Q 点的电流值。

值得注意的是小信号模型只适用于二极管处于正向导通且信号幅度较小的情况。这个交流电阻 r_d 的大小尽管与 Q 点的电流 I_D 有关,但只能用来分析交流,不能用于直流分析。

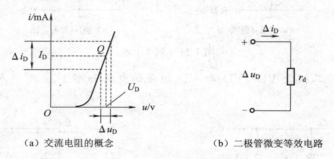

(a) 交流电阻的概念　　　　　　(b) 二极管微变等效电路

图 1-13　二极管的低频小信号模型

五、二极管的基本应用

二极管是电子电路中最常用的半导体器件,利用其单向导电性及导通时正向压降很小的特点,可用来完成整流、检波、钳位、限幅、开关以及续流保护等任务。

1. 整流

所谓整流,就是利用二极管的单向导电性将交流电压变换成单向脉动的直流电压。二极管半波整流电路如图 1-14 所示。为简化分析,将二极管视为理想二极管,即二极管正向导通时,做短路处理;反向截止时,做开路处理。假设输入电压 u_i 为一正弦波,在 u_i 的正半周(即 $u_i > 0$)时,二极管因正向偏置而导通;在 u_i 的负半周(即 $u_i < 0$)时,二极管因反向偏置而截止,即将交流电压整流成为单向脉动的直流电压。这些内容将在第七章中详细介绍。

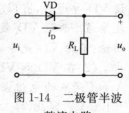

图 1-14　二极管半波整流电路

2. 检波

在收音机中,从高频调制信号中检出音频信号称为检波。利用二极管的单向导电性,将调制信号的负半波削去,再经电容使高频信号旁路,负载上得到的就是音频信号。二极管检波电

路及输入/输出波形如图 1-15 所示。

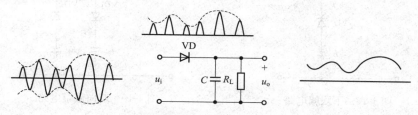

图 1-15 二极管检波电路及输入/输出波形

3. 钳位

利用二极管正向导通时压降很小的特性,将电路中某点电位值钳制在选定的数值上而不受负载影响的电路称为钳位电路。如图 1-16 所示,只要二极管 VD 处于导通状态,不论负载 R_L 如何变化,电路的输出电压 u_o 始终等于 $U_G + U_{ON}$,其中,U_{ON} 为二极管的正向导通电压。

4. 限幅

限幅作用是将输出电压的幅度限制在一定的范围内。当输入电压在一定范围内变化时,输出电压随输入电压相应变化;而当输入电压超出该范围时,输出电压保持不变,这就是限幅电路。通常将输出电压受到限制的电压称为限幅电平。根据限幅的作用分为上限幅、下限幅和双向限幅。

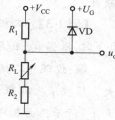

图 1-16 钳位电路

上限幅电路如图 1-17(a)所示。设二极管 VD 为理想二极管,如果 $0 < E < U_M$,则限幅电平为 $+E$。当输入电压 $u_i < E$ 时,二极管 VD 截止,则输出电压 $u_o = u_i$;当输入电压 $u_i > E$ 时,二极管 VD 导通,输出电压 $u_o = E$,使输出电压的正向幅值限制在 E 的数值上。输入/输出电压波形如图 1-17(b)所示。

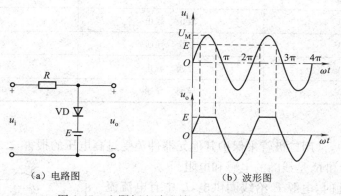

（a）电路图　　　　　　　　（b）波形图

图 1-17 上限幅电路及输入/输出电压波形

如将上限幅电路中的 VD 和 E 反接,就构成了下限幅电路,如图 1-18 所示。如果 $0 < E < U_M$,设在交流电的正半周,由于 u_i 和 E 是顺极性串联,二极管处于截止状态,$u_o = u_i$;在负半周,由于 u_i 和 E 是逆极性连接,当 $u_i < E$ 时,二极管仍截止,$u_o = u_i$;当 $u_i > E$ 时,二极管导通,$u_o = E$,输出电压被限定在 E 值上。将上限幅电路与下限幅电路并联在一起就可构成了双向限幅电路,如图 1-19 所示,限幅原理可仿照上述进行分析。

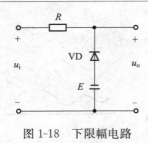

图 1-18　下限幅电路

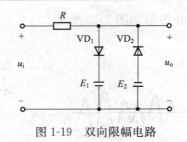

图 1-19　双向限幅电路

5. 开关

二极管在数字电路中应用时,常将其理想化为一个无触点开关器件。二极管正向导通时,正向压降为 0 V,相当于开关闭合;二极管反向截止时,视其反向电流为 0,相当于开关断开。

【例 1-3】　二极管开关电路如图 1-20 所示,设二极管为理想二极管。当 u_A、u_B 为 0 V 和 5 V 时,根据 u_A、u_B 取值的不同组合,判定二极管的工作状态,并计算 u_o。

解: 设理想二极管的正向导通压降为 0 V,反向截止时的电阻为无穷大。根据 u_A、u_B 取值的不同组合,二极管的工作状态和输出电压 u_o 如表 1-1 所示。由表可见,输入电压中有一个为 5 V,则输出电压为 5 V,只有输入电压全为 0 V 时,输出电压才为 0 V,这种关系在数字电路中称为或逻辑关系。

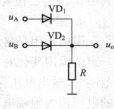

图 1-20　二极管
开关电路

表 1-1　二极管开关电路输入与输出状态

输入电压		二极管工作状态		输出电压
u_A	u_B	VD_1	VD_2	u_o
0 V	0 V	截止	截止	0 V
0 V	5 V	截止	导通	5 V
5 V	0 V	导通	截止	5 V
5 V	5 V	导通	导通	5 V

6. 续流保护

在电子电路中,常用二极管来保护其他元器件免受过高电压的损害,二极管续流保护电路如图 1-21 所示,L 和 R 是线圈的电感和电阻。

在开关 S 接通时,电源 E 给线圈供电,L 中有电流流过,并储存了磁场能量。在开关 S 由接通到断开的瞬间,电流突然中断,L 中将产生一个高于电源电压很多倍的自感电动势 e_L,e_L 与 E 叠加作用在开关 S 的端子上,会产生电火花放电,这将影响设备的正常工作,缩短开关 S 的使用寿命。接入二极管 VD 后,e_L 通过二极管 VD 产生放电电流 i,使 e_L 不会加在开关上,从而保护了开关。

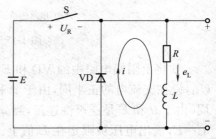

图 1-21　二极管续流保护电路

※第三节 特殊二极管

除前面所介绍的普通二极管外,还有若干种特殊用途的二极管,如稳压二极管、光电二极管、发光二极管、变容二极管等,现分别介绍如下。

一、稳压二极管

稳压二极管是一种用特殊工艺制成的面接触型硅二极管。它是利用 PN 结反向击穿时,流过 PN 结的电流在较大范围内变化,而端电压基本不变的特点来实现稳压的。

1. 稳压管及其伏安特性

稳压二极管简称稳压管,一般工作在反向击穿区,它的伏安特性曲线及其图形符号如图 1-22 所示。由图 1-22 可以看出,稳压管的正向伏安特性与普通二极管相似,不同的是其反向击穿特性很陡峭。当稳压管的外加反向电压增大到一定值时,稳压管反向击穿,其端电压基本不随电流变化而变化,因而具有稳压作用。

工作时只要在外电路上采取适当的限流措施,就能保证稳压管在击穿区内安全工作。

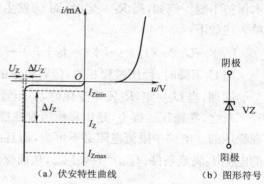

（a）伏安特性曲线 （b）图形符号

图 1-22 稳压二极管的伏安特性曲线和图形符号

2. 稳压管的主要参数

（1）稳定电压 U_Z。稳定电压实际上就是稳压管的击穿电压。通常是指流过规定电流时稳压管两端的反向电压值。不同型号的稳压管有不同的稳定电压值,一般为 2～35 V,高的可达 200 V,以满足不同的使用要求。由于制造工艺的分散性,即使是同一型号的稳压管其 U_Z 也不相同,例如 2CW54 的 U_Z 为 5.5～6.5 V。但就一个具体稳压管来说,对应一定的工作电流,就有一个确定的稳定电压值。

（2）最小稳定电流 I_{Zmin}。最小稳定电流通常是指稳压二极管工作于击穿区的最小工作电流。当稳压二极管的工作电流小于 I_{Zmin} 时,则不能稳压。

（3）最大稳定电流 I_{Zmax}。当流过稳压管的电流超过最大稳定电流 I_{Zmax} 时,稳压管的功耗增加,结温升高,稳压管就会热击穿,造成永久性损坏,使用时不允许超过此值。

（4）额定功耗 P_{ZM}。额定功耗由稳压管的最高结温所决定。为保证稳压管不致因电流过大而造成永久性损坏,所限定的稳压管的功耗为额定功耗 P_{ZM},即

$$P_{ZM} = I_{Zmax} U_Z \tag{1-3}$$

（5）动态电阻 r_Z。动态电阻是指在稳定电压范围内,稳压管端电压的变化量与电流的变化量之比,即

$$r_Z = \frac{\Delta U_Z}{\Delta I_Z} \tag{1-4}$$

显然,当电流变化量 ΔI_Z 一定时,动态电阻 r_Z 越小,则稳定电压的变化量 ΔU_Z 越小,稳定性能越好。r_Z 一般在几欧至几十欧之间,它与工作电流大小有关,电流越大,r_Z 越小。

（6）温度系数 α_Z。它是反映稳定电压 U_Z 受温度影响的参数。当温度变化时,稳定电压也

将发生微小变化。通常用温度每升高 1 ℃,稳压值的相对变化量($\Delta U_Z/U_Z$)来表示稳压管的温度稳定性,称为温度系数 α_Z,且 $\alpha_Z = \dfrac{1}{\Delta T} \cdot \dfrac{\Delta U_Z}{U_Z}$。$\alpha_Z$ 越小,稳压值受温度的影响越小。

3. 稳压管的应用

稳压管的典型应用是并联型稳压电路,如图 1-23 所示。图中 U_i 为输入电压,一般来自整流滤波电路输出的直流电压,要求输入电压满足 $U_i>U_Z$。R 为限流电阻,限制稳压管的电流不超过 I_{Zmax}。稳压管 VZ 与负载 R_L 并联,输出电压为 U_o,且有 $U_o=U_Z$。

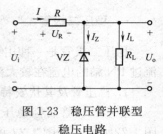

图 1-23　稳压管并联型稳压电路

所谓稳压,就是当输入电压 U_i 或负载电阻 R_L 发生变化时,输出电压 U_o 能保持不变。该电路的稳压原理是,当 U_i 或 R_L 发生变化时,稳压管 VZ 的电流变化使限流电阻压降相应变化,从而使 U_o 基本保持不变。例如,当 R_L 一定时,而 U_i 发生变化,其稳压过程可简单表述如下:

$$U_i \uparrow \to U_o \uparrow \to I_Z \uparrow \to I \uparrow (=I_Z+I_L) \to U_R \uparrow \to U_o \downarrow (U_o=U_i-U_R)$$

当 U_i 下降时,稳压过程相似,但各电量的变化方向相反。

同理,当 U_i 一定,R_L 发生变化时,稳压管两端的电压仍基本保持不变。

总之,在稳压过程中,是依靠稳压管在反向击穿时,电流急剧变化而端电压基本不变来实现稳压的。电路中限流电阻必不可少,而且必须合理取值,以保证在 U_i、R_L 变化时,稳压管中的电流 I_Z 满足条件:$I_{Zmin}<I_Z<I_{Zmax}$,从而保证稳压管能安全地实现稳压。

二、光电二极管

光电二极管是一种将光信号转变为电信号的特殊二极管,又称光敏二极管。与普通二极管一样,其基本构成也是一个 PN 结,不同的是它的 PN 结面积做得较大,以增大受光面积;再有外形上,光电二极管的管壳上开有一个玻璃窗口,以便于光线射入。

光电二极管工作在反向偏置下,当无光照时,只有很小的反向电流(称为暗电流)流过;当有光照射时,就能产生比无光照时大得多的反向电流,此反向电流与光照强度成正比。如果外电路接上负载电阻,便可获得随光照强弱变化的电压信号,从而实现光电转换。

光电二极管作为光电器件,广泛应用于光的测量和光电自动控制系统,如光纤通信中的光接收机、电视机和家庭音响的遥控接收等,都离不开光电二极管。大面积的光电二极管可用来作为能源,即光电池,是一种最有发展前途的绿色能源。光电二极管的简单应用如图 1-24 所示。

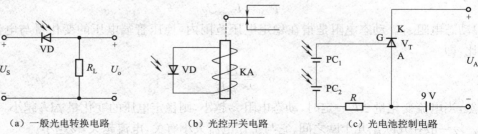

（a）一般光电转换电路　　　（b）光控开关电路　　　（c）光电池控制电路

图 1-24　光电二极管的简单使用

图 1-24(a)所示为一般光电转换电路,U_S 为光电二极管提供反向偏置电压,有光照射时负载 R_L 中便产生电流,称为光电流,光电流在负载电阻 R_L 上产生电压,光照越强,R_L 上产生的电压 U_o 越大,实现了将光信号转换成电信号。图 1-24(b)所示为光控开关电路,KA 为高灵敏度的继电器,有光照射时,光电二极管产生的光电流通过线圈,使继电器的常开触点闭合。图 1-24(c)所示为光电池控制电路,当光电池 PC_1、PC_2 受到光照射而产生电势时,触发晶闸管 V_T 导通,则此时便有 9 V 直流电压加于负载上。U_A 可以接收音机、灯泡或其他用直流电源的电子装置,达到光电控制的作用。

三、发光二极管和光耦合器

发光二极管是一种将电能转换成光能的特殊二极管,简写成 LED(light emitting diode)。它由砷化镓、磷化镓等化合物半导体制成,基本结构是一个 PN 结,当外加正向电压时,就会发出光来,发光的颜色取决于所采用的半导体材料,目前使用的有红、橙、黄、绿、蓝等颜色的发光二极管。其外形有圆形、长方形等数种,图形符号如图 1-25 所示。发光二极管的伏安特性曲线与普通二极管类似,但正向导通压降比普通二极管高,一般为 1.5～3 V,允许通过的电流为 2～20 mA,电流的大小决定发光的亮度。应用时必须加正向电压,并接入相应的限流电阻。

图 1-25　发光二极管的图形符号

发光二极管具有体积小、工作电压低、工作电流小、发光均匀稳定且亮度比较高、响应速度快以及使用寿命长等优点,是一种良好的发光器件,在各种电子设备、家用电器以及显示装置中得到广泛的应用。除单个使用外,还可将多个 LED 按分段式制成数码管或做成矩阵式显示器,如数字电路中的七段数码管;还可将电信号变成光信号进行光缆传输;闪烁发光的二极管能引起人们的警觉,可用于光报警电路;目前已开发生产出一种高亮度的发光二极管用于照明,其发光效率是普通白炽灯的 10 倍以上,它的应用将是照明领域的一次革命。

图 1-26(a)所示为 LED 作电源通断指示,它与稳压二极管串联,它的正向压降作为稳压值的一部分,其工作电流受电阻 R 的限制,电源有电时它发出的光作为电源指示灯。图 1-26(b)所示为光电传输系统,LED 发射电路通过光缆驱动光电二极管。发射端的脉冲信号通过电阻 R_1 作用于 LED,使 LED 产生一串数字光信号,并作用于光缆,LED 发出的光信号约有 20% 耦合到光缆;在接收端传送的光中,约有 80% 耦合到光电二极管,以致在接收电路的输出端复原为原来的数字信号。

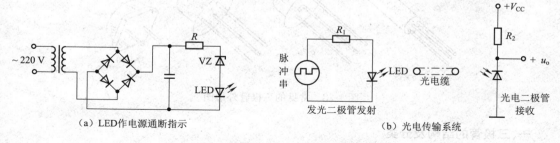

图 1-26　发光二极管应用电路

光耦合器是由发光二极管与光敏器件组成的。光耦合器的结构如图 1-27(a)所示。实际光耦合器中的发光器件一般为砷化镓发光二极管,有时也用氖泡代替;光敏器件则一般为硅光电器件(如硅光电二极管、硅光电晶体管、光控晶闸管、硅光电池等)和光敏电阻,它们各有特点。

图 1-27(b)为一电流、电压分别为 10 A、25 V 的直流固态继电器电路。当控制电压(3~5 V)加在光耦合器输入端时,光电晶体管导通,经过放大后(放大器的工作原理将在后面章节介绍)就可以控制高压直流端负载与电源接通。光耦合器控制电路与有触点功率开关相比具有无触点、无火花、切换频率高和使用寿命长的优点。

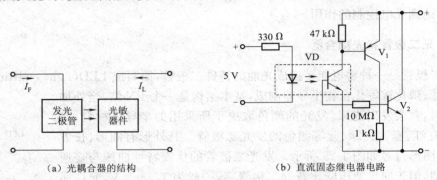

（a）光耦合器的结构   （b）直流固态继电器电路

图 1-27 光耦合器的结构及其应用

四、变容二极管

变容二极管是利用 PN 结的电容可变原理制成的特殊二极管。它工作在反向偏置状态,电容量与反偏电压的大小有关。改变其两端的反偏电压,就可以改变电容量,即反向电压增大时,结电容减小;反之,结电容增大。由于它无机械磨损且体积小,当作可调电容被广泛应用于高频技术中,如彩电调谐器实现频道选择。不同型号的变容二极管,其容量变化的范围也不一样,一般从几皮法至几百皮法。

第四节 半导体三极管

半导体三极管又称晶体三极管、双极型晶体管,简称晶体管或三极管。它具有电流放大作用,是构成各种电子电路的基本器件。常见的三极管外形图如图 1-28 所示。

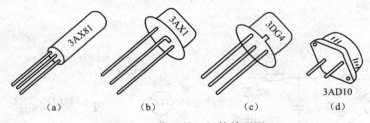

（a）   （b）   （c）   （d）

图 1-28 常见的三极管外形图

一、三极管的结构及分类

1. 三极管的结构

三极管是通过一定的工艺,在同一块半导体基片上制成三层杂质半导体,从而形成两个

PN 结。从结构上分,三极管有 NPN 型管和 PNP 型管两种类型,无论哪种类型,三极管都有三个区、三个极和两个 PN 结。三极管的结构示意图及图形符号如图 1-29 所示。中间的半导体层称为基区,两侧的半导体层分别称为发射区和集电区;从三个区各引出一个电极,分别称为基极(B)、发射极(E)和集电极(C);发射区与基区之间的 PN 结称为发射结,集电区与基区之间的 PN 结称为集电结。

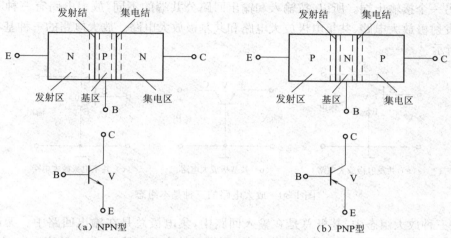

图 1-29 三极管的结构示意图和图形符号

由于这种结构产生的 PN 结之间的相互影响,使三极管表现出不同于单个 PN 结的特性而具有电流放大作用,从而使 PN 结的应用发生了质的飞跃。三极管的结构是保证实现电流控制的关键,其结构工艺上的特点是:发射区的掺杂浓度很高,以利于发射多数载流子;基区很薄且掺杂浓度低,以利于载流子越过基区;集电区的结面积大,掺杂浓度较低,便于收集载流子。所以,三极管的各极不能互换使用。这些制造工艺和结构特点也是保证三极管具有电流放大作用的内部条件。

三极管的图形符号中带箭头的电极是发射极,箭头的方向表示发射结正偏时发射极电流的实际方向,同时箭头方向也是区分 NPN 型管和 PNP 型管的标志,箭头向外的为 NPN 型管,向内的为 PNP 型管。无论三极管在电路图中如何放置,与发射极在同一侧的为集电极,单独在另一侧的为基极。三极管的文字符号为 V。

2. 三极管的分类

三极管的种类很多,按结构类型分为 NPN 型管和 PNP 型管;按制作材料分为硅管和锗管,一般情况下,NPN 型多为硅管,PNP 型多为锗管;按工作频率分为高频管(3 MHz 以上)和低频管(3 MHz 以下);按功率大小分为大功率管、中功率管和小功率管;按工作状态分为放大管和开关管。

二、三极管的工作条件和基本组态

1. 三极管的工作条件

三极管要实现放大作用,除了要具有上述的内部条件外,还必须具备一定的外部条件,就是给三极管中的两个 PN 结加上合适的工作电压。无论是 NPN 型管还是 PNP 型管,三极管工作在放大状态的外部条件是:发射结加正向电压(正偏),集电结加反向电压(反偏)。对

NPN 型管来说,三个电极上的电压关系应为 $U_C > U_B > U_E$;对 PNP 型管来说,三个电极上的电压关系应为 $U_C < U_B < U_E$。

2. 三极管的基本组态

三极管在接成放大电路时,因为放大电路的输入回路和输出回路各有两个端子,所以三极管的三个电极中必有一个电极作为输入回路和输出回路的公共端并接地,另两个端子一个接输入端,另一个接输出端。所以,按输入和输出回路公共端的不同,放大电路有三种不同的组态,即共发射极放大电路、共集电极放大电路和共基极放大电路。放大电路的三种基本组态如图 1-30 所示。

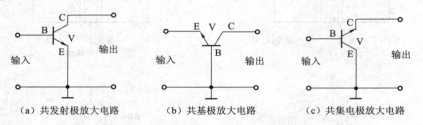

  (a)共发射极放大电路 (b)共基极放大电路 (c)共集电极放大电路

图 1-30 放大电路的三种基本组态

在这三种放大组态中,基极总是在输入回路中,集电极总是在输出回路中。无论哪种接法,要实现放大作用,必须满足外部工作条件,即发射结应正向偏置,集电结应反向偏置。

三、三极管的电流分配关系和电流放大作用

1. 三极管的电流分配关系

三极管具有电流放大作用,各极电流间有一定的规律,下面以 NPN 型三极管为例,通过一个实验来说明三极管的电流分配关系和放大作用。实验电路如图 1-31 所示。

图中直流电源 V_{BB} 和基极偏置电阻 R_B 以及基极构成三极管的基极回路,使发射结正偏;同时电源 V_{CC}、集电极电阻 R_C 以及集电极、发射极构成集电极回路,使集电结反偏,确保三极管工作在放大状态。同时,发射极是两个回路的共用电极,所以这种连接称为共发射极组态。

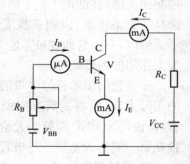

图 1-31 三极管电流放大的实验电路

改变 R_B 的阻值,通过串联在三个电极中的电流表,可测得相应的基极电流 I_B、集电极电流 I_C 和发射极电流 I_E。实验结果见表 1-2。

表 1-2 三极管各极电流实验结果

$I_B/\mu A$	0	20	40	60	80	100
I_C/mA	0.001	0.70	1.50	2.30	3.10	3.95
I_E/mA	0.001	0.72	1.54	2.36	3.18	4.05

分析比较表 1-2 中的数据,可得出如下结论:

(1)由每一列的数据可得三极管发射极电流等于基极电流与集电极电流之和,即

$$I_E = I_B + I_C \qquad (1-5)$$

三极管各极电流之间关系满足基尔霍夫电流定律。

(2)基极电流 I_B 比集电极电流 I_C 和发射极电流 I_E 要小得多,故发射极电流与集电极电流近似相等,即 $I_E \approx I_C \gg I_B$。

(3)当电流达一定值时,I_C 与 I_B 比值基本趋于一个常数,例如表 1-2 中第五、六列 I_C 与 I_B 比值分别为

$$\frac{I_C}{I_B} = \frac{2.30}{0.06} = 38.3 \qquad \frac{I_C}{I_B} = \frac{3.10}{0.08} = 38.8$$

(4)当基极电流产生微小变化 ΔI_B 时,会引起集电极电流产生较大变化 ΔI_C,而且 ΔI_C 与 ΔI_B 的比值趋于一个常数。例如由表 1-2 中第四列和第五列的数据,第五列和第六列的数据可得

$$\frac{\Delta I_C}{\Delta I_B} = \frac{2.30 - 1.50}{0.06 - 0.04} = 40 \qquad \frac{\Delta I_C}{\Delta I_B} = \frac{3.10 - 2.30}{0.08 - 0.06} = 40$$

(5)由表 1-2 还可知,当 $I_B = 0$(基极开路)时,集电极电流与发射极电流相等且其值很小,这是三极管的极间反向电流,称为穿透电流 I_{CEO}。三极管的极间反向电流还有集电结上的反向饱和电流 I_{CBO}。I_{CEO}、I_{CBO} 受温度的影响大,对三极管来说,其值越小越好。

三极管外部各极电流的形成是三极管内部载流子运动的反映,图 1-32 所示为三极管内部载流子的运动过程及电流分配关系。在图中设置电源 V_{CC} 和 V_{BB} 是为了保证三极管能建立正常的外部工作条件。由于发射结外加正向偏置电压,发射结变窄,有利于发射区的多数载流子——电子不断注入基区,形成发射极电流 I_E。电子从发射区注入基区后,少量的电子与基区的空穴复合,形成基极电流 I_B。由于基区薄且浓度低,所以绝大多数电子继续被送到集电结的边缘,又由于集电结处于反向偏置状态,使到达集电结边缘的电子大部分被集电区收集,形成集电极电流 I_C。因此,三极管内部载流子的运动,必将在外部引起电流。

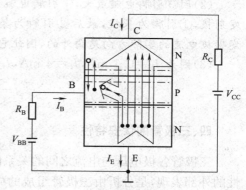

图 1-32　三极管内部载流子的运动过程及电流分配关系

2. 三极管的电流放大作用

图 1-33 所示电路为一基本的共发射极放大电路。在基极电路中接入输入信号电压 Δu_i,当 Δu_i 有一微小的变化时,引起基极电流有一个变化量 ΔI_B,从而使集电极电流也发生变化,其变化量为 ΔI_C,且 $\Delta I_C \gg \Delta I_B$,即很小的基极电流变化量 ΔI_B 就能引起集电极电流有较大的变化量 ΔI_C,这就是三极管的电流放大作用。正因如此,三极管被称为电流控制器件。

通常把集电极电流 I_C 与基极电流 I_B 的比值称为三极管共发射极直流电流放大系数,用 $\bar{\beta}$ 表示,即

$$\bar{\beta} = \frac{I_C}{I_B} \qquad (1-6)$$

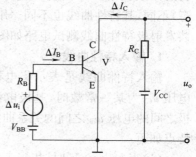

图 1-33　基本的共发射极放大电路

或
$$I_C = \bar{\beta} I_B, I_E = I_B + I_C = (1 + \bar{\beta}) I_B$$

把集电极电流变化量 ΔI_C 与基极电流变化量 ΔI_B 之比称为三极管共发射极交流电流放大系数,用 β 表示,即

$$\beta = \frac{\Delta I_C}{\Delta I_B} \tag{1-7}$$

或
$$\Delta I_C = \beta \Delta I_B$$

在工程上可认为 β 与 $\bar{\beta}$ 近似相等,即 $\beta \approx \bar{\beta}$。无特别说明时用 β 来表示三极管的电流放大能力。PNP 型管与 NPN 型管的工作过程类似,只是所加的工作电压极性、产生的电流方向与 NPN 型管相反,其原理不再赘述。

【例 1-4】 已知工作在放大状态的三极管的两个电极上的电流如图 1-34 所示。试求:(1)另一个极上的电流,并标出其实际方向;(2)确定各引脚的电极,并判断三极管的管型;(3)估算三极管的 β 值。

解:(1)因为三极管各极电流应满足基尔霍夫电流定律,即流入和流出三极管的电流大小相等。在图 1-34(a) 中①引脚和②引脚的电流均为流入三极管,因此③引脚电流必然为流出三极管,大小为 $(0.1 + 4)$ mA = 4.1 mA。

(2)因③引脚电流最大,①引脚电流最小,故③引脚为发射极,①引脚为基极,最后②引脚为集电极。由于该管发射极电流的实际方向是向外的,因此它是 NPN 型管。

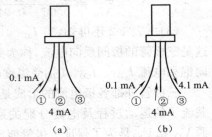

图 1-34 【例 1-4】题图

(3)因为 $I_B = 0.1$ mA,$I_C = 4$ mA,$I_E = 4.1$ mA,故

$$\beta = \frac{I_C}{I_B} = \frac{4}{0.1} = 40$$

四、三极管的伏安特性

三极管各极电压与电流之间的关系曲线称为三极管的伏安特性曲线。它是三极管内部特性的外部表现,是分析由三极管组成的放大电路和选择三极管参数的重要依据。三极管的伏安特性曲线分为输入特性曲线和输出特性曲线两部分。它们可以通过晶体管特性图示仪测得,也可以用实验的方法测绘。三极管在电路中的连接方式(组态)不同,其特性曲线也不同。用 NPN 型管组成的共发射极特性曲线测试电路如图 1-35 所示。

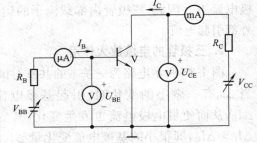

图 1-35 用 NPN 型管组成的共发射极
特性曲线测试电路

1. 输入特性曲线

输入特性曲线是表示集电极和发射极之间的电压 u_{CE} 为某一常数时,基极电流 i_B 与基极和发射极之间的电压 u_{BE} 之间的关系曲线,即 $i_B = f(u_{BE})|_{u_{CE}=常数}$。输入特性曲线如图 1-36 所示。其特点如下:

(1)当 $u_{CE} = 0$ V 时,相当于集电极和发射极短路,三极管相当于两个正向并联的二极管,所以三极管的输入特性类似于二极管的正向伏安特性。

（2）当 u_{CE} 增大后，输入特性曲线向右移动，表示 u_{CE} 对输入特性有影响。当 $u_{CE}>1$ V 后，曲线右移不明显，几乎与 $u_{CE}=1$ V 时的曲线重合。实际使用中 u_{CE} 总是大于 1 V，所以用 $u_{CE}\geqslant1$ V 的曲线代表 $u_{CE}>1$ V 的所有曲线。

由图 1-36 可见，三极管的输入特性曲线和二极管的伏安特性曲线基本一样，是非线性的，也存在死区电压，硅管约为 0.5 V，锗管约为 0.1 V。三极管正常工作在放大状态时，发射结上的导通压降变化不大，硅管导通压降约为 0.7 V，锗管约为 0.3 V。

2. 输出特性曲线

输出特性曲线是表示基极电流 i_B 为某一常数时，集电极电流 i_C 与集电极和发射极之间的电压 u_{CE} 之间的关系，即 $i_C=f(u_{CE})\big|_{i_B=常数}$。对于每个确定的 i_B，都有一条曲线与之对应，因此输出特性曲线不是一条，而是一簇曲线，如图 1-37 所示。

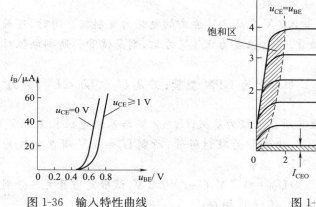

图 1-36 输入特性曲线

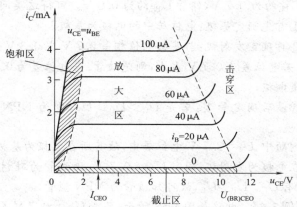

图 1-37 输出特性曲线

每一条曲线（i_B 保持某一数值不变）起始时都是 i_C 随着 u_{CE} 的增大而增大，当 u_{CE} 超过一定数值（约 1 V）后，u_{CE} 再增大，i_C 也不再有明显增加，表现出恒流性质。当 u_{CE} 大于 1 V 后保持不变时，i_B 增大，曲线上移，相应的 i_C 也增大，而且 i_C 比 i_B 增加的多得多，这表示三极管具有电流放大的特性。

通常三极管的输出特性曲线分为三个区：截止区、放大区和饱和区，相对应三极管有三种工作状态：截止状态、放大状态和饱和状态。

（1）截止区。在输出特性曲线上，对应 $i_B=0$ 的曲线以下的区域称为截止区。三极管工作在截止区（截止状态）的条件是：发射结反偏，集电结反偏。截止区的工作特点是：$i_B=0$，$i_C=I_{CEO}\approx0$，无电流放大作用。截止时，三极管各极之间相当于开关断开。

（2）放大区。在输出特性曲线上，对应 $i_B=0$ 的曲线以上，曲线呈近似水平部分的区域为放大区。三极管工作在放大区（放大状态）的条件是：发射结正偏，集电结反偏。放大区的工作特点是：$i_B>0$，$i_C>0$，且 $i_C=\beta i_B$（或 $\Delta I_C=\beta\Delta I_B$），有电流放大作用，当 i_B 等量增加时，i_C 等比例增加，表现在曲线等间隔平行上移；i_C 只受 i_B 控制，几乎与 u_{CE} 的大小无关，三极管呈现恒流特性。三极管在放大状态时，可等效为一个受基极电流控制的电流源。

（3）饱和区。在输出特性曲线上，曲线呈直线上升且靠近纵轴的区域称为饱和区。三极管工作在饱和区（饱和状态）的条件是：发射结正偏，集电结正偏。该区 u_{CE} 很小（$u_{CE}\leqslant u_{BE}$），通常把 $u_{CE}=u_{BE}$，即集电结为零偏（$u_{CB}=0$）时的状态称为临界饱和。饱和区的工作特点是：$i_B>0$，

$i_C > 0$，但 $\Delta i_C \neq \beta \Delta I_B$。在输出特性曲线上，当 i_B 一定时，i_C 随 u_{CE} 的增加而迅速上升，而当 u_{CE} 一定时，i_C 不随 i_B 的变化而变化，即 i_B 失去了对 i_C 的控制，三极管无放大作用。三极管饱和时的 u_{CE} 值称为饱和管压降 U_{CES}，硅管 $U_{CES} \approx 0.3$ V，锗管 $U_{CES} \approx 0.1$ V。临界饱和时 i_B 对 i_C 仍有控制作用，即 $i_C \approx \beta i_B$。饱和时三极管各极间电压都很小，相当于开关闭合。

在模拟电路中，三极管都处在放大区，称为线性工作区；而把饱和区和截止区称为非线性区，通常把三极管工作在非线性区的特性称为三极管的开关特性。

【例 1-5】 用直流电压表测量某放大电路中某个三极管各极对地的电位分别为 $U_1 = 2$ V，$U_2 = 6$ V，$U_3 = 2.7$ V。试判断三极管各对应电极与三极管的类型。

解： 本题的已知条件是放大状态下三极管三个电极的电位。根据三极管能实现电流放大的条件可得三个电极电位关系是：NPN 型管 $U_C > U_B > U_E$，PNP 型管 $U_C < U_B < U_E$，且硅管放大时 U_{BE} 约为 0.7 V，锗管 U_{BE} 约为 0.3 V。可得这类问题的分析步骤如下：

①首先确定基极：电位居中的电极为基极。

②再确定发射极：与基极电位相差 0.7 V 或 0.3 V 左右的电极为发射极。同时，可确定出管材：若电位差为 0.7 V 左右，则是硅管；若电位差为 0.3 V 左右，则是锗管。所剩电位对应电极为集电极。

③最后确定管型：若是 $U_C > U_B > U_E$，则为 NPN 型管；若是 $U_C < U_B < U_E$，则为 PNP 型管。

例题中，$U_3 = 2.7$ V 电位居中，故其所在电极为基极；$U_1 = 2$ V 与基极电位相差 0.7 V，故其所在电极为发射极，同时 $U_{BE} = 0.7$ V，故该管为硅材料管；所剩 $U_2 = 6$ V 所在电极为集电极，因有 $U_C > U_B > U_E$，故可知该管为 NPN 型管。

【例 1-6】 电路如图 1-38 所示，已知 $U_{BE} = 0.7$ V，$U_{CES} = 0.3$ V，试确定当开关 S 分别位于 a、b、c 三个位置时，三极管的工作状态，并计算相应 I_B、I_C 和 U_{CE} 的值。

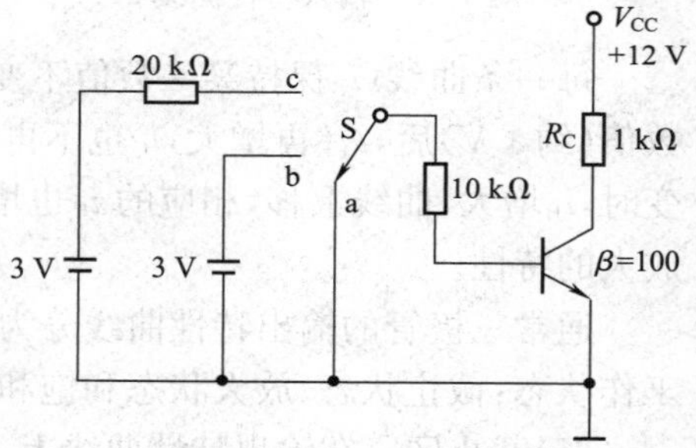

解：（1）当 S 置于 a 点时，发射结无外加电压，处于零偏，集电结反偏，因此三极管处于截止状态。

故 $I_B = 0$，$I_C \approx 0$，$U_{CE} = (12 - 1 \times 0)$ V $= 12$ V。

（2）当 S 置于 b 点时，发射结正偏，但集电结的偏置状态不能确定，因而不能用结电压的方法确定三极管的工作状态，需用电流来判断，方法是：先求出三极管临界饱和时所需的基极电流 I_{BS} 值，因临界饱和时有 $I_{CS} \approx \beta I_{BS}$，又因为饱和时 $U_{CE} = U_{CES} = 0.3$ V，所以

图 1-38 【例 1-6】题图

$$I_{BS} = \frac{I_{CS}}{\beta} = \frac{V_{CC} - U_{CES}}{\beta R_C}$$

再求出外电路实际给三极管提供的基极电流 I_B 的值。若 $I_B > I_{BS}$，则三极管工作在饱和状态；若 $I_B < I_{BS}$，则三极管工作在放大状态。

$$I_{BS} = \frac{12 - 0.3}{1 \times 10^3 \times 100} \text{ A} = 0.117 \text{ mA}$$

$$I_B = \frac{3 - 0.7}{10 \times 10^3} \text{ A} = 0.23 \text{ mA}$$

$I_B > I_{BS}$，故三极管工作在饱和状态，因此有 $U_{CE} = U_{CES} = 0.3$ V。

(3)当 S 置于 c 点时,发射结正偏,有

$$I_B = \frac{3-0.7}{10 \times 10^3 + 20 \times 10^3} \text{ A} = 0.076\ 7 \text{ mA}$$

$I_B < I_{BS}$,所以,三极管工作在放大状态,有

$$I_C = \beta I_B = 100 \times 0.076\ 7 \text{ mA} = 7.67 \text{ mA}$$

$$U_{CE} = V_{CC} - I_C R_C = (12 - 7.67 \times 1) \text{ V} = 4.33 \text{ V}$$

五、三极管的主要参数

伏安特性曲线完整地表示了三极管的特性。实践中,人们还常常用一组数据来描述三极管的性能,这些数据就是三极管的参数,这些参数可以通过查半导体手册得到。参数的性能指标是人们合理地选择和正确使用三极管的依据,其主要的参数有以下几个。

1. 放大参数

放大参数主要是共射极电流放大系数,是反映三极管电流放大能力的参数,有共射极直流电流放大系数 $\bar{\beta}$ 和交流电流放大系数 β。

共射极直流电流放大系数 $\bar{\beta}$:指集电极直流电流与基极直流电流之比,即 $\bar{\beta} = \dfrac{I_C}{I_B}$。

共射极交流电流放大系数 β:指集电极交流电流与基极交流电流之比,或是它们的变化量之比,即 $\beta = \dfrac{\Delta I_C}{\Delta I_B}$。

在工程计算上,一般可认为 $\bar{\beta} = \beta$。

由于制造工艺的分散性,即使同一型号的三极管,β 值也有很大差别,常用的 β 值为 20～100。选择三极管时,如果 β 值太小,则电流放大能力差;如果 β 值太大,则会使工作稳定性变差。

2. 开关参数

当三极管应用在开关电路时,三极管的工作状态处在截止与饱和的转换之中,由于状态的转换需要一定的时间,通常用开关时间来衡量其开关特性。当开关三极管的基极加入矩形波电压,集电极电流不再是矩形波,其上升沿和下降沿都延迟一段时间,如图 1-39 所示。

(1)开通时间 t_{on}:指输入矩形波的上升沿到输出电流 i_C 上升到最大值的 90% 所需的时间。

(2)关闭时间 t_{off}:指输入矩形波的下降沿到输出电流 i_C 下降到最大值的 10% 所需的时间。

3. 极间饱和参数

(1)反向饱和电流 I_{CBO}:指发射极开路,集电结外加反向偏置电

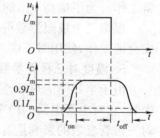

图 1-39 三极管的开关时间

压时,流过集电结的反向饱和电流。因为该电流是由少子定向运动形成的,所以它受温度变化的影响很大。常温下,小功率硅管的 $I_{CBO} < 1\ \mu\text{A}$,锗管的 I_{CBO} 在 10 μA 左右。I_{CBO} 的大小反映了三极管的热稳定性,I_{CBO} 越小,说明其热稳定性越好。因此,在温度变化范围大的工作环境中,应尽可能地选择硅管。

(2)穿透电流 I_{CEO}:指基极开路,集电极与发射极之间加上一定数值的反偏电压时,由集电区穿过基区流入发射区的电流。它也反映了三极管的温度稳定性,其值越小越好。它与 I_{CBO}

的关系为 $I_{CEO}=(1+\beta)I_{CBO}$。硅管的 I_{CEO} 比锗管要小得多,一般应优先选用硅管。另外,不能盲目追求过大的 β 值。

当 I_{CEO} 不能忽略时,三极管工作在放大区的集电极电流应为 $i_C=\beta i_B+(1+\beta)I_{CBO}=\beta i_B+I_{CEO}$。

4. 极限参数

(1)集电极最大允许电流 I_{CM}:当集电极电流太大时,三极管的电流放大系数 β 值会下降。把集电极电流增大到使 β 值下降到正常值的 2/3 时所对应的集电极电流,称为集电极最大允许电流 I_{CM}。为了保证三极管的正常工作,在实际使用中,流过的集电极电流 i_C 必须满足 $i_C<I_{CM}$。

(2)反向击穿电压 $U_{(BR)CBO}$、$U_{(BR)CEO}$、$U_{(BR)EBO}$:

$U_{(BR)CBO}$ 是发射极开路时,集电极与基极之间的反向击穿电压,是集电结所允许加的最高反向电压。

$U_{(BR)CEO}$ 是基极开路时,集电极与发射极之间的反向击穿电压。实际使用中,必须满足 $u_{CE}<U_{(BR)CEO}$,否则三极管会击穿损坏。

$U_{(BR)EBO}$ 是集电极开路时,发射极与基极之间的反向击穿电压,是发射结所允许加的最高反向电压。

一般情况下,$U_{(BR)EBO}<U_{(BR)CEO}<U_{(BR)CBO}$。在放大电路中,由于发射结通常处于正向偏置状态,极少发生发射结击穿现象,所以在选择极间最高反向击穿电压时,主要考虑集电极与发射极之间的击穿电压 $U_{(BR)CEO}$,使集电极与发射极之间的工作电压远低于 $U_{(BR)CEO}$,保证三极管安全工作。

(3)集电极最大允许耗散功率 P_{CM}:指三极管正常工作时最大允许的消耗功率。三极管工作时消耗的功率 $P_C=i_Cu_{CE}$ 转化为热能损耗于管内,并表现为温度升高。所以,当三极管消耗的功率超过 P_{CM} 时,其发热量将使三极管性能变差,甚至烧坏三极管。P_{CM} 就是由允许的最高结温决定的最大集电极耗散功率,因此,在使用三极管时,P_C 必须小于 P_{CM} 才能保证三极管正常工作。为了提高 P_{CM} 的值,常采用散热装置。

根据三个极限参数可以确定三极管的安全工作区,如图 1-40 所示。为确保三极管正常而安全地工作,使用时不应超过这个区域。

5. 温度对三极管参数的影响

由于半导体的热敏性,温度对三极管各参数几乎都有影响,它对电子电路的稳定性产生较大影响,所以了解温度对三极管参数的影响是有必要的。

(1)对 I_{CBO} 的影响。在室温下,三极管的集电结反向饱和电流 I_{CBO} 很小。温度每升高 10 ℃,I_{CBO} 增大约一倍。显然 I_{CEO} 受温度影响更大。另外,温度升高时,使输出特性曲线向上移。

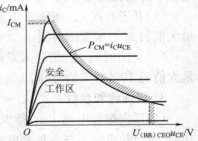

图 1-40 三极管的安全工作区

(2)对 β 的影响。三极管的电流放大系数 β 值随温度升高而变大,温度每升高 1 ℃,β 增加 0.5%~1%,导致输出特性曲线的间距变大。

(3)对发射结压降 U_{BE} 的影响。温度升高时,U_{BE} 值减小,温度每升高 1 ℃,U_{BE} 减小 2~2.5 mV,使输入特性曲线向左移。

第五节　半导体器件的命名与检测

一、半导体器件的命名方法

半导体器件的种类繁多,国内外都采用各自的命名方法加以区别。我国半导体器件的型号是按照它的材料、性能、类别来命名的,通常由五部分组成。

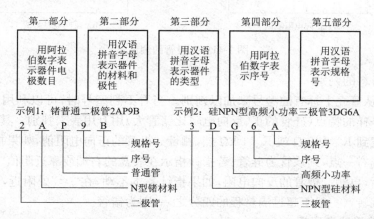

示例1：锗普通二极管2AP9B　　示例2：硅NPN型高频小功率三极管3DG6A

我国国产分立半导体器件按国家标准 GB/T 249—1989 命名,具体符号及含义见附录 A。

二、二极管的测试

1. 二极管的识别、检测

在实际使用二极管前必须对二极管的极性和质量好坏有正确的认识与判断,否则非但会造成电路不能正常工作,甚至会损毁二极管和其他元件。

1)二极管极性的识别与判断

二极管的正、负极首先可通过管壳上的符号、标志或外形来识别,如果没有标志或标志不清,外观上不能加以识别,可根据二极管的单向导电性,正向电阻小,反向电阻大,用万用表来进行检测。其方法如下：首先把万用表拨到 R×100 Ω 或 R×1 kΩ 挡(一般不用 R×10 Ω 挡,电流太大;也不用 R×10 kΩ 挡,电压太高)并进行调零,然后,将两表笔分别接二极管的两个电极,测得一个电阻值,交换红、黑表笔再测一次,从而得到两个电阻值。测得电阻值小的为二极管的正向电阻,一般在几十欧至几千欧之间,如图 1-41(a)所示;测得电阻值大的为二极管的反向电阻,一般在几十千欧以上,如图 1-41(b)所示。判断时,若以所测电阻值小的一次为准,则黑表笔所接为二极管的正极,红表笔所接为二极管负极;若以所测电阻值大的一次为准,则红表笔所接为二极管的正极,黑表笔所接为二极管负极。

2)二极管性能的检测

性能的检测方法同上,若两次测得的正、反向电阻值均很小或近于零,说明二极管内部已击穿而短路;如果正、反向电阻值均很大或接近于无穷大,说明二极管内部已经断开(开路);如果电阻值相差不大,说明二极管性能变坏或已失效,出现以上三种情况的二极管都不能使用。若测得反向电阻值比正向电阻值大很多(一般百倍以上),说明二极管是好的,正、反向电阻值相差越大,指针指示越稳定,二极管的性能越好;若指针不能稳定在某一阻值上,说明二极管稳定性差。

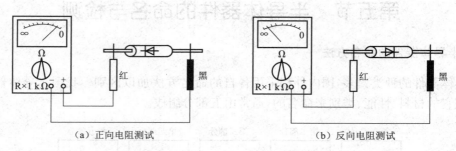

（a）正向电阻测试　　　　　　　　　　　（b）反向电阻测试

图 1-41　二极管的测试

3）二极管材料的判别

首先，可以从管壳上标有的型号来加以判别。当看不到型号时，可以利用硅管和锗管正、反向电阻值不一样的特点（硅管的正、反向电阻比锗管大）用万用表来判别。其判别方法如下：

将万用表拨到 R×100 Ω 或 R×1 kΩ 挡，测量二极管的正向电阻值，如果指针的指示在表盘中间或中间偏右一点，则该管为硅管；若指针指示在表盘的右端或靠近阻值"0"的位置，则该管为锗管。然后，再测二极管的反向电阻，如果指针基本不动，在"∞"处附近，则为硅管；如果指针有很小的偏转，（一般不超过满量程的四分之一）则为锗管。

2. 二极管使用注意事项

选用二极管首先要保证能安全可靠地工作，而且要选用性能良好的二极管。选用的一般原则是：要求导通后正向压降较小时选择锗管；要求反向电流较小时选用硅管；要求工作电流大时选择面接触型；要求工作频率高时选择点接触型；要求反向击穿电压较高时选用硅管；要求耐高温时选用硅管。也可根据实际电路的技术要求，估算二极管应具有的参数，并考虑适当的余量，查阅手册以确定二极管的型号和参数。

二极管使用时应注意：

（1）二极管应按照用途、参数及使用环境来选择。但应指出，由于制造工艺的原因，参数的分散性较大，手册上给出的往往是参数值的范围。另外，各种参数是在规定的条件下测得的，在使用时要注意这些条件。

（2）使用二极管时，正、负极不可接反。通过二极管的电流、承受的反压及环境温度等都不应超过手册中所规定的极限值，并留有一定的余量。

（3）更换二极管时，应用同类型或高一级的二极管代替。

（4）二极管的引线弯曲处距离外壳端面应不小于 2 mm，以免造成引线折断或外壳破裂。

（5）焊接时用 35 W 以下的电烙铁，焊接要迅速，并用镊子夹住引线根部帮助散热，防止烧坏二极管。

（6）安装时，应避免靠近发热元件，对功率较大的二极管，应注意良好散热。

（7）二极管在容性负载电路中工作时，二极管整流电流应大于负载电流的 20%。

三、三极管的测试

三极管的管型、材质、引脚的识别可以通过管壳上的符号、标识来加以识别。不同性能、不同材料封装的三极管的引脚排列都有一定的规律，平时接触三极管时要多积累这方面的经验。

下面主要介绍外观上不能识别,用万用表测试三极管的方法。

1. 三极管引脚、管型的判别

三极管内部有两个 PN 结,可以用万用表 R×100 Ω 或 R×1 kΩ 挡测量 PN 结的正、反向电阻来确定三极管的引脚、管型。

1)基极的判别

首先假设三极管某一电极为基极(B),并将黑表笔接在假定的基极上,再将红表笔先后接在另两个电极上,分别测得两个阻值。如果两次测得的阻值都很大(或都很小),而将黑、红表笔对换后测得的另两个阻值又都很小(或都很大),则假设的电极就是三极管的基极(B)。如果测得的阻值一大一小,说明假设错误,应重新假设另一电极为基极,再重复上述测试,直至出现上述的结果,找到真正的基极(B)。

2)管型的判别

基极确定后,将黑表笔接基极,红表笔接其他两极,若测得的两个阻值都很小,则该管是 NPN 型管;若测得的两个阻值都很大,则该管是 PNP 型管。当测得 PN 结的正向电阻在几千欧时,则该管为硅管;当测得 PN 结的正向电阻在几百欧时,则该管为锗管。

3)集电极的判别

三极管具有电流放大作用,但若将集电极和发射极互换使用,则会失去放大作用,据此原理可判别出集电极,具体方法如下:

将万用表拨到 R×100 Ω 或 R×1 kΩ 挡,红、黑表笔分别接基极之外没有确定的两个电极上,对 NPN 型管,用手捏住基极和黑表笔所接电极(即在两极间接上一人体电阻,注意两电极不能接触上),同时观察记录万用表指针偏转情况,如图 1-42(a)所示;然后将红、黑表笔对调再测一次,如图 1-42(b)所示。则阻值小(指针偏转大)的那一次黑表笔所接为集电极(C),红表笔所接为发射极(E)。对于 PNP 型管,应用手捏住基极和红表笔所接电极,同样测两次,则阻值小(指针偏转大)的那一次红表笔所接为集电极(C),黑表笔所接为发射极(E)。

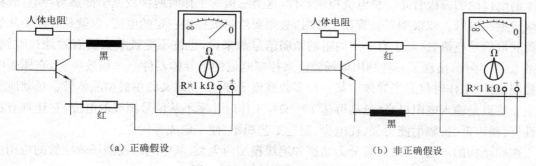

（a）正确假设   （b）非正确假设

图 1-42　三极管集电极的判别

2. 三极管性能的简易判别(以 NPN 型管为例)

1)电流放大系数 β

目前有些万用表带有 β 值测试功能,把被测三极管插入测试插孔即可测出 β 值的大小。对无此功能的万用表,可用 R×100 Ω 或 R×1 kΩ 挡来判断三极管的放大能力。黑表笔接集电极,红表笔接发射极,然后用手捏住基极和集电极,在此过程中观察表头指针的摆动幅度,若指针无摆动,说明三极管无放大能力;若指针有摆动,说明三极管有放大能力,且指针摆动幅度越大,表明 β 值越大。

2)穿透电流 I_{CEO}

将基极开路,黑表笔接集电极,红表笔接发射极,测 C、E 间的电阻。测得的阻值越大,I_{CEO} 越小,三极管性能越好;测得的阻值小,则表明 I_{CEO} 很大。

3)稳定性能

用万用表测基极对另外两个电极的电阻,然后将红、黑表笔对调,再测一次基极对另外两个电极的电阻。两次中,若一次测得的阻值都很大,另一次测得的阻值又都很小,说明是好三极管;否则就是坏三极管,或三极管性能变差。另外,测试 I_{CEO} 时,用手捏住管壳,借人体体温使三极管的温度上升,此时集电极与发射极之间的电阻将变小。若指针向右偏转不大,则三极管的稳定性较好;若指针迅速向右偏,则三极管的稳定性较差。

上述方法对检测大功率三极管也是基本适用的。不过大功率三极管的反向饱和电流较大,所以万用表应用 R×10 Ω 或 R×1 Ω 挡。

3. 三极管使用注意事项

(1)为保证三极管安全稳定地工作,应使三极管的 $i_C < I_{CM}$,$p_C < P_{CM}$,$u_{CE} < U_{(BR)CEO}$。

(2)在温度变化大的环境中,要求反向电流小时,应选硅管;要求导通电压低时,应选锗管。

(3)选用反向电流小,而且 β 值也不宜过大,一般以几十至一百左右为宜。

(4)当工作频率较高时,应选用高频管;若用于开关电路,应选用开关管。

(5)三极管有大功率管和小功率管之分,要根据电路中负载的大小选择合适的功率管。

三极管的命名、组成部分的符号及意义见附录 A。

第六节 场 效 应 管

前面讨论的三极管是一种电流控制器件,这类三极管工作时两种载流子都参与导电,故称为双极型三极管。双极型三极管在工作时,必须要给基极提供一定的电流,也就是必须要从信号源获取信号电流,这对于有一定内阻的微弱信号源来说,也许不能被放大器有效地接收到。20 世纪 60 年代,出现了一种利用电场效应来控制电流的半导体器件——场效应管,它属于电压控制器件,工作时仅靠半导体中某一种多数载流子导电,因此又称单极型晶体管。场效应管的主要特点是输入电阻极高(最高可达 10^{15} Ω),工作时几乎不从信号源吸取电流,它还具有稳定性好、噪声低、抗辐射能力强、耗电少、制造工艺简单、便于集成等优点。

按照结构的不同,场效应管分为结型和绝缘栅型两大类,其中绝缘栅型场效应管的应用更为广泛。

一、绝缘栅型场效应管

绝缘栅型场效应管由金属、氧化物和半导体制成,所以称为金属-氧化物-半导体型场效应管(metal-oxide-semiconductor type field effect transistor,MOSFET)简称 MOS 管。MOS 管分为 N 沟道和 P 沟道两类,每类又分为增强型和耗尽型两种,区别在于耗尽型 MOS 管有原始的导电沟道,而增强型 MOS 管则没有。下面以 N 沟道 MOS 管为例,讨论 MOS 管的结构、工作原理和特性曲线,然后指出耗尽型 MOS 管的特点。

1. N 沟道增强型 MOS 管

1)结构和符号

图 1-43 所示为增强型 MOS 管的结构示意图和图形符号。它是以一块掺杂浓度较低的 P 型硅材料作为衬底,在它的表面两端分别制成两个高掺杂浓度的 N⁺ 区,然后在 P 型硅表面生成一层很薄的二氧化硅(SiO_2)绝缘层,并在二氧化硅的表面及两个 N⁺ 区的表面分别安置三个铝电极——栅极(G)、源极(S)、漏极(D),就成了 N 沟道 MOS 管。通常将衬底(B)与源极(S)接在一起使用。

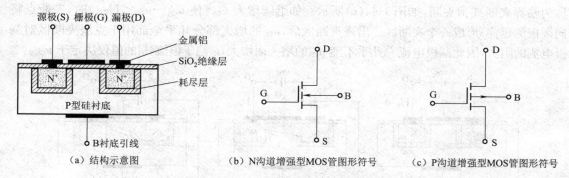

（a）结构示意图　　　　（b）N沟道增强型MOS管图形符号　　　（c）P沟道增强型MOS管图形符号

图 1-43　增强型 MOS 管的结构示意图与图形符号

因为栅极与漏极和源极之间都是绝缘的,故称为绝缘栅型场效应管。图 1-43(b)、(c)是 N 沟道增强型 MOS 管的图形符号。箭头方向表示 PN 结加正向偏置电压时的电流方向,箭头向内的为 N 沟道,向外的为 P 沟道。因栅极与漏极和源极之间都是绝缘的,符号中 G 与 D 和 S 是间隔开的,这一点可以与结型场效应管相区别;因漏极与源极之间无原始的导电沟道,符号中 D、S 间用断开线表示,这一点可以和耗尽型符号相区别。

2)工作原理

对于 N 沟道增强型 MOS 管,在栅-源之间、漏-源之间均应加正向电压,MOS 管才能正常工作。如栅-源电压 $u_{GS}=0$ 时,则漏-源之间是两个背对背的 PN 结,无论加在漏-源之间的电压 u_{DS} 极性如何变化,总会有一个 PN 结处于反向偏置状态,漏-源之间不会有导电沟道,也就不会有电流,漏极电流 $i_D=0$,如图 1-44(a)所示。

MOS 管的栅极(金属铝层)和 P 型硅衬底相当于一个以 SiO_2 为介质的平板电容器,当 $u_{GS}>0$ 时,在 u_{GS} 的作用下,栅极金属将聚集正电荷,它们排斥 P 型衬底靠近 SiO_2 一侧的空穴,使之剩下不能移动的负离子区,而形成耗尽区。当 u_{GS} 增大到一定值时,一方面耗尽区加宽,另一方面将衬底中的电子吸引到衬底与绝缘层之间,形成一个 N 型薄层,并将两个 N⁺ 区接通,通常把这个 N 型薄层称为反型层。这个反型层实际上构成了源-漏极间的 N 型导电沟道。若此时在漏-源之间加上电压 u_{DS},就会有漏极电流 i_D 通过。通常将在一定的 u_{DS} 作用下,使导电沟道刚刚形成的栅-源电压 u_{GS} 称为开启电压,用 U_{TH} 表示,N 沟道 MOS 管 U_{TH} 为正值。由于这类场效应管在 $u_{GS}=0$ 时,$i_D=0$,只有在 $u_{GS}>U_{TH}$ 后才出现沟道并形成电流,如图 1-44(b)所示,故称为增强型 MOS 管。

以后,随着 u_{GS} 的增大,导电沟道变宽,沟道电阻变小,漏极电流 i_D 增大,实现了栅-源电压 u_{GS} 对漏极电流 i_D 的控制作用。

当 $u_{GS}>U_{TH}$,且为一个确定值时,漏-源之间便产生了均匀的具有一定宽度的导电沟道。

但当漏-源电压 u_{DS} 加上后，导电沟道的宽度不再相等，靠近漏极处的沟道变窄，而靠近源极处的沟道较宽，呈现出楔形状态。这是由于 i_D 流过沟道时，沿沟道方向产生一个电压降落，使沟道上各点的电位不同，因而各点与栅极之间的电位差就不相等（即加在平板电容器上各处的电压不相等），靠近漏极电位差最低，靠近源极电位差最高，因而使沟道呈现楔形，如图1-44(c)所示。当外加漏-源电压 u_{DS} 较小时，漏-源极间的导电沟道是相通的，如图1-44(b)所示。这时只要 u_{GS} 一定，沟道电阻也是一定的，所以 i_D 随 u_{DS} 线性变化。随着 u_{DS} 的增大，靠近漏极的沟道越来越窄，一旦 u_{DS} 增大到使 $u_{GD}=U_{TH}$（即 $u_{GS}-u_{DS}=U_{TH}$）时，沟道在靠近漏极侧出现夹断点，称为临界夹断或预夹断，如图1-44(c)所示。如继续增大 u_{DS}（使 $u_{GS}-u_{DS}<U_{TH}$）时，夹断点将向源极侧延伸，形成一个夹断区。出现夹断区后，u_{DS} 的增大部分几乎全部用于克服夹断区对漏极电流的阻力，因此漏极电流 i_D 几乎不随 u_{DS} 的增大而增大，i_D 趋于恒流，i_D 的值仅决定于 u_{GS}。

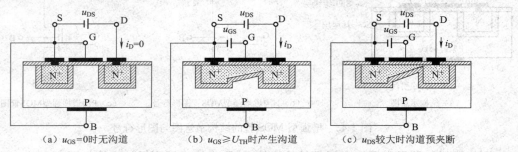

（a）$u_{GS}=0$时无沟道　　　　（b）$u_{GS} \geqslant U_{TH}$时产生沟道　　　　（c）u_{DS}较大时沟道预夹断

图1-44　N沟道增强型MOS管的工作原理图

3）特性曲线

N沟道增强型MOS管的转移特性曲线和输出特性曲线分别如图1-45(a)、(b)所示。转移特性曲线是场效应管工作在预夹断状态下，且 u_{DS} 为一定值时，漏极电流 i_D 与栅-源电压 u_{GS} 的关系曲线。转移特性反映 u_{GS} 对 i_D 的控制作用，由曲线看出只有当 $u_{GS} \geqslant U_{TH}$ 时，才有 i_D 产生，因此由转移特性曲线可得场效应管的开启电压 U_{TH}。在预夹断状态下，即 $u_{GS}>U_{TH}$，$u_{DS} \geqslant u_{GS}-U_{TH}$。转移特性可用式(1-8)表示：

$$i_D = I_{DO} \left(\frac{u_{GS}}{U_{TH}} - 1 \right)^2 \tag{1-8}$$

式中，I_{DO} 为 $u_{GS}=2U_{TH}$ 时的 i_D 值。

输出特性曲线是指栅-源电压 u_{GS} 一定时，漏极电流 i_D 与漏-源电压 u_{DS} 的关系曲线，又称漏极特性，如图1-45(b)所示。输出特性曲线可分为三个区：夹断区、可变电阻区和恒流区。

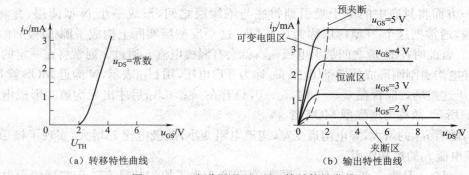

（a）转移特性曲线　　　　　　　　　　（b）输出特性曲线

图1-45　N沟道增强型MOS管的特性曲线

（1）夹断区：指靠近横轴 $u_{GS}<U_{TH}$ 的区域，图 1-45 中 $U_{TH}=2\ V$。由于这时还没有形成导电沟道，因此漏极电流 $i_D=0$，场效应管处于截止状态。工作在夹断区的条件是：$u_{GS}<U_{TH}$。夹断区的工作特点是：漏-源之间无导电沟道，$i_D=0$，场效应管相当于开关断开。

（2）可变电阻区：指纵轴与预夹断轨迹（$u_{DS}=u_{GS}-U_{TH}$）之间的区域。在 u_{DS} 较小时，导电沟道分布是均匀的，当 u_{GS} 为一定值时，i_D 与 u_{DS} 呈线性关系，说明沟道电阻为一定值。而当 u_{GS} 变化时，沟道电阻会随 u_{GS} 的变化而改变，u_{GS} 不同，沟道电阻的大小不同，因此将这个区域称为可变电阻区。工作在可变电阻区的条件是：$u_{GS}>U_{TH}$ 且 $u_{DS}<u_{GS}-U_{TH}$。可变电阻区的工作特点是：u_{DS} 很小，i_D 随 u_{DS} 的增加近似直线上升，i_D 与 u_{DS} 呈线性关系。在可变电阻区，场效应管等效为一个受 u_{GS} 控制的可变电阻。

（3）恒流区：指预夹断轨迹右边、特性曲线近似水平的区域，又称线性放大区。在 $u_{GS}\geqslant U_{TH}$ 时，导电沟道已形成，当增大 u_{DS} 使 $u_{GS}-u_{DS}<U_{TH}$ 时，靠近漏极侧的导电沟道出现夹断，i_D 不再随 u_{DS} 的增加而增加，并趋于恒流。工作在恒流区的条件是：$u_{GS}>U_{TH}$ 且 $u_{DS}>u_{GS}-U_{TH}$。恒流区的工作特点是：$i_D>0$ 且 i_D 的大小只受 u_{GS} 控制，而与 u_{DS} 无关，场效应管呈现恒流特性，故称为恒流区。当 u_{GS} 增大时，i_D 随之增大，曲线表现为一簇平行于横轴的直线。在恒流区，场效应管相当于一个受电压 u_{GS} 控制的电流源。场效应管用于放大电路时应工作在恒流区。

2. N 沟道耗尽型 MOS 管

1）结构和符号

N 沟道耗尽型 MOS 管的结构与 N 沟道增强型 MOS 管的结构相似，只是耗尽型 MOS 管在制造过程中，预先在二氧化硅绝缘层中掺入了大量的正离子，在正离子的作用下，使 P 型衬底表面感应出较多的电子，形成一定厚度的 N 型反型层，使得场效应管无须外加栅-源电压就能形成原始的导电沟道，其结构示意图如图 1-46（a）所示。同样，如果用 N 型半导体做衬底，可制成 P 沟道耗尽型 MOS 管。N 沟道耗尽型 MOS 管的图形符号如图 1-46（b）所示，箭头向内的为 N 沟道，向外的为 P 沟道。因漏极与源极之间有原始的导电沟道，符号中 D、S 间用实线表示。

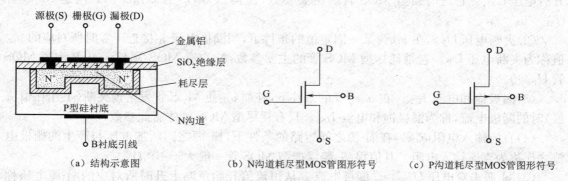

图 1-46 耗尽型 MOS 管的结构示意图与图形符号

2）工作原理

N 沟道耗尽型 MOS 管工作时，漏-源之间加正向电压，而栅-源之间所加电压 u_{GS} 可正、可负，也可以是 0，这一特点使它的应用具有较大的灵活性。由于有原始导电沟道，即使 $u_{GS}=0$ 时，只要外加电压 u_{DS} 就会有漏极电流 i_D。如果 $U_{GS}>0$，则导电沟道变宽，i_D 增大；如果 $u_{GS}<0$，则导电沟道变窄，i_D 减小。当 u_{GS} 小到一定值时，导电沟道会消失，$i_D=0$，称为沟道夹断，把沟

道刚刚夹断时所对应的栅-源电压 u_{GS} 值称为夹断电压,用 U_P 表示,N 沟道 MOS 管的 U_P 为负值。

同样,当 u_{DS} 增大到使 $u_{GD}=U_P$ 时,沟道也出现预夹断,预夹断后 i_D 趋于饱和进入恒流状态,只受 u_{GS} 控制,与 u_{DS} 的大小几乎无关。把 $u_{GS}=0$ 时的预夹断漏电流,称为饱和漏极电流 I_{DSS}。

3)特性曲线

N 沟道耗尽型 MOS 管的特性曲线如图 1-47 所示。

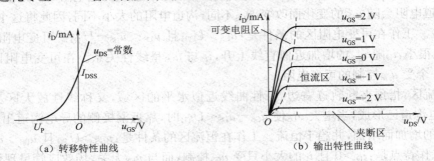

（a）转移特性曲线 　　　　　　　　（b）输出特性曲线

图 1-47 　N 沟道耗尽型 MOS 管的特性曲线

由转移特性曲线可以看出,无论 u_{GS} 是正、是负,还是零,都能控制 i_D。当 $u_{GS}=0$ 时,$i_D=I_{DSS}$;当 $i_D=0$ 时,$u_{GS}=U_P$。即由转移特性可求得场效应管的 U_P 和 I_{DSS} 值。在预夹断状态,即 $u_{GS}>U_P$,$u_{DS}>u_{GS}-U_P$。在转移特性曲线上 i_D 与 u_{GS} 的关系为

$$i_D = I_{DSS}\left(1-\frac{u_{GS}}{U_P}\right)^2 \tag{1-9}$$

N 沟道耗尽型 MOS 管的输出特性曲线也分为夹断、可变电阻区和恒流区三个区。夹断区的工作条件是:$u_{GS}\leqslant U_P$;可变电阻区的工作条件是:$u_{GS}>U_P$,$u_{DS}<u_{GS}-U_P$($u_{GD}>U_P$);恒流区的工作条件是:$u_{GS}>U_P$,$u_{DS}>u_{GS}-U_P$($u_{GD}<U_P$)。

3. 场效应管的主要参数

(1)开启电压 U_{TH}。在 u_{DS} 为某一固定值的条件下,产生漏极电流 i_D 所需的最小 u_{GS} 值称为开启电压 U_{TH}。它是增强型 MOS 管的主要参数,N 沟道 MOS 管 $U_{TH}>0$,P 沟道 MOS 管 $U_{TH}<0$。

(2)夹断电压 U_P。在 u_{DS} 为某一固定值的条件下,当漏极电流 i_D 接近于零时所对应的 u_{GS} 值称为夹断电压 U_P。它是耗尽型 MOS 管的主要参数,N 沟道 MOS 管 $U_P<0$,P 沟道 MOS 管 $U_P>0$。

(3)漏极饱和电流 I_{DSS}。在 $u_{GS}=0$ 的条件下,外加 u_{DS} 使 MOS 管发生预夹断(工作在恒流区)时的漏极电流,称为漏极饱和电流 I_{DSS}。只有耗尽型 MOS 管才有此参数。

(4)直流输入电阻 R_{GS}。在漏-源之间短路的条件下,栅-源之间所加电压与产生的栅极电流之比称为直流输入电阻。其值很高,绝缘栅型 MOS 管一般大于 10^9 Ω。

(5)漏-源击穿电压 $U_{(BR)DS}$。漏极电流 i_D 从恒流值开始急剧上升时所对应的漏-源电压称为漏-源击穿电压 $U_{(BR)DS}$。

(6)栅-源击穿电压 $U_{(BR)GS}$。使二氧化硅绝缘层击穿时所对应的栅-源电压值称为栅-源击穿电压 $U_{(BR)GS}$。

(7)低频跨导 g_m。低频跨导用来描述栅-源电压 u_{GS} 对漏极电流 i_D 的控制作用。其定义为:当 u_{DS} 为某一固定值时,漏极电流 i_D 的变化量与栅-源电压 u_{GS} 的变化量之比,称为跨导,即 $g_m = \Delta i_D/\Delta u_{GS}$。它反映了 MOS 管的放大能力,与三极管的 β 值相似,它的单位是 mS(毫西)。

（8）漏极最大耗散功率 P_{DM}。指允许消耗在场效应管上的最大功率，它等于漏极电流 i_D 与漏-源电压 u_{DS} 的乘积。P_{DM} 的大小决定于 MOS 管的温升，工作中，$i_D u_{DS}$ 之积不能大于 P_{DM}。

4. 场效应管与三极管的比较

场效应管与三极管比较有如下特点：

（1）场效应管是一种电压控制器件，由栅-源电压控制漏极电流；而三极管是一种电流控制器件，通过基极电流控制集电极电流。

（2）场效应管工作时，参与导电的载流子仅有一种多数载流子电子（或空穴），称为单极型器件；而三极管除了多数载流子电子（或空穴）参与导电外，还有少数载流子空穴（或电子）也参与导电，称为双极型器件。

（3）场效应管的输入电阻很高，可达数百兆欧以上；而三极管的输入电阻较低，一般只有几百欧至几十千欧。

（4）场效应管受温度、辐射的影响小，噪声系数低；而三极管容易受温度、辐射等外界因素影响，噪声系数大。

（5）如果场效应管的衬底不与源极相连，其漏极与源极可以互换使用；但三极管的集电极与基极不能互换使用。

此外，场效应管还有制造工艺简单、成本低、功耗小、便于集成等优点。

※二、结型场效应管

1. 结型场效应管的结构和符号

结型场效应管也有 N 沟道和 P 沟道两种。图 1-48(a) 是 N 沟道结型场效应管的结构示意图，在一块 N 型半导体的两侧，利用半导体工艺制成了两个高浓度的 P^+ 区，形成两个 PN 结。将两侧的 P^+ 区相连，引出一个电极，称为栅极（G），在 N 区的两端各引出一个电极，分别称为漏极（D）和源极（S）。两个 PN 结中间的 N 区便是载流子流经漏极和源极的通道，称为导电沟道，具有这种结构的场效应管称为 N 沟道结型场效应管。图 1-48(b) 是其图形符号，箭头方向为栅极与沟道间 PN 结的正方向，可作为场效应管导电沟道类型的区别标志，箭头向内的为 N 沟道，向外的为 P 沟道。P 沟道结型场效应管的结构示意图和图形符号如图 1-49 所示。结型场效应管的漏极（D）与源极（S）可互换使用。

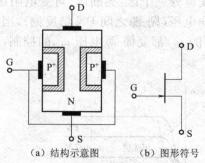

(a) 结构示意图　(b) 图形符号

图 1-48　N 沟道结型场效应管的
结构示意图和图形符号

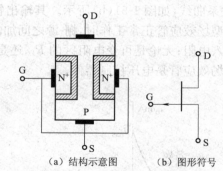

(a) 结构示意图　(b) 图形符号

图 1-49　P 沟道结型场效应管的
结构示意图和图形符号

2. 结型场效应管的工作原理（以 N 沟道为例）

N 沟道结型场效应管正常工作时，栅-源之间加反向电压，即 $u_{GS}<0$，使两个 PN 结反偏，耗

尽层向导电沟道伸展；而在漏-源之间加正向电压，即 $u_{DS} > 0$，以形成漏极电流 i_D，如图 1-50 所示。

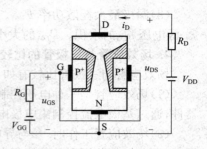

通过改变加在栅-源之间的反向电压 u_{GS} 来改变 PN 结耗尽层的宽度，从而改变了导电沟道的宽度，也就是改变了导电沟道的电阻，最终实现对电流 i_D 的控制。反向电压 u_{GS} 对导电沟道的影响是全面的、均匀的，当 $u_{GS} = 0$ 时，导电沟道最宽，导电沟道的电阻最小，可以通过较大的电流；反向电压 u_{GS} 增大，导电沟道变窄，导电沟道的电阻增大，通过的电流将减小；当反向电压 u_{GS} 增大到某一值时，耗尽层合拢在一

图 1-50　N 沟道结型场效应管工作原理图

起，导电沟道将消失，漏-源之间的电流被阻断，这种现象称为夹断。使导电沟道刚刚消失时所对应的 u_{GS} 电压，称为夹断电压，用 U_P 表示。夹断时，栅极与导电沟道中线上各点的电位差都是 U_P。N 沟道结型场效应管的 U_P 为负值。

当加上 u_{DS} 后，形成漏极电流 i_D，但导电沟道的宽度就不相等了，靠近漏极的导电沟道最窄，而靠近源极的导电沟道最宽，呈现出楔形。这是由于 i_D 流过导电沟道时，沿导电沟道方向产生一个电压降落，使导电沟道上各点的电位不同，因而各点与栅极之间的电位差就不相等（即加在 PN 结上各处的反向电压不相等），靠近漏极电位差最高，靠近源极电位差最低，因而使导电沟道呈现楔形。改变 V_{DD} 使 u_{DS} 增大，当 u_{DS} 增大到使 $u_{GD} = U_P$ 时，楔形导电沟道靠近漏极端一点出现夹断，这种现象称为预夹断。预夹断后，i_D 趋于饱和，只受 u_{GS} 控制，与 u_{DS} 的大小几乎无关。把 $u_{GS} = 0$ 时的预夹断漏极电流，称为漏极饱和电流 I_{DSS}。

3. 结型场效应管的特性曲线

（1）转移特性曲线。转移特性曲线是结型场效应管工作在预夹断状态下，且 u_{DS} 为一定值时，漏极电流 i_D 与栅-源电压 u_{GS} 的关系曲线，如图 1-51（a）所示。转移特性是描述栅-源电压 u_{GS} 对漏极电流 i_D 控制作用的。当 $u_{GS} = 0$ 时，对应的 i_D 最大，称为漏极饱和电流，用 I_{DSS} 表示；当 $u_{GS} = U_P$ 时，导电沟道被夹断，$i_D = 0$，U_P 为夹断电压；当 $U_P \leqslant u_{GS} \leqslant 0$ 时，i_D 与 u_{GS} 的关系为

$$i_D = I_{DSS} \left(1 - \frac{u_{GS}}{U_P} \right)^2 \tag{1-10}$$

（2）输出特性曲线。输出特性曲线是以栅-源电压 u_{GS} 为参变量，漏极电流 i_D 与漏-源电压 u_{DS} 的关系曲线，如图 1-51（b）所示。其输出特性曲线也分三个区：夹断区、可变电阻区、恒流区。结型场效应管正常工作时，栅-源之间加的是反向电压（栅-源之间 PN 结反偏），因此有较高的输入电阻；无论是可变电阻区的 R_{DS} 还是恒流区的 i_D，都受栅-源电压 u_{GS} 的控制，这都说明结型场效应管是电压控制器件。

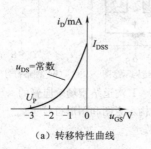

（a）转移特性曲线

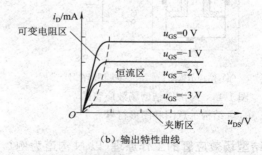

（b）输出特性曲线

图 1-51　N 沟道结型场效应管的特性曲线

三、各种场效应管的特性比较及使用注意事项

1. 各种场效应管的特性比较

前面以 N 沟道场效应为例,讨论了增强型和耗尽型绝缘栅型场效应管以及结型场效应管的工作原理、特性及参数。同样,P 沟道场效应管的工作原理与同类型 N 沟道场效应管类似,只是工作时所加的栅-源电压、漏-源电压的极性与 N 沟道相反,所形成的漏极电流的方向也相反。另外,对 P 沟道场效应管,U_P 为正值,U_{TH} 为负值,I_{DSS} 流出场效应管。P 沟道场效应管的特性曲线可记忆为与 N 沟道场效应管特性曲线关于坐标原点对称。为便于读者学习,将各类场效应管的特性列表进行比较,见表 1-3。

2. 场效应管的使用注意事项

(1)使用场效应管时,各极电源极性应按规定接入,且勿将结型场效应管的栅-源电压极性接反,以免 PN 结因正偏过电流而烧毁;绝对不能超过各极限参数规定的数值。

(2)在 MOS 管中,有的产品将衬底引出,这种场效应管有四个引脚,可让使用者根据电路的需要来连接。一般来说,衬底引线的连接应保证与衬底有关的 PN 结处于反偏,以实现衬底与其他电极的隔离。但在某些特殊的电路中,当源极的电位很高或很低时,为减轻衬底间电压对场效应管导电性能的影响,可将源极与衬底连在一起。

(3)从结构上看,场效应管的漏极与源极是对称的,可以互换使用。但有些产品制作时已将衬底与源极在内部连在一起,这种场效应管的漏极与源极是不可以互换使用的,使用时必须注意。

(4)由于 MOS 管的输入电阻极高,使得栅极的感应电荷不易泄放,导致在栅极产生很高的感应电压,造成 SiO_2 绝缘层击穿,使场效应管永久性损坏。为此,应避免栅极悬空和减少外界感应。储存时,应将场效应管的三个电极短路,放在屏蔽的金属内;当把场效应管焊接到电路上或取下来时,应先用导线将各电极绕在一起;焊接场效应管所用的电烙铁必须接地良好,最好断电用余热焊接。

(5)结型场效应管可以在开路状态下保存,可以用万用表检查其质量;MOS 管不能用万用表检查,必须用测试仪,而且要在接入测试仪后才能去掉各电极的短路线,取下时则应先将各电极短路。

表 1-3 各类场效应管特性比较

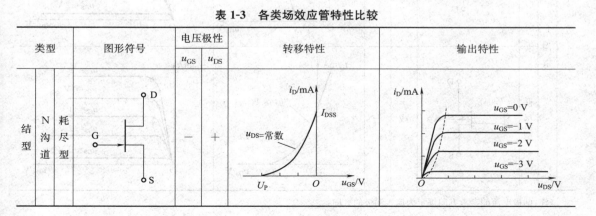

类型			图形符号	电压极性		转移特性	输出特性
				u_{GS}	u_{DS}		
结型	N 沟道	耗尽型		$-$	$+$		

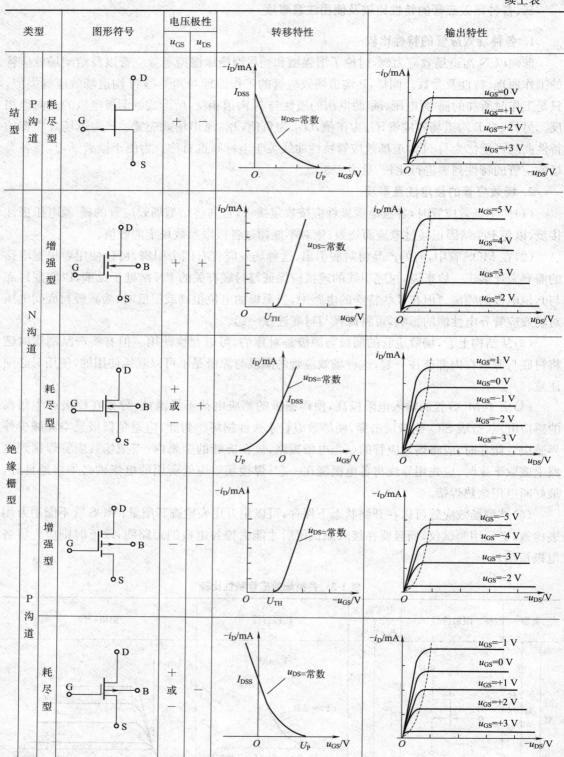

类型			图形符号	电压极性		转移特性	输出特性
				u_{GS}	u_{DS}		
结型	P沟道	耗尽型		+	−		
绝缘栅型	N沟道	增强型		+	+		
		耗尽型		+或−	+		
	P沟道	增强型		−	−		
		耗尽型		+或−	−		

(注:漏极电流的参考方向规定为流入漏极的方向)

知识归纳

（1）物体按导电性能分为三类：导体、绝缘体和半导体。半导体的导电能力介于导体与绝缘体之间。常用的半导体材料有硅、锗等。半导体的主要特性有：热敏特性、光敏特性和掺杂特性。

（2）半导体中有两种载流子：自由电子和空穴，自由电子带负电，空穴带正电。在本征半导体中，两种载流子的浓度相等。本征半导体中掺入三价或五价元素杂质，可形成 P 型半导体或 N 型半导体。P 型半导体主要靠空穴导电；N 型半导体主要靠自由电子导电。无论 N 型半导体还是 P 型半导体，对外都呈电中性。

（3）把 P 型半导体和 N 型半导体通过制造工艺结合在一起可得到 PN 结。PN 结具有单向导电性，即外加正向电压时导通，其电阻很小；外加反向电压时截止，其电阻很大。PN 结是构成半导体器件的基础。

（4）二极管由一个 PN 结构成，其基本特性是单向导电性，利用这种特性可以构成整流、限幅、钳位、检波及续流等应用电路。二极管的性能可用伏安特性来描述，它分为正向特性和反向特性两部分，正向特性存在死区电压（硅管为 0.5 V，锗管为 0.1 V）和正向导通电压（硅管约 0.7 V，锗管约 0.3 V），反向特性有反向饱和电流和反向击穿电压。其性能还可用技术参数来描述，使用时不能超过参数规定的额度。

除了普通二极管以外，还有许多特殊用途的二极管，如稳压二极管、发光二极管、光电二极管、变容二极管等。

二极管是非线性器件，不同的工作条件，二极管的等效电路不同。所以，分析二极管电路时，一定要注意二极管的工作条件，明确二极管的工作状态。

（5）三极管分为 NPN 和 PNP 两种类型。三极管有三个区（发射区、基区、集电区）、两个 PN 结（发射结、集电结）和三个电极（发射极 E、基极 B、集电极 C）。它是一种双极型的电流控制器件，利用这种控制作用可实现放大。三极管具有电流放大作用的内部条件是：发射区掺杂浓度很高；基区做得很薄，且掺杂浓度很低；集电区结面积大。实现放大作用的外部条件是：发射结正偏，集电结反偏。

三极管组成电路时有共发射极、共基极和共集电极三种组态。共发射极连接时的电流控制作用为：较小的基极电流控制较大的集电极电流，控制能力用电流放大系数 β 表示，$\beta = \Delta I_C / \Delta I_B$。其电流分配关系为 $I_E = I_B + I_C \approx I_C$，$I_C = \beta I_B$。

三极管的输入特性与普通二极管的正向特性相似，输出特性分为三个工作区：截止区、放大区和饱和区，对应三极管的截止、放大和饱和三种工作状态。三极管在三个工作区工作的条件和特点列于表 1-4 中。

表 1-4　三极管在三个区工作的条件和特点

工作状态	管型	工作条件	表现出的特征
放大状态	NPN	$u_C > u_B > u_E$	$0 < i_B < I_{BS} = I_{CS}/\beta$，$i_C = \beta i_B$（相当于受控的电流源）
	PNP	$u_C < u_B < u_E$	

续上表

工作状态	管型	工作条件	表现出的特征
饱和状态	NPN	$u_B \geqslant u_E, u_B \geqslant u_C$	$i_B > I_{BS} = I_{CS}/\beta, u_{CE} \approx U_{CES}$
	PNP	$u_B \leqslant u_E, u_B \leqslant u_C$	（相当于开关闭合）
截止状态	NPN	$u_B < u_E, u_B < u_C$	$i_B \approx 0, i_C \approx 0, u_{CE} \approx U_{CC}$
	PNP	$u_B > u_E, u_B > u_C$	（相当于开关断开）

三极管的参数 β 表示三极管的电流放大能力；I_{CBO}、I_{CEO} 表明三极管的温度稳定性；I_{CM}、P_{CM}、$U_{(BR)CEO}$ 等规定了三极管的安全工作范围。

（6）场效应管为单极型电压控制器件，利用 u_{GS} 控制 i_D。场效应管分结型和绝缘栅型两类，无论结型还是绝缘栅型场效应管，都有 N 沟道和 P 沟道之分，对于绝缘栅型场效应管，又有增强型和耗尽型两种结构，耗尽型 MOS 管的控制电压 u_{GS} 可正、可负、可零，使用比较灵活。

场效应管的主要特点是输入电阻高，其性能用转移特性和输出特性来描述，输出特性曲线也有可变电阻区、恒流区和夹断区。用于放大时，场效应管应工作在恒流区。跨导 $g_m = \Delta I_D / \Delta U_{GS}$ 是它的重要参数。使用时绝缘栅型场效应管的栅极不可悬空，以免击穿损坏。而结型场效应管的 PN 结不能加正偏电压。

（7）半导体二极管、三极管和结型场效应管，其结构的实质就是 PN 结。实际中，除了要不断加强对半导体器件目测识别判断的经验积累外，还要掌握用万用表欧姆挡测 PN 结正、反向电阻的方法来对半导体器件进行检测判断。

知识训练

题 1-1　半导体材料有哪些重要特性？

题 1-2　N 型和 P 型半导体中各以什么为多数载流子和少数载流子？

题 1-3　什么叫 PN 结的偏置？PN 结的正偏与反偏各有什么特点？

题 1-4　定性画出二极管的伏安特性曲线，并标出它的死区、正向导通区、反向截止区和反向击穿区。

题 1-5　选用二极管时主要考虑哪些参数？它们各自的含义是什么？

题 1-6　有人用万用表测二极管反向电阻时，为了使表笔和二极管引线接触好一些，用双手把两端捏紧，结果测得二极管的反向电阻较小，认为不合格，这样操作和判断是否正确？为什么？

题 1-7　怎样用万用表判断二极管的正、负极与好坏？用万用表 R×100 挡和 R×1 kΩ 挡测量同一个二极管的正向电阻，为什么测得的阻值有些不同？

题 1-8　三极管具有放大作用的内部条件和外部条件是什么？什么是三极管的电流放大作用？

题 1-9　三极管处于放大状态、截止状态、饱和状态的工作条件是什么？

题 1-10　怎样用万用表判断三极管的类型和引脚？

题 1-11　有两个三极管，其中一个三极管的 $\beta=150$，$I_{CBO}=100~\mu A$，一个三极管的 $\beta=60$，$I_{CBO}=10~\mu A$，其他参数一样，你选用哪一个三极管？为什么？

题 1-12　简述下列概念的含义及其区别:结型与绝缘栅型;N 沟道与 P 沟道;耗尽型与增强型;夹断与预夹断;夹断电压与开启电压;电流控制与电压控制。

题 1-13　二极管电路如图 1-52 所示,试判断图中的二极管是导通还是截止,并求出 AO 两端电压 U_{AO}(设二极管为理想的二极管)。

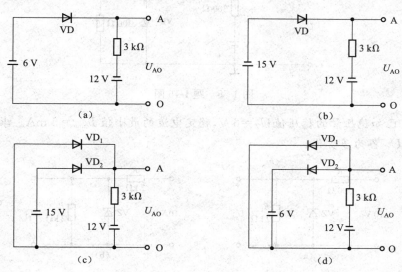

图 1-52　题 1-13 图

题 1-14　在图 1-53 所示的各电路中,$u_i = 10 \sin(\omega t)\text{V}$,二极管的正向压降可忽略不计,试分别画出各电路的输出电压 u_o 的波形。

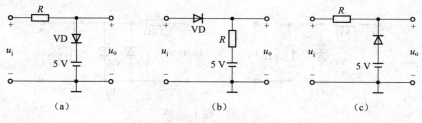

图 1-53　题 1-14 图

题 1-15　电路如图 1-54 所示,忽略二极管的管压降,根据输入信号 u_1 和 u_2 的波形画出输出电压 u_o 的波形。

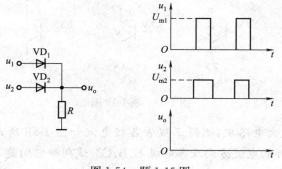

图 1-54　题 1-15 图

题 1-16 如图 1-55 所示电路中,设二极管均为硅管,正向压降为 0.7 V,当 $U_i=3\text{ V}$ 时,哪些管导通?哪些管截止?$U_i=0$ 时又怎样?

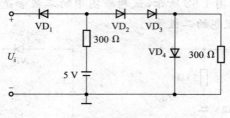

图 1-55 题 1-16 图

题 1-17 已知稳压管的稳压值 $U_Z=6\text{ V}$,稳定电流的最小值 $I_{Zmin}=5\text{ mA}$。求图 1-56 所示电路中 U_{o1} 和 U_{o2} 各为多少伏。

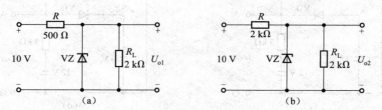

图 1-56 题 1-17 图

题 1-18 稳压电路如图 1-57 所示,稳压管的稳压值分别是 $U_{Z1}=7\text{ V}$,$U_{Z2}=5\text{ V}$,试计算输出电压 U_o 的值。

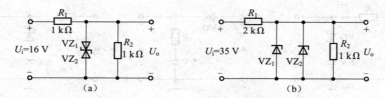

图 1-57 题 1-18 图

题 1-19 在电路中测出各三极管的三个电极对地电位如图 1-58 所示,试判断各三极管处于何种工作状态(设图中 PNP 型为锗管,NPN 型为硅管)。

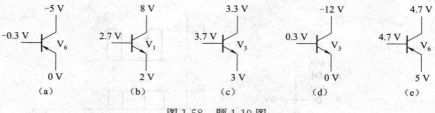

图 1-58 题 1-19 图

题 1-20 在两个放大电路中,测得三极管各极电流如图 1-59 所示。求另一个电极的电流,并在图中标出其实际的电流方向及各电极 E、B、C。试判断它们是 NPN 型管还是 PNP 型管并估算三极管的 β 值。

题 1-21 测得工作在放大状态的三极管各极电位如图 1-60 所示,试判断它们是 NPN 型管还是 PNP 型管? 是硅管还是锗管? 并标出各电极 E、B、C。

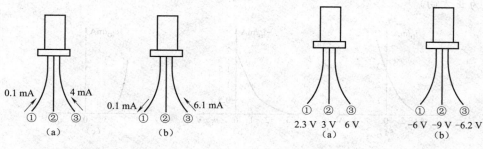

图 1-59 题 1-20 图   图 1-60 题 1-21 图

题 1-22 用直流电压表测得四个工作于放大状态的三极管的引脚电位如表 1-5 所示,试判断其引脚、管型及材料。

表 1-5 题 1-22 表

引脚号 \ 管号	A	B	C	D
U_1/V	2.8	2.9	5	8
U_2/V	2.1	2.6	8	5.5
U_3/V	7	7.5	8.7	8.3

题 1-23 某三极管的输出特性曲线如图 1-61 所示,试求:

(1)三极管的极限参数 P_{CM}、I_{CM}、$U_{(BR)CEO}$;主要参数 β 和 I_{CEO} 各为多少?

(2)若它的集-射极电压 $U_{CE}=10\ V$,则电流 I_C 最大不得超过多少?

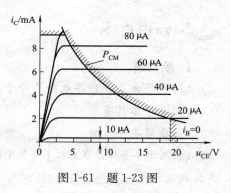

图 1-61 题 1-23 图

题 1-24 有两个场效应管,其输出特性曲线分别如图 1-62(a)、(b)所示。试分别说明它们是 P 沟道还是 N 沟道? 是增强型还是耗尽型? 它们的夹断电压 U_P 或开启电压 U_{TH} 的数值为多少? 漏极饱和电流 I_{DSS} 为多少?

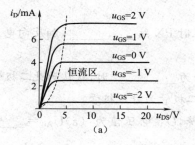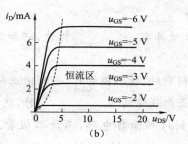

图 1-62 题 1-24 图

题1-25 图1-63所示分别为三个场效应管的转移特性曲线,试分别说明它们属于何种管型? 它们的夹断电压 U_P 或开启电压 U_{TH} 的数值为多少? 漏极饱和电流 I_{DSS} 为多少?(假定流入漏极为正方向)

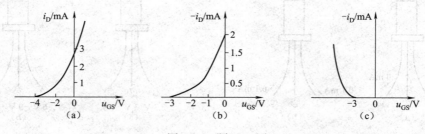

图1-63 题1-25图

题1-26 测得某电路中三个MOS管的各个电极的电位如表1-6所示,它们的 U_T 或 U_P 也列在表中,试分析它们的工作状态(夹断区、恒流区、可变电阻区)并填入表中。

表1-6 题1-26表

管 号	U_T/V	U_P/V	U_S/V	U_G/V	U_D/V	工作状态
V_1	4		−5	1	3	
V_2		4	1	0	−4	
V_3	−4		3	3	10	

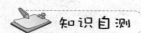 知识自测

1. 填空题

(1)半导体是一种导电能力介于_____和_____之间的物质。

(2)半导体具有_____、_____和_____性。

(3)杂质半导体分_____型半导体和_____型半导体两大类。

(4)N型半导体是在本征半导体中掺入_____价元素形成的,其多数载流子是_____,少数载流子是_____。

(5)PN结加正向电压,是指电源的正极接_____区,电源的负极接_____区,这种接法称为_____。

(6)PN结具有_____性能,即加正向电压时PN结_____,加反向电压时PN结_____。

(7)在判别硅、锗二极管时,当测出正向压降约为_____时,就认为此二极管为锗二极管;当测出正向压降约为_____时,就认为此二极管为硅二极管。

(8)图1-64所示各电路,不计二极管正向压降, U_{AB} 电压值为:(a) U_{AB} =_____ V,(b) U_{AB} =_____ V,(c) U_{AB} =_____ V。

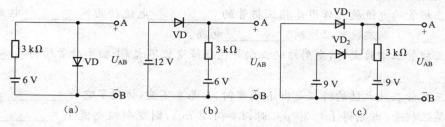

图 1-64　题(8)图

(9)当温度上升时,三极管的 I_{CEO}_____,β_____,U_{BE}_____。

(10)三极管的_____区与_____区由同一类型材料组成,其中_____区掺杂浓度高,_____区掺杂浓度低。

(11)正常工作的 PNP 型三极管各电极电位关系是 $U_C < U_B < U_E$,该管工作于_____状态。

(12)三极管三个极电流之间的关系式为 $I_E =$ _____。

(13)三极管输出特性中的三个区分别称为_____区、_____区和_____区。

(14)在一个放大电路板内测得某只三极管三个极的静态电位分别为 $U_1 = 6$ V,$U_2 = 3$ V,$U_3 = 3.7$ V,可以判断 1 引脚为_____极,2 引脚为_____极,3 引脚为_____极,此管为_____型管,由_____材料制成。

(15)在 U_{DS} 为某一定值时,使增强型场效应管开始有漏极电流 I_D 时的 U_{GS} 称为_____。

(16)图 1-65 所示为场效应管转移特性曲线,试分析此管:管型为_____沟道_____型,U_P(或 U_T) = _____ V,$I_{DSS} =$ _____ mA。

(17)场效应管漏极特性如图 1-66 所示,试分析此管:管型为_____沟道_____型,U_P(或 U_T) = _____ V,$I_{DSS} =$ _____ mA;$g_m =$ _____。

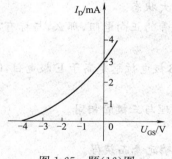

图 1-65　题(16)图

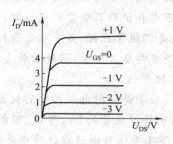

图 1-66　题(17)图

(18)用万用表 R×1 kΩ 挡测得某二极管的正、反向电阻均为 ∞,则说明此管_____。若正、反向电阻都为 0 Ω,则说明此管_____。

(19)三极管是一种_____控制器件;场效应管是一种_____控制器件;场效应管的输入电阻_____。

(20)三极管是由_____个 PN 结构成的一种半导体器件,从结构上看可以分为_____和_____两大类型。三极管工作在放大区的条件是:发射结加_____电压,集电结加_____电压。

(21) 三极管的电流放大作用是指三极管的_____电流约为_____电流的 β 倍,即利用_____电流就可以控制_____电流。

(22) 三极管正常放大时,发射结的正向导通压降变化不大,小功率硅管约为_____V,锗管约为_____V。

(23) 三极管在放大区的特征是当 I_B 固定时,I_C 基本不变,体现了它的_____特性。

(24) 某三极管,当测得 $I_B = 30\ \mu A$ 时,$I_C = 1.2\ mA$,则发射极电流 $I_E =$_____mA;如果 I_B 增加到 $50\ \mu A$ 时,I_C 增加到 $2\ mA$,则三极管的电流放大系数 $\beta =$_____。

(25) 场效应管以_____控制_____,属于_____控制型半导体器件。

(26) 场效应管的导电过程仅仅取决于_____载流子的运动,因此场效应管又称_____晶体管。

(27) 场效应管按其结构的不同,可分为_____和_____两大类型。

(28) 三极管的输出特性曲线可分为三个区域:当三极管工作在_____区时,关系式 $I_C \approx \beta I_B$ 才成立;当三极管工作在_____区时,$I_C \approx 0$;当三极管工作在_____区时,$U_{CE} \approx 0$。

(29) 三极管电路共有_____、_____、_____三种连接方式。

(30) 当 NPN 型硅管处在放大状态时,在三个电极中,_____极电位最高,_____极电位最低,基极与发射极电位之差一般为_____V。

2. 判断题

(1) 三极管饱和时,集电极电流不再随基极电流增大而增大。　　　　　　　　　（　　）

(2) 放大电路应选用 β 较大、I_{CEO} 小的三极管。　　　　　　　　　　　　　（　　）

(3) 三极管由两个 PN 结组成,所以可将两个二极管反向连接起来当作三极管使用。（　　）

(4) 发光二极管正常工作时,其正向电压要比普通二极管两端的正向电压高。　　（　　）

(5) 三极管使用中,当 $I_C > I_{CM}$ 时,三极管必然损坏。　　　　　　　　　　　（　　）

(6) 发射结处于正向偏置的三极管,一定工作在放大状态。　　　　　　　　　　（　　）

(7) 用万用表识别二极管的极性时,若测的是二极管的正向电阻,那么,与标有"+"号的表笔相连接的是二极管正极,另一端是负极。　　　　　　　　　　　　　　　　（　　）

(8) 无论是哪类三极管,当处于放大工作状态时,B 极电位总是高于 E 极电位,C 极电位也总是高于 B 极电位。　　　　　　　　　　　　　　　　　　　　　　　　　　　（　　）

(9) 场效应管是一种电流控制的放大器件,工作原理与三极管相同。　　　　　　（　　）

(10) 结型场效应管的 U_{GS} 可正、可负或为零。　　　　　　　　　　　　　　（　　）

(11) P 型半导体可通过在纯净半导体中掺入五价磷元素而获得。　　　　　　　　（　　）

(12) N 沟道增强型场效应管,只有当 $U_{GS} > U_T$ 时才开始导通。　　　　　　　（　　）

(13) 场效应管的最大优点是具有较高的输入电阻。　　　　　　　　　　　　　　（　　）

(14) 在 N 型半导体中,掺入高浓度的三价杂质可以改为 P 型半导体。　　　　　（　　）

(15) P 型半导体带正电,N 型半导体带负电。　　　　　　　　　　　　　　　　（　　）

(16) 使用 MOS 管应注意避免栅极悬空及减少外界感应。　　　　　　　　　　　（　　）

(17) 锗二极管的导通电压约为 0.1 V。　　　　　　　　　　　　　　　　　　　（　　）

(18) PN 结外加反向电压时,阻挡层的厚度变厚。　　　　　　　　　　　　　　（　　）

(19) 稳压二极管要正常工作,只需在它的两端加一个反向电压即可。　　　　　　（　　）

(20)三极管的发射区和集电区是由同一种杂质半导体构成的,故发射极和集电极可以互换使用。（　　）

3. 选择题

(1)如果二极管的正、反向电阻都非常小或为零,则该二极管（　　）。

    A. 正常　　　　　　　B. 已被击穿　　　　　C. 内部已断路

(2)已知某三极管为硅管,则该管饱和时的 U_{CES}＝（　　）。

    A. 0.7 V　　　　　　B. 0.1 V　　　　　　C. 0.3 V

(3)三极管三个极电位如图 1-67 所示,则此管工作于（　　）。

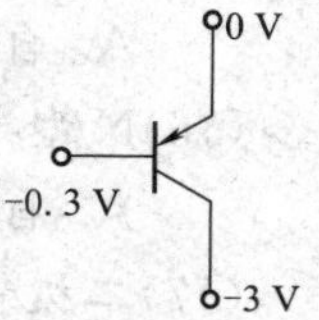

    A. 放大状态　　　　B. 饱和状态　　　　C. 截止状态

图 1-67　题(3)图

(4)用万用表欧姆挡测量小功率三极管的特性好坏时,应把欧姆挡放至（　　）。

    A. R×100 Ω 挡或 R×1 kΩ 挡　　　　B. R×1 Ω 挡　　　　C. R×10 kΩ 挡

(5)某三极管的极限参数为 I_{CM}＝100 mA,$U_{(BR)CEO}$＝20 V,P_{CM}＝100 mW,则该元件正常工作状态为（　　）。

    A. I_C＝10 mA,U_{CE}＝15 V　　　　　B. I_C＝10 mA,U_{CE}＝9 V

    C. I_C＝20 mA,U_{CE}＝9 V

(6)在二极管的正向导通区,二极管相当于（　　）。

    A. 大电阻　　　　　B. 接通的开关　　　　C. 断开的开关

(7)在半导体材料中,本征半导体的自由电子浓度（　　）空穴浓度。

    A. 大于　　　　　　B. 小于　　　　　　C. 等于

(8)当三极管的两个 PN 结都反偏时,则三极管处于（　　）;当三极管的两个 PN 结都正偏时,则三极管处于（　　）。

    A. 截止状态　　　　B. 饱和状态　　　　C. 放大状态

(9)用万用表 R×1 kΩ 的电阻挡测量一只能正常放大的三极管,若用黑表笔接触一只引脚,红表笔分别接触另两只引脚时测得的电阻值都较小,则该三极管是（　　）。

    A. PNP 型　　　　　B. NPN 型　　　　　C. 无法确定

(10)用万用表测得三极管任意两个极之间的电阻均很小,则说明该管（　　）。

    A. 两个 PN 结都短路　　　　　　B. 发射结击穿,集电结正常

    C. 两个 PN 结都断路

(11)在电场作用下,空穴与自由电子运动形成的电流方向（　　）。

    A. 相同　　　　　　B. 相反

(12)用万用表的不同欧姆挡测量二极管的正向电阻时,会观察到其测得的阻值不同,究其根本原因是（　　）。

    A. 万用表在不同的欧姆挡有不同的内阻

    B. 二极管有非线性的特性

    C. 二极管的质量差

(13)在杂质半导体中,多数载流子的浓度主要取决于（　　）,而少数载流子的浓度则与（　　）有很大关系。

    A. 温度　　　　B. 掺杂工艺　　　　C. 杂质浓度　　　　D. 晶体缺陷

(14)稳压二极管是利用二极管的(　　　)特性进行稳压的。

    A. 正向导通　　　　B. 反向截止　　　　C. 反向击穿

(15)半导体导电的载流子是(　　　)。

    A. 自由电子　　　　B. 空穴　　　　　　C. 自由电子和空穴

(16)N 型半导体的多数载流子是(　　　),少数载流子是(　　　)。

    A. 自由电子　　　　B. 空穴　　　　　　C. 自由电子和空穴

(17)二极管的正向电阻越(　　　),反向电阻越(　　　),则说明二极管的单向导电性越好。

    A. 大　　　　　　　B. 小

(18)硅二极管和锗二极管的死区电压分别是(　　　)和(　　　),正向导通时的工作压降分别是(　　　)和(　　　)。

    A. 0.1 V　　　　　B. 0.3 V　　　　　C. 0.5 V　　　　　　　　D. 0.7 V

(19)工作在反向偏置状态的特殊二极管是(　　　),正向偏置状态的是(　　　)。

    A. 稳压二极管　　B. 发光二极管　　　C. 光电二极管　　　　D. 变容二极管

(20)P 型半导体多数载流子是带正电的空穴,所以 P 型半导体(　　　)。

    A. 带正电　　　　B. 带负电　　　　　C. 没法确定　　　　　D. 电中性

(21)三极管三个极电流的关系是(　　　)。

    A. $I_C > I_B > I_E$　　　B. $I_E > I_B > I_C$　　　C. $I_E > I_C > I_B$　　　D. $I_C > I_E > I_B$

(22)如果三极管的发射结和集电结均处于正偏状态,则说明该三极管处于(　　　)状态。

    A. 放大　　　　　B. 截止　　　　　　C. 饱和

(23)如果测得 NPN 型三极管三个极电位为 $U_B = 0.3$ V,$U_C = 5$ V,$U_E = 0$ V,则说明该三极管处于(　　　)状态。

    A. 放大　　　　　B. 截止　　　　　　C. 饱和

(24)三极管的极限参数为 $P_{CM} = 40$ mW,$U_{(BR)CEO} = 10$ V,$I_{CM} = 15$ mA,如果三极管的集电极电流为 $I_C = 7$ mA,$U_{CE} = 6$ V,则该三极管(　　　)。

    A. 会被烧坏　　　B. 处于安全工作区　　C. 不能确定

(25)某个三极管的 $\beta = 100$,测得 $I_B = 50$ μA,$I_C = 3$ mA,可判定该三极管工作在(　　　)。

    A. 放大区　　　　B. 截止区　　　　　C. 饱和区

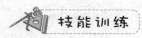 技能训练

训练项目一　半导体二极管、三极管的检测与判别

一、项目概述

半导体二极管具有单向导电性,即正向导通,反向截止;半导体三极管是一种非线性电流控制器件,即通过基极电流或射极电流去控制集电极电流,实现放大作用。半导体二极管和半导体三极管都是电子电路和电子设备中的基本器件,它们是构成各种电子电路的基础。合理地选择和正确使用半导体二极管和半导体三极管,是电子技术学习者应具备的基本技能。

二、训练目的

通过本训练项目,使学生认识常用的半导体二极管、三极管;掌握常用的半导体二极管、三极管的识别与检测方法;熟悉用万用表判别二极管、三极管的质量;学习万用表测量电容的方法。

三、训练内容与要求

1. 训练内容

对训练项目提供的各种半导体二极管、三极管进行目测初步识别,然后用指针式万用表对半导体二极管、三极管的电极、类型、好坏、质量等进行测量和判别。

2. 训练要求

(1)熟悉指针式万用表的使用;掌握万用表电阻测量挡的等效电路及测量三极管时的注意事项。

(2)掌握二极管(PN 结)的结构、特性。

(3)掌握半导体二极管、三极管不同工作状态所需要的外部条件。

(4)撰写项目训练报告。

四、原理分析

半导体二极管、三极管都是由 PN 结构成的,PN 结的主要特性是单向导电性,即正向导通时呈小电阻,反向截止时呈大电阻,用万用表欧姆挡对二极管、三极管进行简单判别,就是测 PN 结的正反向电阻来对二极管、三极管加以判别。用万用表对器件进行检测时,一般应使用 $R \times 100\ \Omega$ 或 $R \times 1\ k\Omega$ 挡,用其他挡位会造成器件损坏。还应注意,指针式万用表欧姆挡黑表笔(一端)接表内电池的正极,红表笔(十端)接表内电池的负极。

五、内容安排

1. 普通二极管的检测判别

(1)判别二极管的极性。把万用表拨到 $R \times 100\ \Omega$ 或 $R \times 1\ k\Omega$ 挡,然后,将两表笔分别接二极管的两个电极,测得一个电阻值,交换一次电极再测一次,从而得到两个电阻值。二极管的正向电阻值一般在几十欧至几千欧之间,反向电阻值一般在几十千欧至几百千欧之间。电阻值小(指针偏转大)的那一次,则黑表笔接的是二极管的正极,红表笔接的是二极管的负极。

(2)判别二极管的质量好坏。两次测得的电阻值一次很小(正向电阻),一次很大(反向电阻),说明二极管完好,而且正反向电阻相差越大,二极管性能越好;若测得正反向电阻均为无穷大,说明二极管内部断路;若测得的正反向电阻均为零,说明二极管被击穿或短路;如果电阻值相差不大,说明二极管性能变坏或已失效;若指针不能稳定在某一阻值上,说明二极管稳定性差。

2. 测量三极管

三极管对外有三个电极,两个 PN 结,分为 PNP 型和 NPN 型两种。通过测量可以确定基极和管型,并估测放大能力。

(1)检测判定基极(B)和三极管的类型。首先假设三极管任一电极为基极(B),并将黑表笔接在假定的基极上,再将红表笔先后接在另两个电极上分别测得两个电阻,如果两次测得的电阻值都很大(或都很小),而将黑、红表笔对调后测得的另两个电阻值又都很小(或都很大),则假设的基极就是三极管的基极。如果测得的电阻值一大一小,说明假设错误,这时必须重新假设另一电极为基极,再重复上述的测试,直至出现上述的结果,找到真正的基极。

基极确定后,将黑表笔接基极,红表笔接其他两极中的任一电极。若测得的电阻值都很小,则该管是 NPN 型管;若测得的电阻值都很大,则该管是 PNP 型管。

(2)确定集电极(C)和发射极(E)。万用表拨到 R×100 Ω 或 R×1 kΩ 挡,红、黑表笔分别接没有确定的两个电极上,对 NPN 型管,用手捏住基极和黑表笔所接电极(注意两电极不能接触),同时观察万用表指针偏转情况。然后将红、黑表笔对调再测一次,则阻值小(指针偏转大)的那一次,黑表笔接的为集电极,红表笔接的为发射极;对于 PNP 型管,用手捏住基极和红表笔所接电极(注意两电极不能接触),同样测两次,则阻值小(指针偏转大)的那一次,红表笔所接为集电极,黑表笔所接为发射极。

3. 电容的测量

用万用表测量电容,只能粗略地检查电容是否断线、漏电或失效。在结构上,电容是由两块被介质隔开的极板组成的,不能通过直流电流,只能充放电。测量前先将电容两极短路一下,将可能存储的电荷释放,然后,将万用表置于电阻挡(R×1 kΩ 挡)并将两表笔与电容两极相连。在正常情况下,可以看到指针产生较大偏转,然后,慢慢返回,反映了电路中电容充电电流的变化情况。稳定后,指针指向 R=∞,说明电容无漏电,电容越大,指针返回越慢;电容的容量小,指针偏转小,返回也快。(电解电容要注意极性!)

六、训练所用仪表与器材

(1)指针式万用表一块。
(2)各种类型、型号、优劣、废损的二极管和三极管若干。
(3)不同类型、容量的电容若干。

七、成绩评定

训练项目成绩评定采取百分制分段评定的方法。本训练项目由指导教师现场提问并抽测学生对半导体二极管、三极管识别与检测的掌握情况。

(1)回答问题,40 分。
(2)半导体二极管、三极管的识别与检测测试,60 分。

训练项目二　二极管伏安特性测试

一、项目概述

电子器件的伏安特性是指流过电子器件的电流随器件两端电压的变化特性。测定出电子器件的伏安特性,对其性能了解与其实际应用具有重要意义。通常以电压为横坐标,电流为纵坐标画出元件的电压-电流关系曲线,称为该元件的伏安特性曲线。如果元件的伏安特性曲线是一条直线,则称该元件为线性元件(例如,碳膜电阻);如果元件的伏安特性曲线不是直线,则称该元件为非线性元件(例如,二极管、三极管)。在生产和科研中,晶体管的伏安特性曲线可用晶体管特性图示仪自动测绘,或用传感器及计算机进行测定给出测量结果。本项目是通过实际测量二极管的电压、电流来绘制其伏安特性曲线的,以了解二极管的单向导电性的实质。

二、训练目的

通过本训练项目,使学生学会二极管伏安特性的逐点测量法,并能合理减小测量误差;学会按测量数据绘制坐标曲线的方法;验证二极管伏安特性的非线性特性,加深对二极管基本特性的理解。

三、训练内容与要求

1. 训练内容

利用模拟电子技术实验装置提供的电路板(或面包板)、电源、元器件、连接导线等,根据训练项目要求和给定的电路原理图,设计和组装成二极管测试电路,并完成对二极管正、反向特性的测量工作,根据测得的数据绘制二极管的伏安特性曲线,撰写出项目训练报告。

2. 训练要求

(1)掌握二极管正反向特性测量电路的设计、电路分析、元器件参数的选择。

(2)掌握电源电压的大小、电表量程的选择,以及控制电路所用变阻器的规格选择。

(3)学会用描点法绘制二极管的伏安特性曲线,并能通过绘制的曲线对二极管进行定性分析。

(4)撰写项目训练报告。

四、原理分析

当给二极管加上正向偏置电压时,则有正向电流流过二极管,且随正向偏置电压的增大而增大。开始电流随电压变化较慢,而当正向偏压增到接近二极管的导通电压(锗二极管为0.3 V左右,硅二极管为0.7 V左右时),电流明显变化。在导通后,电压变化少许,电流就会急剧变化。

当给二极管加反向偏置电压时,二极管处于截止状态,但不是完全没有电流,而是有很小的反向电流。该反向电流随反向偏置电压增加得很慢,但当反向偏置电压增至该二极管的击穿电压时,电流剧增,二极管 PN 结被反向击穿。

二极管一般工作在正向导通或反向截止状态(二极管的单向导电性)。当正向导通时,注意不要超过其规定的额定电流;当反向截止时,更要注意加在该管的反向偏置电压应小于其反向击穿电压。本训练项目是用伏安法测定二极管的伏安特性,测量电路如图1-68所示。

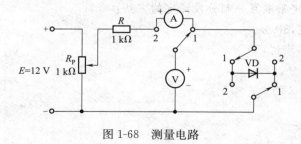

图 1-68　测量电路

测量二极管的电压与电流时,为使测量误差最小,电压表与电流表有两种不同的接法。

(1)正向特性测量电路(开关位于"1")。二极管正向导通,压降较小,电流较大。测量时应避免电压测量误差,称为电流表外接法。按图1-68完成电路连接。

(2)反向特性测量电路(开关位于"2")。二极管反向截止,电流极小,压降大,测量时应避免电流测量误差,称为电流表内接法。按图1-68完成电路连接。

注意,合理选择仪表量程和极性。

五、内容安排

1. 正向特性的测量

按误差最小原则完成测量电路的连接。调节 R_P 按表1-7中所给电压数值,测出对应电流,将测量数据填入表1-7中。

表1-7 正向特性的测量

U_d/V	0.1	0.3	0.5	0.52	0.54	0.56	0.58	0.6	0.62	0.64	0.66	0.68	0.7	0.72
I_d/mA														

2. 反向特性的测量

按误差最小原则完成测量电路的连接。调节 R_P 按表1-8中所给电压数值,测出对应电流,将测量数据填入表1-8中。

表1-8 反向特性的测量

U_d/V	0	2	4	6	8	10	12
I_d/mA							

六、训练所用仪表与器材

(1)直流稳压电源一台。

(2)直流电压表一块。

(3)直流电流表一块。

(4)滑线式变阻器一只。

(5)待测二极管、开关、导线等若干。

七、成绩评定

训练项目成绩评定采取百分制分段评定的方法:

(1)电路组装工艺,30分。

(2)主要性能指标测试,50分。

(3)总结报告,20分。

基本放大电路

在通信、音响、检测和自动控制等许多场合，都会用到放大电路，它广泛应用于模拟电子电路。利用三极管、电阻、电容及电源等元件可组成各种类型的放大电路。本章首先介绍放大电路的基本概念、主要性能指标、工作原理；然后介绍放大电路的分析方法；最后介绍多级放大电路和放大电路的频率特性。本章涉及许多基本概念、基本原理和基本方法，它们是讨论和分析放大电路的重要基础，是模拟电子技术的重要组成部分。

第一节　放大电路的基本概念

一、概　　述

在工业控制中，经常需要将微弱的电信号（电压、电流和电功率）用放大电路放大成幅度足够大，且与原来信号变化规律一致的电信号，然后带动执行机构，对生产设备进行控制。

放大电路的作用就是将微弱的电信号进行放大，其框图如图 2-1 所示。在图中，将提供给放大电路的微弱电信号称为输入信号，用输入电流 i_i、输入电压 u_i 来表示；经过放大电路提供给负载或执行机构的电信号称为输出信号，用输出电流 i_o、输出电压 u_o 来表示；u_S 是交流信号源，R_S 是信号源的内阻；R_L 是负载电阻或执行机构的等效电阻。

放大电路的种类有很多。按用途可分为电压放大电路和功率放大电路；按电路结构可分为直流放大电路和交流放大电路；按频率又可将交流放大电路分为低频放大电路和高频放大电路；按所用器件可分为分立元件放大电路和集成放大电路。

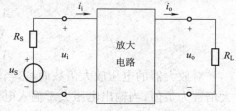

图 2-1　放大电路框图

在工业控制中，常用交流放大电路的输入信号的频率范围为 20 Hz～20 kHz，这类放大电路属于低频放大电路，本章主要讨论低频放大电路的工作原理。

二、放大电路的主要性能指标

放大电路的主要性能指标是根据各种放大电路的共性要求提出的，它反映了放大电路性能的优劣。对放大电路的共性要求如下：

（1）要有较强的放大能力，即放大倍数要高。

（2）失真应尽可能小。放大电路在放大时要求输出信号能保持和复现输入信号，即输出信号波形与输入信号波形相同。放大的前提是不失真，放大电路只有在信号不失真的情况下放大才有意义，因此失真应尽可能小。

(3)工作稳定可靠,且噪声小。

任何一个放大电路都可以用一个两端口网络来
表示,放大器的等效电路如图 2-2 所示,左边为输入
端口,右边为输出端口。当信号源 u_S 作用时,不同放
大电路在同样的 u_S 和 R_L 情况下,会产生不同的 i_i、u_i
和 i_o、u_o,说明不同放大电路从信号源索取的电流不
同,且表现的放大能力也不同。为了反映放大电路
各方面的性能,根据对放大电路的共性要求提出了
如下主要性能指标:

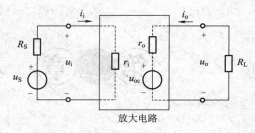

图 2-2　放大器的等效电路

(1)放大倍数。放大倍数是直接衡量放大电路放大能力的重要指标。它是指放大电路在
输出信号不失真的情况下,输出量与输入量之比。放大倍数一般可分为:电压放大倍数、电流
放大倍数和功率放大倍数。

电压放大倍数:

$$A_u = \frac{u_o}{u_i} \tag{2-1}$$

电流放大倍数:

$$A_i = \frac{i_o}{i_i} \tag{2-2}$$

功率放大倍数:

$$A_p = \frac{P_o}{P_i} \tag{2-3}$$

有时,放大倍数也可用常用对数来表示,称为放大器的增益,单位为分贝(dB)。工程上定
义如下:

$$A_u(\text{dB}) = 20\lg|A_u| \tag{2-4}$$
$$A_i(\text{dB}) = 20\lg|A_i| \tag{2-5}$$
$$A_p(\text{dB}) = 10\lg|A_p| \tag{2-6}$$

对放大器的电压放大倍数而言,当输出电压小于输入电压时,放大器为衰减状态,电压放
大倍数为负值;当输出电压大于输入电压时,放大器为放大状态,电压放大倍数为正值;当输出
电压等于输入电压时,电压放大倍数为 1。对于一般放大器来说,要求有较高的电压增益。

(2)输入电阻。放大电路与信号源相连接就成为信号源的负载,必然从信号源索取电流,
电流的大小表明放大电路对信号源的影响程度。因此,信号源与放大器的关系是:信号源为放
大器提供信号,放大器是信号源的负载,其负载电阻即为放大器的输入电阻。在等效电路中,
放大器的输入电阻是从放大器输入端看进去的等效电阻。它定义为放大器的输入电压 u_i 与输
入电流 i_i 之比,即

$$r_i = \frac{u_i}{i_i} \tag{2-7}$$

如果信号源电压为 u_S,内阻为 R_S,则放大器输入端实际获得的输入信号电压为

$$u_i = \frac{u_S}{R_S + r_i} r_i \tag{2-8}$$

由式(2-8)可知,r_i 越大,从信号源吸取的电流越小,信号源内阻上的压降越小,信号电压

损失越小,放大器从信号源获得的实际输入信号电压越大,同时,输出电压也将越大,所以,对于放大电路而言,r_i应越大越好。

(3)输出电阻。放大器与负载的关系是:放大器为负载提供输出电压,放大器相当于带有内阻的电压源,这个内阻就是放大器的输出电阻。它反映了放大器的带负载能力。其阻值越小,接入负载后放大器的输出电压下降越小,带负载能力越强。

在等效电路中,放大器的输出电阻是从放大器输出端看进去的等效电阻。它定义为在负载开路,且信号源电压为零时,在输出端加的交流电压 u_o' 与该电压作用下流入放大器的输出电流 i_o' 的比值,即

$$r_o = \frac{u_o'}{i_o'} \tag{2-9}$$

通常输出电阻可通过实验方法进行测量,测量时分别测出放大器输出端的开路电压 u_{oc} 和负载电压 u_o,则放大器的输出电阻可通过式(2-10)求出,即

$$r_o = \frac{u_{oc} - u_o}{u_o} R_L \tag{2-10}$$

输出电阻是衡量放大器带负载能力的性能指标,r_o越小,输出电压 u_o随负载电阻 R_L的变化就越小,即输出电压越稳定,带负载的能力越强。所以,通常要求放大器的输出电阻越小越好。

第二节　共射极放大电路

一、共射极放大电路的组成

共发射极交流放大电路简称共射极放大电路。其电路组成如图 2-3(a)所示。它具有放大电路最基本的结构形式,输入信号在基极和发射极间引入,输出信号在集电极和发射极间取出,发射极作为公共端,故称为共射极放大电路。图 2-3(a)中各元件的作用如下:

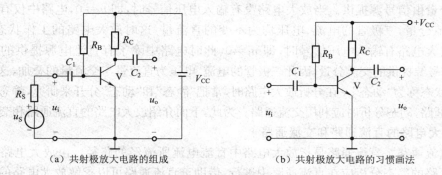

（a）共射极放大电路的组成　　　　　（b）共射极放大电路的习惯画法

图 2-3　共射极放大电路的组成及习惯画法

(1)三极管 V:它是起放大作用的核心元件。三极管在电路中起控制作用,它用较小的基极电流控制较大的集电极电流,以实现对信号的放大。当输入回路有一微弱的交流信号电压 u_i作用时,则在三极管的基极与发射极之间引起一个微弱的变化电压 u_{BE},在 u_{BE} 的作用下使基极回路产生一个微小的变化电流 i_B,由于三极管的电流放大作用,在集电极回路引起较大的变化电流 $i_C = \beta i_B$。

(2)直流电源 V_{CC}:它一方面为三极管正常工作提供外部工作条件,保证三极管的发射结

正偏、集电结反偏,使三极管能起电流放大作用;另一方面为放大电路提供能源。需要指出的是,放大电路能将小能量的输入信号放大成为大能量的输出信号,使负载获得的能量大于信号源提供的能量,这里所谓的放大作用,其实是依靠三极管的控制作用来实现的。在放大过程中,三极管本身并不能凭空产生能量,这个能量是由直流电源提供的,通过三极管的控制作用将直流电源的直流能量转换成交流能量。因此,放大电路放大的本质是能量的控制与转换。V_{CC} 一般取值在几伏到几十伏。

(3)集电极负载电阻 R_C:它将变化的集电极电流 i_C 转换成变化的电压 $i_C R_C$。当经过放大后的集电极变化电流 Δi_C 流过集电极电阻 R_C 时,必然在 R_C 上产生变化的电压 $\Delta i_C R_C$,使集电极与发射极之间的电压产生相应变化,管压降的变化量 Δu_{CE} 即为输出动态电压 u_o。这个输出电压 u_o 要比输入电压 u_i 大得多,实现了对输入电压的放大作用。R_C 一般取值在几千欧到几十千欧。

(4)基极偏置电阻 R_B:在 V_{CC} 为定值时,通过调整基极偏置电阻 R_B,可以调整放大电路的静态工作点,使三极管有个合适的基极电流。R_B 一般取值在几十千欧到几百千欧。

(5)耦合电容 C_1 和 C_2:其作用是隔断直流、耦合交流。电容 C_1 接在输入回路中,它将信号源的直流分量隔断而将交流分量传送到基极,使信号源与放大器在直流上互不影响;电容 C_2 接在输出回路中,它把放大了的交流信号传给负载,而隔离了放大器与负载的直流联系。耦合电容的取值一般为几十微法,宜采用电解电容,连接时要注意极性。由于电容容量较大,对交流信号可视为短路。

在放大电路中,常常把信号的输入、输出和电源的公共端称为"地",并作为电路的参考点,用符号"⊥"表示。图 2-3(b)为共射极放大电路的习惯画法,图中将直流电源用符号 V_{CC} 表示,且只在电源正极标出它对"地"的电压值和极性;而电源负极接地,一般不在图中标出。

二、共射极放大电路的工作原理

放大电路正常工作时,电路中既存在直流分量又存在交流分量,直流分量由直流电源提供,交流分量由信号源提供。当放大电路没有输入电压信号时,即 $u_i = 0$,电路中仅有直流电源提供的直流分量,三极管的电流、电压均为不变的直流量,这时放大电路的工作状态称为"静态"。当放大电路有输入电压信号时,即 $u_i \neq 0$,此时电路中除了有直流电源提供的直流分量外,还有信号源提供的交流分量,因此三极管的电流、电压为直流量与交流量的叠加,这时放大电路的工作状态称为"动态"。在分析放大电路时,常把"静态"和"动态"分开来研究,静态分析时应利用直流通路,动态分析时应利用交流通路。为此,下面介绍放大电路的直流通路和交流通路。

1. 放大电路的直流通路和交流通路

(1)直流通路。直流通路是指放大电路中直流电流所流经的路径。由放大电路的静态概念可知,电路的静态分析应在直流通路中进行,借助于直流通路可以求解放大电路的静态工作点。画直流通路应遵循的原则是:将电路中的电容视为开路,电感视为短路。这是因为电容对直流信号具有很高的阻抗,即具有"隔直"作用;而电感对直流信号具有很低的阻抗,电感对直流相当于短路。图 2-4 所示为共射极放大电路的直流通路。

(2)交流通路。交流通路是指放大电路的交流信号所流经的路径。借助于交流通路可以方便地求解放大电路的性能指标(放大电路的放大倍数、输入电阻、输出电阻)。画交流通路应遵循的原则是:将电路中的电容及直流电源视为短路。这是因为电容对交流信号的阻抗很小,值得注意的是耦合电容和旁路电容的短路是在输入交流信号的频率不是太低的情况下所做的处理方法(若输入信号的频率很低,则耦合电容和旁路电容不能视为短路)。而直流电源视为短路是因为直流电源的内阻很小,交流信号在其内阻上产生的压降很小,所以可视为短路。图 2-5 所示为共射极放大电路的交流通路。

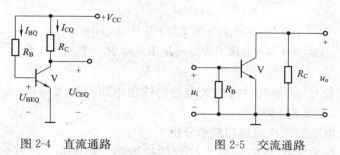

图 2-4 直流通路   图 2-5 交流通路

2. 设置静态工作点的必要性

静态工作点是指放大电路处于静态时,电路中存在的直流电压和直流电流,通常将三极管的 I_{BQ}、I_{CQ}、U_{CEQ} 称为放大电路的静态工作点参数,它们在三极管的输出特性曲线上有着对应的工作点,这个工作点称为静态工作点,用 Q 表示。因此,静态工作点主要通过设定 I_{BQ}、I_{CQ}、U_{CEQ} 的参数来确定。

设置静态工作点是为了避免由于 PN 结存在死区电压而使信号发生失真。为了说明设置静态工作点的必要性,先假设 R_B 开路,则静态时 $I_{BQ}=0$,$I_{CQ}=0$,三极管处于截止状态。当输入交流信号 u_i 的幅值小于发射结的导通电压时,在输入信号的整个周期内三极管均处于截止状态。即使 u_i 的幅值足够大,也只能在信号的正半周大于发射结的导通电压时,三极管才能导通;而在负半周时,发射结又进入反向偏置,因此三极管不能进行正常的电流放大,使信号产生严重的失真。只有在静态时设置合适的静态工作点,使放大电路有一定的直流分量,并以此为基础叠加输入的交流分量,才能保证三极管在输入信号的整个周期内始终处于正常的放大状态,不致产生失真。

3. 静态工作点的估算

静态工作点估算的步骤一般分为三步:先画出放大电路的直流通路;再根据直流通路求出 I_{BQ};最后由 I_{BQ} 求出 I_{CQ} 及 U_{CEQ}。

【例 2-1】 求出图 2-3 所示的共射极放大电路的静态工作点。

解:(1)画出其直流通路,如图 2-4 所示。

(2)根据直流通路中输入回路求 I_{BQ},即

$$I_{BQ} = \frac{V_{CC} - U_{BEQ}}{R_B} \tag{2-11}$$

(3)根据三极管的电流放大关系求出 I_{CQ},即

$$I_{CQ} = \beta I_{BQ} \tag{2-12}$$

根据直流通路中输出回路求出 U_{CEQ},即

$$U_{CEQ} = V_{CC} - I_{CQ} R_C \tag{2-13}$$

4. 共射极放大电路中各电量之间的关系及工作原理和波形分析

1)共射极放大电路中各电量之间的关系

从前面分析可知,放大电路在静态时,电路中仅有直流分量 I_{BQ}、I_{CQ} 和 U_{CEQ};当电路处于

动态时,电路中既有直流分量又有交流分量,且交流分量是叠加在直流分量之上的。当输入电压信号为 u_i 时:

$$u_{BE} = U_{BEQ} + u_i \tag{2-14}$$

$$i_B = I_{BQ} + i_b \tag{2-15}$$

$$i_C = \beta i_B = \beta(I_{BQ} + i_b) = I_{CQ} + i_c \tag{2-16}$$

$$u_{CE} = V_{CC} - i_C R_C = V_{CC} - I_{CQ}R_C - i_c R_C = U_{CEQ} - i_c R_C \tag{2-17}$$

$$u_o = -i_c R_C \tag{2-18}$$

式(2-18)中的负号,表示共射极放大电路的输出电压与输入电压在相位上相反,即反相180°。

2)共射极放大电路的工作原理和波形分析

图 2-6 为共射极放大电路信号放大过程的波形图。由图可知,当输入电压信号为 u_i 时,在三极管的基极和发射极之间就形成了交直流叠加的电压 u_{BE};根据三极管的输入特性曲线,有交直流叠加的电压 u_{BE} 就会产生交直流叠加的基极电流 i_B;又由于三极管具有电流放大的作用,交直流叠加的基极电流 i_B,将被三极管放大 β 倍形成交直流叠加的集电极电流 i_C;通过集电极负载电阻 R_C 将电流放大信号转换成电压放大信号,在三极管的集电极与发射极间形成了交直流叠加的电压 u_{CE};由于 R_C 上的电压增大时,管压降 u_{CE} 必然减小,因此,管压降 u_{CE} 是在直流分量 U_{CEQ} 的基础上叠加一个与 i_c 变化方向相反的交流电压 u_{ce};通过输出端的耦合电容 C_2,将直流分量 U_{CEQ} 去掉,输出电压仅为交流电压 u_{ce},即 u_o。比较 u_o 与 u_i 可以看到,输出交流电压 u_o 不但在相位上与输入电压 u_i 相反,而且在幅值上比 u_i 增大了许多,这就实现了电压放大的作用。

值得注意的是:在放大电路放大信号的整个过程中,都是交直流信号的共同作用,仅在输出端引出的信号为放大了的交流信号。

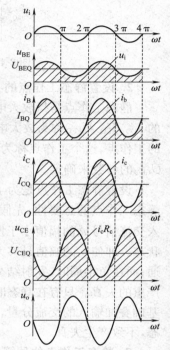

图 2-6 共射极放大电路信号放大过程的波形图

从上面的分析可以得出如下结论:

(1)放大电路要正常工作,必须给三极管提供一定的静态电压和电流,即需要有合适的静态工作点,交流信号驮载在直流分量之上。当输入信号较小时,只要在不产生失真和保证一定的电压放大倍数的前提下,尽量把静态工作点选得低一些,以减少静态损耗。

(2)在加入正弦变化的输入信号后,脉动的电压和电流信号只在大小上发生变化,任何时刻的瞬时值极性是不会变化的,其波形曲线总在横轴之上,这样在整个正弦波的周期内,三极管始终处于放大状态,输出电压波形不会产生非线性失真。

(3)在信号的放大过程中,其频率不会改变。输入电压波形和输出电压波形在每一瞬时的极性总是相反的,即共射极放大电路具有反相的作用。

第三节 图解分析法

放大电路常用的分析方法有两种:一是图解分析法,二是微变等效电路分析法。图解分析法的特点是直观,但作图繁杂,适用于输入信号为大信号的场合;微变等效电路分析法能进行近似的估算且简便,但使用范围窄,适用于输入信号为小信号的场合。所谓图解分析法是指在晶体管的输入、输出特性曲线上,运用作图的方法对放大电路进行分析。本节先讨论如何运用图解法来分析放大电路。

放大电路的分析一般分为静态分析和动态分析,并遵循"先静态、后动态"的原则。分析的目的也有所不同,静态分析是为了求解静态工作点,动态分析是为了求解动态性能指标。

一、静态分析

静态分析是指电路处于静态时对放大电路的分析。静态分析的主要任务是确定放大电路的静态工作点,即求解 I_{BQ}、I_{CQ}、U_{CEQ} 的值。

静态分析是在放大电路的直流通路上进行的,图 2-7 为输出回路的直流通路。根据基尔霍夫第二定律可列出输出回路的电压方程:$U_{CE}=V_{CC}-I_C R_C$。该方程描绘的是一条直线,它反映了直流的 I_C 与 U_{CE} 之间的关系,由此可判定 I_{CQ} 和 U_{CEQ} 一定满足该方程,且静态工作点也一定在该方程所确定的直线上,把该直线方程称为放大电路的直流负载线。图 2-8 所示为在三极管的输出特性曲线上画出的直流负载线,用 MN 来表示。再根据输入回路的直流通路计算出 I_{BQ} 的值,它对应了三极管的输出特性曲线中的一条曲线,静态工作点即为该曲线与直流负载线的交点。确定静态工作点的具体步骤如下:

(1)根据输出回路列出电压回路方程。其电压回路方程为 $U_{CE}=V_{CC}-I_C R_C$。

(2)在三极管的输出特性曲线上画出直流负载线。运用两点法进行绘图,令 $I_C=0$,则 $U_{CE}=V_{CC}$,设该点为 M 点,其坐标为$(V_{CC},0)$;令 $U_{CE}=0$,则 $I_C=V_{CC}/R_C$,设该点为 N 点,其坐标为$(0,V_{CC}/R_C)$。直流负载线的斜率为 $-1/R_C$。

(3)根据输入回路计算出 I_{BQ} 的值。其值为 $I_{BQ}=\dfrac{V_{CC}-U_{BEQ}}{R_B}$。

(4)确定静态工作点。在输出特性曲线上找到 $I_B=I_{BQ}$ 所对应的曲线,这条曲线与直流负载线的交点即为静态工作点 Q。由 Q 点对应到纵坐标、横坐标,量取坐标上的值,就是所求的 I_{CQ} 和 U_{CEQ}。应当指出,如输出特性曲线上没有 $I_B=I_{BQ}$ 所对应的那条曲线,则应当在相应位置上补出该曲线。

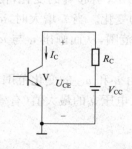

图 2-7 输出回路的直流通路

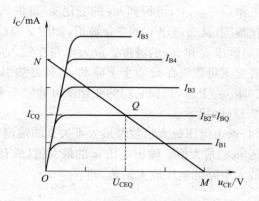

图 2-8 直流负载线的画法

二、动态分析

动态分析是指电路在动态情况下对放大电路的分析。动态分析的主要任务是根据输入和输出电压量、电流量的传输关系,确定放大电路的电压放大倍数及最大不失真的输出电压范围。

动态分析是在放大电路的交流通路上进行的,图 2-9 为输出回路的交流通路。根据基尔霍夫第二定律可列出输出回路的电压方程:$u_{ce} = -i_c R'_L$($R'_L = R_C /\!/ R_L$ 称为等效负载电阻),该方程是一个直线方程,它描绘了交流的 u_{ce} 与 i_c 之间的关系,称之为放大电路的交流负载线。由前面分析可知,动态时电路中的各电量都是在静态分量的基础上叠加交流分量。当输入电压信号 u_i 为零时,电路处于静态,也就是说交流负载线必须要经过静态工作点。因此,三极管工作时的交流负载线既要满足交流工作的要求,又要经过静态工作点。动态分析的一般步骤如下:

(1)作交流负载线。由于交流负载线的方程是 $u_{ce} = -i_c R'_L$,所以它的斜率为 $-1/R'_L$。在静态分析时已经找到了静态工作点,现在只要作斜率为 $-1/R'_L$ 的直线,并让该直线通过 Q 点,这条直线即为交流负载线 $M'N'$,如图 2-10 所示。由于交流负载线的斜率是 $-1/R'_L$,且 $R'_L < R_C$,而直流负载线的斜率是 $-1/R_C$,所以交流负载线比直流负载线更陡些。

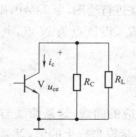

图 2-9 输出回路的交流通路

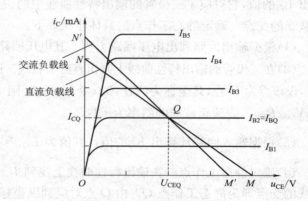

图 2-10 交流负载线的画法

(2)画出基极电流 i_b 的变化波形。根据三极管的输入特性曲线,将输入电压信号 u_i 叠加到静态工作点 U_{BEQ} 上,可得到 u_{BE} 的变化波形;将 u_{BE} 的变化对应到输入特性曲线上,找出电流 i_B 的变化范围,从而画出 i_B 的变化波形,如图 2-11(a)所示。

(3)画出 i_C 和 u_{CE} 的波形。放大电路在输入电压 u_i 的作用下,引起 i_B 的变化,使动态工作点沿着交流负载线在 Q 点上下移动,这样必然引起 i_C 和 u_{CE} 的变化。当 i_C 增大时,u_{CE} 下降;而 i_C 减小时,u_{CE} 上升,根据它们的变化就可确定 i_C 和 u_{CE} 的变化范围,从而画出 i_C 与 u_{CE} 的波形,如图 2-11(b)所示。

(4)求出电压放大倍数及最大不失真的输出电压范围。由 i_C 和 u_{CE} 的变化范围,可定出输出电压 u_o 的最大值。输出电压 u_o 的最大值(或有效值)与输入电压 u_i 的最大值(有效值)之比,就是放大电路的电压放大倍数,即

$$A_u = \frac{u_o}{u_i}$$

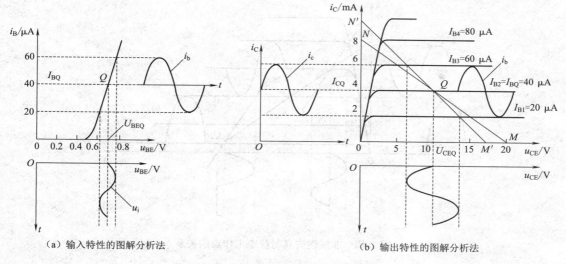

（a）输入特性的图解分析法　　　　　（b）输出特性的图解分析法

图 2-11　共射极放大电路图解分析法

　　交流负载线与三极管的非线性工作区（饱和区和截止区）各有一个最接近的交点，该两点之间的范围就是最大不失真的输出电压范围。超过此范围三极管将进入非线性工作区，产生非线性失真。

　　为分析时便于对照说明，图中将有关参数做了标注，使定性分析与定量分析结合起来。所标参数的假设条件是在图 2-3 中 $V_{CC}=20$ V、$\beta=100$、$R_B=500$ kΩ、$R_C=2.5$ kΩ、$R_L=1$ kΩ、$U_{BE}=0.7$ V。

三、波形失真与静态工作点的关系

　　在第一章的介绍中，我们已看到三极管是一种非线性元件。正常工作时，三极管通常处于输出特性的放大区。当静态工作点设置不合适时（或输入信号过大时），三极管有可能会进入饱和区或截止区，使信号不能正常放大，而产生失真，这样的失真称为非线性失真。

　　当静态工作点设置不当，如 Q 点过高时，虽然基极动态电流为不失真的正弦波，但在输入信号的正半周进入了饱和区，导致集电极动态电流 i_C 产生顶部失真，由于输出电压 u_o 与集电极电流 i_C 相位相反，导致输出电压 u_o 波形产生底部失真，其波形如图 2-12 中 Q_1 点所示。因三极管饱和而产生的失真称为饱和失真，解决饱和失真的办法是：增大基极偏置电阻 R_B，以减小 $I_{BQ}=V_{CC}/R_B$ 的值，使 Q 点下移。

　　如 Q 点过低时，使输入信号的负半周进入了截止区，导致基极动态电流 i_b 与集电极动态电流 i_C 都将产生底部失真，而输出电压 u_o 波形则产生顶部失真，波形如图 2-12 中 Q_2 点所示。因三极管截止而产生的失真称为截止失真，解决截止失真的办法是：减小 R_B，使 Q 点上移。

　　由上述分析可见，设置合适的静态工作点非常重要。应当指出，饱和失真和截止失真都是静态工作点 Q 处在比较极端的情况。即使静态工作点 Q 处在放大区的中部，而当输入信号的幅度过大时，也会使输入信号的正、负半周的峰值进入饱和区和截止区，导致饱和失真和截止失真，使放大后的正弦交流电的正、负半周都被削掉一部分。解决这种失真的办法是：减小输入信号的幅值。

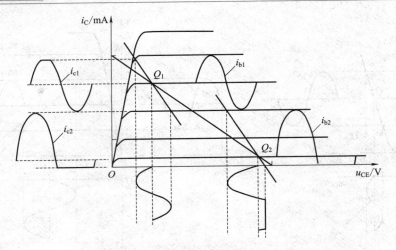

图 2-12　非线性失真与静态工作点的关系

四、静态工作点的稳定

1. 温度对静态工作点的影响

由图解分析法可知，静态工作点设置不当会使信号产生饱和失真或截止失真。实际上，即使静态工作点设置适合，当电源电压波动、环境温度变化等因素，都会造成静态工作点的不稳定，使原有合适的工作点位置发生偏离，导致输出信号产生失真。在影响静态工作点稳定的诸多因素中，温度的影响最主要。

当环境温度升高时，三极管的参数（包括穿透电流 I_{CEO}、电流放大系数 β、发射结的正向压降 U_{BE} 等），都会随着环境温度的升高而发生变化。就影响而言，环境温度升高，I_{CEO} 和 β 将增大，U_{BE} 将减小，这一切集中表现在集电极电流明显增大，整个输出特性的曲线族将上移，曲线间隔加宽，如图 2-13 所示。在图 2-13 中，实线为 20 ℃时的输出特性曲线，虚线为 60 ℃时的输出特性曲线。由于温度升高，在相同的偏流 I_B 的情况下，I_C 增大，静态工作点将从 Q 点上移至 Q' 点，从而使已设置好的静态工作点 Q 发生较大的偏离，严重时将产生饱和失真。

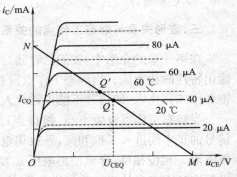

图 2-13　温度对静态工作点的影响

显然，要使静态工作点重新回到原来的位置，只要在温度升高时，适当地减小基极电流，即依靠基极电流 I_{BQ} 的变化来抵消 I_{CQ} 的变化，常采用直流负反馈的方法来稳定静态工作点。

2. 典型的静态工作点稳定电路

典型的静态工作点稳定电路如图 2-14 所示，该电路又称分压式电流负反馈偏置电路。

1）电路的结构和特点

图 2-14(b)所示为静态工作点稳定电路的直流通路。其中，R_{B1} 为上偏置电阻，R_{B2} 为下偏置电阻，R_E 为发射极电阻，C_E 为旁路电容。为了稳定静态工作点 Q，该电路需要满足以下两个条件。

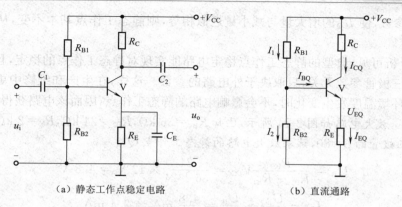

（a）静态工作点稳定电路　　　　　　　　（b）直流通路

图 2-14　分压式电流负反馈偏置电路及直流通路

条件 $1: I_1 \gg I_{BQ}$。

由电路的直流通路可得 $\qquad\qquad I_1 = I_2 + I_{BQ}$

因为 $\qquad\qquad\qquad\qquad\qquad I_1 \gg I_{BQ}$

所以

则三极管基极的电位为 $\qquad\qquad\qquad I_1 \approx I_2$

$$U_B = \frac{R_{B2}}{R_{B1} + R_{B2}} V_{CC} \qquad\qquad (2\text{-}19)$$

式（2-19）表明，基极电位几乎仅决定于 R_{B1}、R_{B2} 对 V_{CC} 的分压，而与温度无关。即温度变化时，U_B 基本不变。

条件 $2: U_B \gg U_{BEQ}$。

因为 $\qquad\qquad\qquad\qquad U_{BEQ} = U_B - U_{EQ}$

又因为 $\qquad\qquad\qquad\qquad U_B \gg U_{BEQ}$

所以 $\qquad\qquad\qquad\qquad\qquad U_B \approx U_{EQ}$

则

$$I_{EQ} = \frac{U_{EQ}}{R_E} = \frac{U_B - U_{BEQ}}{R_E} \approx \frac{U_B}{R_E} \qquad\qquad (2\text{-}20)$$

式（2-20）表明，I_{EQ} 仅决定于 U_B 和 R_E，而与温度、三极管的参数等无关。同时，根据条件2，可以方便地求出该电路的静态工作点。

2）静态工作点的稳定原理

当温度升高时，集电极电流 I_{CQ} 增大，发射极电流 I_{EQ} 随之增大，发射极电阻 R_E 上的电压 U_{EQ} 也同时增大，因为 U_B 不变，管压降 U_{BEQ}（$U_{BEQ} = U_B - U_{EQ}$）势必下降，导致基极电流 I_{BQ} 减小，集电极电流 I_{CQ} 随之减小。这样一种变化的过程，使 I_{CQ} 因温度升高而增大的部分，被 I_{BQ} 减小所引起的 I_{CQ} 减小的部分相抵消，I_{CQ} 将维持不变，U_{CEQ} 也将基本不变，Q 点的位置也基本不变。上述过程可简要描述如下：

$$若 T \uparrow \rightarrow I_{CQ} \uparrow \rightarrow I_{EQ} \uparrow \rightarrow U_{EQ} \uparrow \rightarrow U_{BEQ} \downarrow （因 U_B 不变）\rightarrow I_{BQ} \downarrow$$
$$I_{CQ} \downarrow$$

温度下降时，各电压、电流的变化方向相反，其稳定原理可自行分析。

不难看出，在稳定的过程中，R_E 起着重要的作用，R_E 的这种作用称为电流负反馈作用。适

当调整 R_E 的参数,使 I_{CQ} 的增大量与减小量近似相等,则静态工作点基本不变,从而使静态工作点得以稳定。

由上述分析可见,典型的静态工作点稳定电路能实现对静态工作点的稳定,且稳定的过程与环境温度、三极管参数无关,只取决于外电路的参数。这样,在生产和维修中更换不同 β 值的三极管,或环境温度发生变化时,不会影响电路的静态工作点,因而该电路获得广泛的应用。

【例 2-2】 放大电路如图 2-14 所示,已知 $R_{B1}=36$ kΩ, $R_{B2}=24$ kΩ, $R_C=2$ kΩ, $R_E=2$ kΩ, $V_{CC}=12$ V,三极管的 $\beta=80$,试求放大电路的静态工作点 Q。

解: 因为
$$U_B = \frac{R_{B2}}{R_{B1}+R_{B2}}V_{CC} = \frac{24}{36+24} \times 12 \text{ V} = 4.8 \text{ V}$$

所以
$$I_{EQ} = \frac{U_{EQ}}{R_E} \approx \frac{U_B}{R_E} = \frac{4.8}{2} \text{ mA} = 2.4 \text{ mA}$$

$$I_{CQ} = I_{EQ} = 2.4 \text{ mA}$$

$$I_{BQ} = \frac{I_{CQ}}{\beta} = \frac{2.4}{80} \text{ mA} = 30 \text{ } \mu\text{A}$$

$$U_{CEQ} = V_{CC} - (R_C+R_E)I_{CQ} = [12-(2+2) \times 2.4] \text{ V} = 2.4 \text{ V}$$

3)典型的静态工作点稳定电路的故障分析

典型的静态工作点稳定电路在电子电路中应用非常广泛,因此,了解该电路的常见故障十分必要。如果电路出现无输出信号、放大倍数明显下降、波形失真等情况,则电路出现了故障。常见的故障有:

(1)当测出 $U_B=0$、$I_B=0$,三极管 V 截止,输出信号出现严重失真的现象,则说明 R_{B1} 开路。

(2)当出现 I_B 较大,I_C 较大,三极管 V 饱和,输出信号出现严重失真的现象,则说明 R_{B2} 开路。

(3)当出现 $U_C=0$,无输出信号的现象,则说明 R_C 开路。

(4)当出现 $I_C=0$,$U_C=V_{CC}$,无输出信号的现象,则说明 R_E 开路。

(5)当出现静态工作点正常,而无输出信号的现象,则说明 C_1、C_2 开路。

(6)当出现输出电压明显下降,电压放大倍数减小的现象,则说明 C_E 开路。

(7)当出现 $U_E=0$,$U_C=0$,三极管 V 饱和的现象,则说明 C_E 短路。

(8)当出现低频特性变差,下限截止频率 f_L 升高的现象,则说明 C_1、C_2、C_E 的电容量变小。

第四节　微变等效电路分析法

用图解分析法进行动态分析虽然直观,但比较麻烦,当输入信号较小时,图解分析的精确度降低,且不能方便地分析和计算放大电路的动态参数(A_u、r_i、r_o),故动态分析时大多采用微变等效电路分析法。

放大电路分析的复杂性在于三极管特性的非线性,如在一定的条件下,将三极管的特性线性化,就可运用线性电路的分析方法来分析三极管放大电路。所谓微变等效电路分析法,就是指在一定的条件下,用等效的方法,将非线性元件线性化,利用线性电路习惯方法来分析放大电路的动态参数。这里所指的一定条件是以输入信号为小信号作为前提。当小信号输入时,三极管工作在静态工作点附近,在这一很小的变化范围内,可近似认为工作在线性段,这就是三极管线性化的依据,也是"微变"概念的由来。

微变等效电路分析法是建立在交流通路的基础上,只能对交流情况等效,可以用来分析交流动态情况,并计算交流动态参数,而不能用来分析直流情况。

一、三极管的微变等效电路

1. 输入回路的线性化

在分析三极管的输入回路时,其基-射极间的电压 u_{be} 与基极电流 i_b 之间的关系,可以用三极管的输入特性曲线来描述。当输入信号很小时,i_b 的变化在静态工作点附近一个较小的范围内,如图 2-15 所示。可以把这一小段曲线看作一条直线,在 Q 点附近这条直线的斜率不变,i_b 的变化随 u_{be} 的变化呈线性关系。因此,输入回路线性化的依据是 Q 点的切线与 Q 点附近的曲线相重合。此时三极管的输入回路通过线性化后,可用一个等效电阻 r_{be} 来表示,r_{be} 称为三极管的输入电阻。它定义为

$$r_{be} = \frac{\Delta u_{BE}}{\Delta i_B} = \frac{u_{be}}{i_b} \tag{2-21}$$

由于三极管的输入特性曲线是非线性的,Q 点的位置不同得到的切线也不同,这切线的斜率的倒数就是所求的输入电阻,因此输入电阻 r_{be} 是个变量。它与静态工作点 Q 有关,若静态工作点变动,r_{be} 的阻值也会变化。通常采用近似公式计算,即

$$r_{be} = 300 + (1+\beta)\frac{26(\text{mV})}{I_{EQ}(\text{mA})} \tag{2-22}$$

式中,I_{EQ} 为发射极静态电流值。

Q 点越高,I_{EQ} 越大,r_{be} 越小。r_{be} 在三极管手册中常用 h_{ie} 表示。其值在几百欧至几千欧。

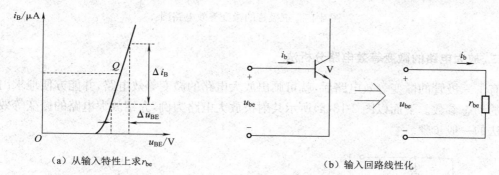

（a）从输入特性上求 r_{be}　　　　　　　　　（b）输入回路线性化

图 2-15　三极管输入回路的线性化

2. 输出回路的线性化

在分析三极管的输出回路时,其集-射极间的电压 u_{ce} 与集电极电流 i_c 之间的关系,可以用三极管的输出特性曲线来描述。在第一章中已讲过,当三极管工作在放大区时,集电极电流 i_c 随集-射极间的电压 u_{ce} 变化非常小,i_c 的大小仅受基极电流 i_b 控制,当 i_b 的数值一定时,i_c 的数值也保持一定,表现出恒流特性,因此可将三极管的输出回路当作一个受控的电流源,电流源的大小即为 $i_c = \beta i_b$,如图 2-16 所示。而电流源的内阻可从输出特性上求出,即

$$r_{ce} = \frac{\Delta u_{CE}}{\Delta i_C} = \frac{u_{ce}}{i_c} \tag{2-23}$$

电流源的内阻 r_{ce} 又称三极管的输出电阻。在放大区，i_c 基本不随 u_{ce} 变化，其输出特性曲线比较平坦，可认为集-射极间的动态电阻 r_{ce} 为无穷大，在画等效电路时一般不画出。

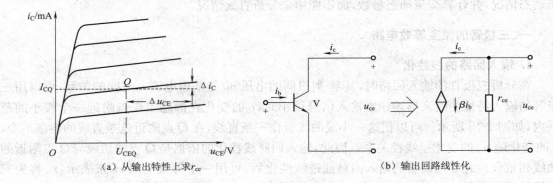

(a) 从输出特性上求 r_{ce} (b) 输出回路线性化

图 2-16　三极管输出回路的线性化

综合以上对三极管输入、输出回路的线性化处理，可得到三极管线性化的微变等效电路，如图 2-17 所示。

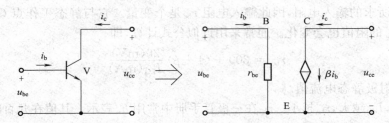

图 2-17　三极管的微变等效电路图

二、放大电路的微变等效电路分析法

有了三极管的微变等效电路后，就可画出放大电路的微变等效电路，并能方便地求出放大电路的动态参数。下面以图 2-18(a) 所示共射极放大电路为例，介绍放大电路的微变等效电路分析法的一般步骤。

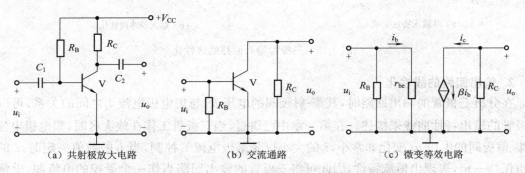

(a) 共射极放大电路   (b) 交流通路   (c) 微变等效电路

图 2-18　共射极放大电路及其交流通路、微变等效电路

1. 画出放大电路的交流通路

因为，放大电路的微变等效电路是以交流通路为基础的，所以应先画出其交流通路。共射

极放大电路的交流通路如图 2-18(b)所示。应该指出,待熟练掌握放大电路的微变等效电路的一般画法后,这步可直接跳过。

2. 画出放大电路的微变等效电路

将交流通路中的三极管去掉,用它的微变等效电路来替代,就可画出放大电路的微变等效电路。共射极放大电路的微变等效电路如图 2-18(c)所示。

3. 求出放大电路的动态参数(A_u、r_i、r_o)

根据画出的放大电路的微变等效电路图,利用线性电路的处理方法,可计算放大电路的动态参数。

1)电压放大倍数 A_u

由图 2-18(c)可得

$$u_i = i_b r_{be}$$
$$u_o = -i_c R_C = -\beta i_b R_C$$

则电压放大倍数 A_u 为

$$A_u = \frac{u_o}{u_i} = \frac{-\beta R_C}{r_{be}} \tag{2-24}$$

式中的负号表示输出与输入电压相位相反。若电路带负载 R_L,则电压放大倍数为

$$A_u = \frac{u_o}{u_i} = \frac{-\beta R_L'}{r_{be}} \tag{2-25}$$

式中,$R_L' = R_C /\!/ R_L$,称为等效负载电阻。

2)输入电阻 r_i

根据输入电阻的定义 $r_i = \dfrac{u_i}{i_i}$,而 $i_i = i_{R_B} + i_b = \dfrac{u_i}{R_B} + \dfrac{u_i}{r_{be}} = \dfrac{u_i}{r_i}$,所以输入电阻为

$$r_i = R_B /\!/ r_{be} \tag{2-26}$$

由于 $R_B \gg r_{be}$,所以 $r_i \approx r_{be}$。通常希望 r_i 要大一些。这里特别要注意不要将 r_i 与 r_{be} 混淆。

3)输出电阻 r_o

根据输出电阻的定义 $r_o = \dfrac{u_o}{i_o}$,由于三极管输出电阻 r_{ce} 无穷大,所以输出电阻为

$$r_o \approx R_C \tag{2-27}$$

通常希望 r_o 要小一些。

【例 2-3】 共射极放大电路如图 2-19(a)所示。已知 $V_{CC} = 12$ V,$R_B = 220$ kΩ,$R_C = 4$ kΩ,$R_L = 2$ kΩ。三极管的输入电阻 $r_{be} = 800$ Ω,$\beta = 40$。求电压放大倍数 A_u、输入电阻 r_i、输出电阻 r_o。

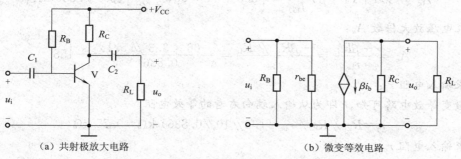

(a) 共射极放大电路　　　　　　　　(b) 微变等效电路

图 2-19 例 2-3 电路图

解:先画出共射极放大电路的微变等效电路,如图 2-19(b)所示。由式(2-25)～式(2-27)可得

$$A_u = \frac{u_o}{u_i} = \frac{-\beta R'_L}{r_{be}} = \frac{-40 \times 4 /\!/ 2}{0.8} = -67$$

$$r_i = R_B /\!/ r_{be} = (220 /\!/ 0.8) \text{ k}\Omega \approx 0.8 \text{ k}\Omega$$

$$r_o \approx R_C = 4 \text{ k}\Omega$$

【例 2-4】 放大电路如图 2-20 所示,已知 $V_{CC} = 24$ V, $R_C = 3.3$ kΩ, $R_E = 1.5$ kΩ, $R_{B1} = 33$ kΩ, $R_{B2} = 10$ kΩ, $R_L = 5.1$ kΩ, $\beta = 66$。试求:

(1)电路的静态工作点 Q。

(2)电路的电压放大倍数 A_u、输入电阻 r_i、输出电阻 r_o。

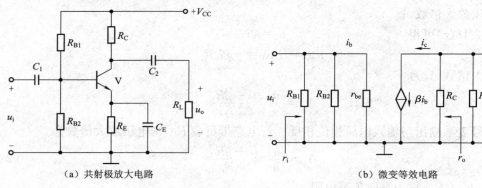

（a）共射极放大电路　　　　　　　　　　　（b）微变等效电路

图 2-20　例 2-4 电路图

解:(1)电路静态工作点 Q 的计算。

$$U_B = \frac{R_{B2}}{R_{B1} + R_{B2}} V_{CC} = \frac{10}{33+10} \times 24 \text{ V} = 5.58 \text{ V}$$

$$I_{CQ} = I_{EQ} = \frac{U_B - U_E}{R_E} = \frac{5.58 - 0.7}{1.5} \text{ mA} = 3.25 \text{ mA}$$

$$I_{BQ} = \frac{I_{CQ}}{\beta} = \frac{3.25}{66} \text{ mA} = 49 \text{ }\mu\text{A}$$

$$U_{CEQ} = V_{CC} - (R_C + R_E) I_{CQ} = [24 - (3.3 + 1.5) \times 3.25] \text{ V} = 8.4 \text{ V}$$

(2)求电路的电压放大倍数 A_u、输入电阻 r_i、输出电阻 r_o。

要计算 A_u,必须先计算出三极管的输入电阻。

①计算 r_{be}:

$$r_{be} = 300 + (1+\beta)\frac{26}{I_{EQ}} = \left[300 + (1+66)\frac{26}{3.25}\right]\Omega = 0.836 \text{ k}\Omega$$

②求电压放大倍数 A_u:

$$A_u = \frac{-\beta R'_L}{r_{be}} = \frac{-\beta R_C /\!/ R_L}{r_{be}} = \frac{-66 \times 3.3 /\!/ 5.1}{0.836} = -158$$

③求输入电阻 r_i:

由微变等效电路可知,r_i 即为从输入端向右看的等效电阻。

$$r_i = R_{B1} /\!/ R_{B2} /\!/ r_{be} = (33 /\!/ 10 /\!/ 0.836) \text{ k}\Omega = 0.75 \text{ k}\Omega$$

④求输入电阻 r_o:

由微变等效电路可知,r_o 即为从输出端向左看的等效电阻。注意,求 r_o 时不应该包括 R_L。

$$r_o \approx R_C = 3.3 \text{ k}\Omega$$

第五节 共集电极和共基极放大电路

前面讨论的共射极放大电路既有它的优点又存在明显的不足。其优点是电压放大倍数 A_u 较大,因此常作为多级放大电路的中间级,以获得较高的电压放大倍数。不足是输入电阻 r_i 较小且输出电阻 r_o 较大。r_i 较小意味着从信号源索取的电流较大,加重了信号源的负担,并使放大器实际获得的输入信号电压 u_i 变小;r_o 较大意味着电路带负载能力变差。对于实际应用中的电子电路,要求放大电路的输入电阻要大,输出电阻要小,而共集电极放大电路能满足这一要求。本节先简单介绍共集电极放大电路,随后对单管放大电路的三种基本组态进行比较分析。

一、共集电极放大电路

共集电极放大电路如图 2-21(a)所示,它的直流通路和交流通路如图 2-21(b)、(c)所示。由图可见,电路的输入信号从基极与地之间引入,输出信号从发射极与地之间引出。由交流通路可见,集电极是输入和输出信号的公共端,因此该电路称为共集电极放大电路;又因为输出信号是从发射极引出的,所以该电路又称射极输出器。

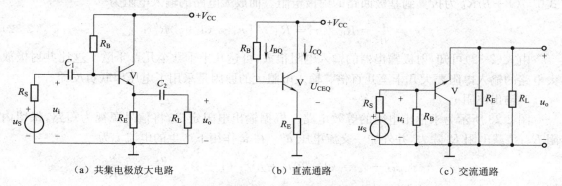

（a）共集电极放大电路　　　　（b）直流通路　　　　（c）交流通路

图 2-21　共集电极放大电路及直流通路和交流通路

1. 静态分析

借助图 2-21(b)的直流通路可估算放大电路的静态工作点。由输入回路可列出其回路电压方程为

$$V_{CC} = I_{BQ}R_B + U_{BEQ} + I_{EQ}R_E$$
$$= I_{BQ}R_B + U_{BEQ} + (1+\beta)I_{BQ}R_E$$

经整理后
$$I_{BQ} = \frac{V_{CC} - U_{BEQ}}{R_B + (1+\beta)R_E} \tag{2-28}$$

则
$$I_{CQ} = I_{EQ} = \beta I_{BQ} \tag{2-29}$$

同样,根据输出回路可列出其回路电压方程为

$$V_{CC} = U_{CEQ} + I_{EQ}R_E$$

经整理后
$$U_{CEQ} = V_{CC} - I_{EQ}R_E \tag{2-30}$$

2. 动态分析

由共集电极放大电路的交流通路可画出其微变等效电路,如图 2-22 所示。根据微变等效电路可求出它的动态参数。

1)电压放大倍数 A_u

由微变等效电路可得

$$u_i = i_b r_{be} + u_o = i_b r_{be} + i_e R'_L = i_b r_{be} + (1+\beta) i_b R'_L$$

$$u_o = i_e R'_L = (1+\beta) i_b R'_L$$

因此,电压放大倍数 A_u 为

$$A_u = \frac{u_o}{u_i} = \frac{i_e R'_L}{i_b r_{be} + i_e R'_L} = \frac{(1+\beta) R'_L}{r_{be} + (1+\beta) R'_L} \tag{2-31}$$

式中, $R'_L = R_E \!\!\parallel\!\! R_L$。一般地, $r_{be} \ll (1+\beta) R'_L$。所以, $A_u \leqslant 1$,即 $u_o \approx u_i$。

由式(2-31)可知,输出电压和输入电压同相位,且大小近似相等,即输出电压跟随于输入电压,故该电路又称射极跟随器。应该指出,虽然电路无电压放大能力,但仍有电流放大能力,所以电路也有功率放大作用。

2)输入电阻 r_i

由图 2-22 可见,从基极看进去的输入电阻为

$$r'_i = \frac{u_i}{i_b} = r_{be} + (1+\beta) R'_L$$

式中, $(1+\beta) R'_L$ 为折算到基极回路的射极电阻。而放大电路的输入电阻为

$$r_i = \frac{u_i}{i_i} = R_B \!\!\parallel\!\! r'_i = R_B \!\!\parallel\!\! \left[r_{be} + (1+\beta) R'_L \right] \tag{2-32}$$

由式(2-32)可知,射极输出器的输入电阻很大,可达几十千欧至几百千欧。这比共射极放大电路的输入电阻要大几十至几百倍。输入电阻大的原因是采用了电压串联负反馈。

3)输出电阻 r_o

图 2-23 所示为求输出电阻的等效电路。根据输出电阻定义,将信号源视为短路,保留内阻 R_S;负载电阻 R_L 除去,并外加一交流电压 u_o。在 u_o 作用下产生的电流 i_o 为

$$i_o = i_b + \beta i_b + i_e = (1+\beta) i_b + i_e = (1+\beta) \frac{u_o}{r_{be} + R'_S} + \frac{u_o}{R_E}$$

$$r_o = \frac{u_o}{i_o} = \frac{1}{\dfrac{1}{\dfrac{r_{be} + R'_S}{1+\beta}} + \dfrac{1}{R_E}} = \frac{r_{be} + R'_S}{1+\beta} \!\!\parallel\!\! R_E \tag{2-33}$$

式中, $R'_S = R_S \!\!\parallel\!\! R_B$。若信号源的内阻较小时,设 $R_S = 0$,则

$$r_o = \frac{u_o}{i_o} = \frac{r_{be}}{1+\beta} \!\!\parallel\!\! R_E$$

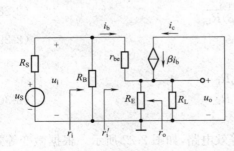

图 2-22　共集电极放大电路的微变等效电路

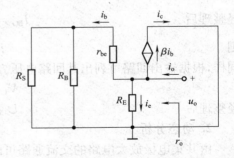

图 2-23　共集电极放大电路求输出电阻电路

又因为

$$R_E \gg \frac{r_{be}}{1+\beta}, 1+\beta \gg 1$$

所以

$$r_o = \frac{r_{be}}{\beta}$$

上式表明,射极输出器的输出电阻是很小的,一般在几十欧至几百欧的范围内,因而带负载能力很强。

3. 共集电极放大电路的特点和应用

综上所述,共集电极放大电路的主要特点是:电压放大倍数近似等于1,但略小于1;输入电阻大;输出电阻小。在与共射极放大电路组合构成多级放大电路时,常用作输入级、输出级和中间级。

(1)利用它的输入电阻大的特点,用作多级放大电路的输入级,以提高整个电路的输入电阻。这时电路的输入电流较小,能减轻信号源的负担。如用在测量仪器的输入级,可提高测量精度。

(2)由于它的输出电阻小,在作为多级放大电路的输出级时,可提高电路的带负载能力。

(3)在作为多级放大电路的中间级时,由于输入电阻大,可提高前级的电压放大倍数;由于输出电阻小,能减小后级的信号源内阻,从而提高前后两级的电压放大倍数。它起着阻抗转换和隔离的作用。

【**例 2-5**】 放大电路如图 2-21(a)所示,已知 $R_B = 240$ kΩ,$R_E = 5.6$ kΩ,$R_L = 5.6$ kΩ,$V_{CC} = 10$ V,$R_S = 10$ kΩ,硅三极管的 $\beta = 40$,$U_{BEQ} = 0.7$ V,试求:

(1)静态工作点。

(2)A_u、r_i 和 r_o。

解:(1) $I_{BQ} = \dfrac{V_{CC} - U_{BEQ}}{R_B + (1+\beta)R_E} = \dfrac{10-0.7}{240+(1+40)\times 5.6}$ mA $\approx 0.019\ 8$ mA $= 19.8\ \mu A$

$$I_{CQ} = \beta I_{BQ} = 40 \times 0.019\ 8 \text{ mA} = 0.792 \text{ mA}$$

$$U_{CEQ} \approx V_{CC} - I_{CQ}R_E = (10 - 0.792 \times 5.6) \text{ V} \approx 5.56 \text{ V}$$

(2) $r_{be} = 300 + (1+\beta)\dfrac{26}{I_E} = 300 + (1+40)\dfrac{26}{0.792}$ Ω ≈ 1.65 kΩ

$$R_L' = R_E \mathbin{/\mkern-5mu/} R_L = 5.6 \mathbin{/\mkern-5mu/} 5.6 \text{ kΩ} = 2.8 \text{ kΩ}$$

$$A_u = \frac{u_o}{u_i} = \frac{(1+\beta)R_L'}{r_{be} + (1+\beta)R_L'} = \frac{(1+40)\times 2.8}{1.65 + (1+40)\times 2.8} = 0.986$$

$$r_i = R_B \mathbin{/\mkern-5mu/} [r_{be} + (1+\beta)R_L'] = 240 \mathbin{/\mkern-5mu/} [1.65 + (1+40)\times 2.8] \text{ kΩ} = 78.4 \text{ kΩ}$$

$$r_o = R_E \mathbin{/\mkern-5mu/} \frac{r_{be} + R_S'}{(1+\beta)} = 5.6 \mathbin{/\mkern-5mu/} \frac{1.65 + 10 \mathbin{/\mkern-5mu/} 240}{41} \text{ kΩ} = 261 \text{ Ω}$$

二、共基极放大电路

共射极、共集极放大电路的输入电阻相比共基极放大电路均较大。当输入信号的频率较高时,放大电路的分布电容(由线路及 PN 结引起的电容)将不容忽视,频率越高其容抗越小,对输入信号的分流作用越大,大部分信号将被分布电容所旁路,只有极少的一部分进入放大器进行放大。为此,若要放大高频信号,必须采用共基极放大电路。

图 2-24(a)所示为共基极放大电路,图 2-24(b)所示为它的直流通路,图 2-24(c)所示为它

的交流通路。图中用于稳定静态工作点的偏置电路,与共射极放大电路的分压式电流负反馈偏置电路完全相同,交流信号通过基极旁路电容接地,基极为输入、输出的公共端,构成共基极放大电路。

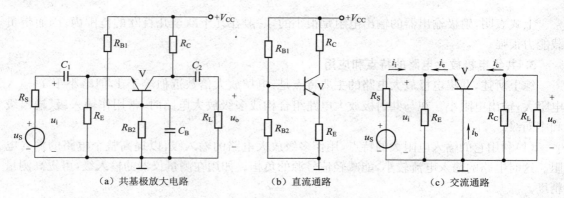

(a) 共基极放大电路　　　　(b) 直流通路　　　　(c) 交流通路

图 2-24　共基极放大电路

1. 静态分析

由共基极放大电路的直流通路可以看出,建立静态工作点的偏置电路为分压式电流负反馈偏置电路,静态工作点的求解方法见【例 2-2】。

2. 动态分析

共基极放大电路的微变等效电路如图 2-25 所示,由此可求得电路的主要性能指标。

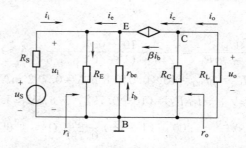

图 2-25　共基极放大电路的微变等效电路

1) 电压放大倍数 A_u

$$A_u = \frac{u_o}{u_i} = \frac{-\beta i_b (R_C \mathbin{/\mkern-5mu/} R_L)}{-i_b r_{be}} = \beta \frac{R_L'}{r_{be}} \quad (R_L' = R_C \mathbin{/\mkern-5mu/} R_L) \tag{2-34}$$

2) 输入电阻 r_i

$$r_i = \frac{u_i}{i_i} = \frac{u_i}{\dfrac{u_i}{R_E} - i_e} = \frac{u_i}{\dfrac{u_i}{R_E} - (1+\beta)i_b} = \frac{u_i}{\dfrac{u_i}{R_E} - (1+\beta)\dfrac{-u_i}{r_{be}}} = R_E \mathbin{/\mkern-5mu/} \frac{r_{be}}{1+\beta} \tag{2-35}$$

3) 输出电阻 r_o

$$r_o = R_C \tag{2-36}$$

共基极放大电路具有以下特点:

(1) 由于输入电流为 i_e,输出电流为 i_c,所以电流放大倍数近似为 1;当负载电阻大于输入电阻时,才有电压和功率放大作用。因此它具有电压放大作用,但无电流放大作用。与共射极放大电路相比,电压放大倍数相同,而功率放大倍数要小得多。

(2)由于输入电阻很小(其输入电阻的阻值见表 2-1),在负载电阻与输入电阻一定的情况下,多级共基极放大电路的电压和功率放大倍数与单级的几乎一样,因此无法组成多级共基极放大电路。

(3)由于 $I_{CBO} < I_{CEO}$,所以共基极放大电路的工作点的稳定性较共射极放大电路要好。

三、放大电路三种基本组态的比较

三种基本组态的放大电路既有它们的不同之处,也有它们的共同点。在电路结构形式上虽然各不相同,但它们都必须满足以下条件:

(1)三极管必须工作于放大状态,即发射结正偏,集电结反偏。

(2)放大电路必须有合适的静态工作点。

(3)放大电路必须与电源和负载正确相连。

由于三种基本组态的电路结构各不相同,这就形成了不同的性能特点,因此它们的应用场合也不同。它们的主要性能和应用场合见表 2-1。三种基本组态的特点和应用归纳如下:

共射极放大电路能放大电压和电流,其电压、电流和功率放大倍数都比较大,可组成多级放大电路,常作为电压放大电路的基本单元电路,因而应用最为广泛。其输入电阻在三种电路中居中,输出电阻较大,频带较窄,高频特性及稳定性较差。

共集电极放大电路只能放大电流,不能放大电压。其特点是输入电阻很高,输出电阻很低,电压放大倍数近似等于1,并具有电压跟随的特点。该电路具有很强的负反馈作用,其频率特性较好。常作为电压放大电路的输入级、输出级,在功率放大电路中也常采用射极输出的形式。

共基极放大电路能放大电压,不能放大电流。输入电阻小,电压放大倍数和输出电阻与共射极放大电路相当。具有较好的频率特性,常用于宽带放大电路,因此在频率很高的情况下,采用共基极放大电路较为合适。

表 2-1 三种基本组态性能比较

项目	共射极放大电路	共集电极放大电路	共基极放大电路
电路形式	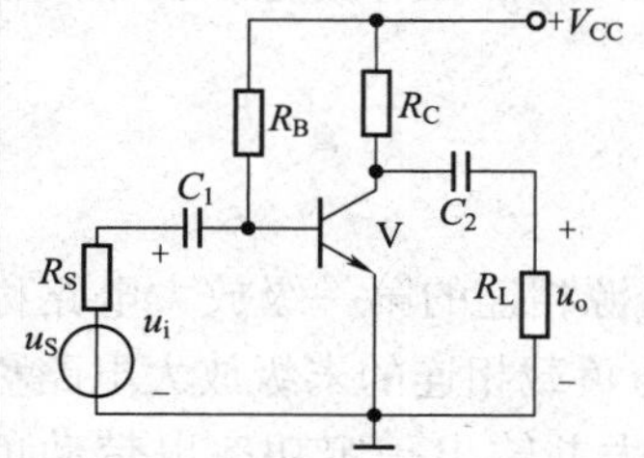	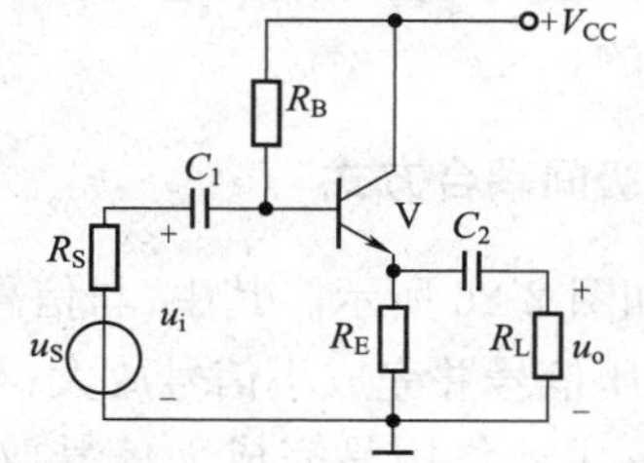	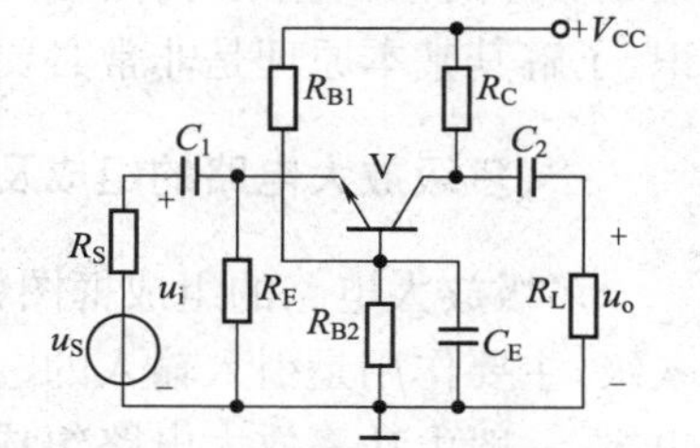
微变等效电路	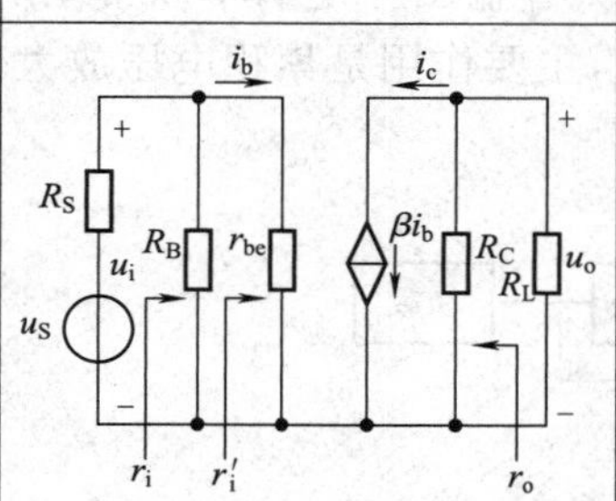	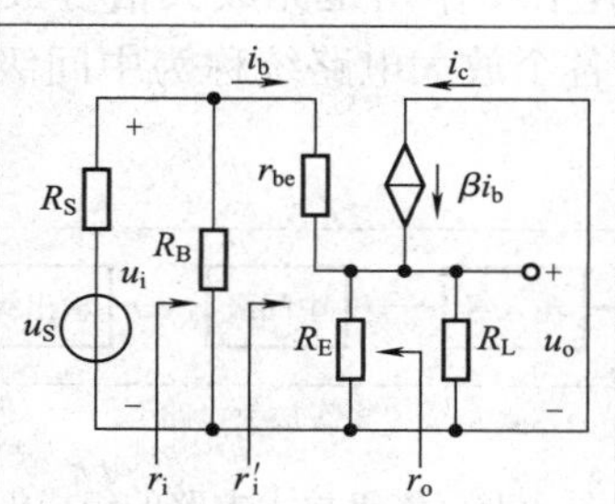	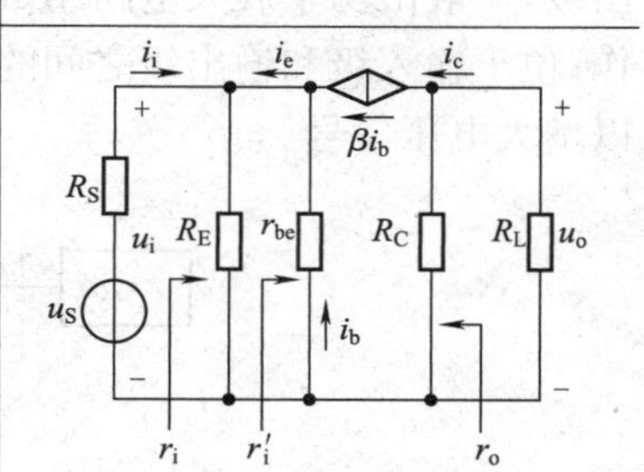

项目		共射极放大电路	共集电极放大电路	共基极放大电路
静态工作点		$I_{BQ} = \dfrac{V_{CC} - U_{BEQ}}{R_B}$	$I_{BQ} = \dfrac{V_{CC} - U_{BEQ}}{R_B + (1+\beta)R_E}$	$U_B = \dfrac{R_{B2}}{R_{B1} + R_{B2}}V_{CC}$
		$I_{CQ} = \beta I_{BQ}$	$I_{CQ} = I_{EQ} = \beta I_{BQ}$	$I_{EQ} = I_{CQ} = \dfrac{U_E}{R_E} \approx \dfrac{U_B}{R_E}$
		$U_{CEQ} = V_{CC} - I_{CQ}R_C$	$U_{CEQ} = V_{CC} - I_{EQ}R_E$	$U_{CEQ} = V_{CC} - I_{CQ}(R_C + R_E)$
A_u		$\dfrac{-\beta R'_L}{r_{be}}\ (R'_L = R_C \,//\, R_L)$	$\dfrac{(1+\beta)R'_L}{r_{be} + (1+\beta)R'_L}\ (R'_L = R_E \,//\, R_L)$	$\dfrac{\beta R'_L}{r_{be}}\ (R'_L = R_C \,//\, R_L)$
r'_i		r_{be}	$r_{be} + (1+\beta)R'_L$	$\dfrac{r_{be}}{1+\beta}$
r_i		$R_B \,//\, r_{be}$	$R_B \,//\, [r_{be} + (1+\beta)R'_L]$	$R_E \,//\, \dfrac{r_{be}}{1+\beta}$
r_o		R_C	$R_E \,//\, \dfrac{r_{be} + R'_S}{1+\beta}$	R_C
应用场合		适用于多级放大电路的中间级	适用于输入级、输出级或缓冲级	适用于高频或宽带电路及恒流电路

第六节 多级放大电路

在实际的电子电路应用中,常对放大电路的性能提出多方面的要求。例如,要求放大电路的电压放大倍数达上千乃至上万倍,输入电阻达兆欧,输出电阻小于 $100\ \Omega$ 等,仅靠前面介绍的单管放大电路,是不能满足上述要求的。因为,单管放大电路的电压放大倍数近 100,而一般的输入信号在毫伏级,要把微弱的信号放大到足够大并能带动负载,显然,仅靠单管放大电路是不现实的。这就要求将多个单管放大电路采用合理的连接,组成多级放大电路,以满足实际应用的需要。同时,当单管放大电路的输入电阻和输出电阻不能满足信号源或负载的要求时,采用多级放大电路就能解决这些问题。应该指出,随着电子技术的发展,特别是中大规模集成器件的推广应用,由分立元件组成的多级放大电路已很少采用,但作为电子技术的基础知识,了解其基本原理是非常必要的。

一、多级放大电路的组成及级间耦合方式

多级放大电路的组成框图如图 2-26 所示。其中,与信号源相连的第一级放大电路称为输入级,主要作用是引入输入的电压信号并完成小信号放大;与负载相连的末级放大电路称为输出级,一般由功率放大电路组成,主要作用是完成大信号放大并输出一定功率以带动负载工作;位于输入级和输出级之间的各个放大电路统称为中间级,主要作用是累积电压放大倍数,以增大电压信号。

图 2-26 多级放大电路的组成框图

多级放大电路的级与级之间的连接称为级间耦合,常见的耦合方式有直接耦合、阻容耦合、变压器耦合和光电耦合。

1. 直接耦合

将前级的输出端直接连接到后级的输入端,称为直接耦合,如图 2-27(a)所示。由于直接耦合方式的放大电路,级与级之间无直流隔离元件,因此,前、后级的直流通路是相通的,这就出现了两个新的问题:一是级与级之间静态工作点相互影响和配合的问题;另一个是零点漂移的问题。下面先讨论静态工作点的设置问题。

由图 2-27(a)不难看出,由于前级和后级之间通过导线直接连接,那么静态时 V_1 管的 U_{CE1} 等于 V_2 管的 U_{BE2}。在正常情况下,若 V_2 管为硅管,则 U_{BE2} 的值为 0.7 V,使 V_1 管的集电极电位 U_{C1} 也为 0.7 V,致使 V_1 管处在饱和状态,在动态信号作用时容易产生饱和失真。因此,要使第一级有合适的静态工作点,解决的方法是提高第二级 V_2 管的发射极电位。具体措施如下:

(1)在 V_2 管的发射极串联电阻 R_{E2},如图 2-27(b)所示。调节 R_{E2} 的大小可使两级放大电路有合适的静态工作点。但串入 R_{E2} 将会对放大信号产生负反馈,降低了第二级的电压放大倍数,导致整个电路的放大能力下降。如果电路处在交流放大时,则可以通过在 R_{E2} 两端并联旁路电容来消除这种负反馈;如果电路处在直流放大时,那么采用并联旁路电容的方法是不能消除这种负反馈的。

(2)在 V_2 管的发射极串联稳压管或二极管,如图 2-27(c)所示。用稳压管来取代电阻,使之对直流量和交流量有不同的特性。对于直流量相当于在发射极接入一个电压源,根据 V_1 管 U_{C1} 所需的值,选取合适的稳压管,以保证 V_1 管能正常工作;对于交流量由于稳压管的动态电阻较小,稳压管对交流信号的负反馈的作用很小,不会造成电压放大倍数的损失。为使稳压管工作在稳压状态,电路中加入电阻 R,以保证稳压管电流大于最小稳定电流。当 V_1 管的 U_{C1} 取值较小时,也可在 V_2 管的发射极串联二极管,其作用同稳压管,仅是提供的电压较小,如 U_{C1} 取值在 2 V,可串联两只二极管。

(3)采用 NPN 型管和 PNP 型管的互补耦合方式,如图 2-27(d)所示。为使各级三极管都处于放大状态,必须要求三极管的集电极电位大于基极电位,这样如果级数较多时,会造成集电极电位逐级攀升,以致接近电源电压,这对后级工作点很不利。为此,在直接耦合多级放大电路中常插入电平移动电路。图 2-27(d)中采用 NPN 型管和 PNP 型管的互补耦合的方式,利用 PNP 型管的集电极电位低于基极电位的特点,与 NPN 型管组成互补方式,这样,既实现了级间耦合,又达到了电平移动的目的。

另外,直接耦合的放大电路存在着零点漂移问题。对于一个理想的直流放大电路,当输入信号为零时,其输出电压也应该为零。而在实际的直接耦合放大电路中,往往会出现这样的现象:当输入信号为零时,输出电压会偏离原来的初始值而不规则地缓慢变化着,把这种现象称为零点漂移,简称零漂。引起零点漂移的主要原因首先是温度的变化对三极管特性的影响,其次是电源电压的波动和元件参数的变化,因此零点漂移又称温度漂移。由于直接耦合放大电路在级间无隔直电容,级与级之间的直流通路是相通的,放大电路中任意一点的直流电位变化都会引起输出端电位的变化,前一级的零点漂移电压会传送到后一级,并经过逐级放大;到达输出端时,零点漂移信号将与有用信号相混淆。放大电路的级数越多,零点漂移越严重,尤其是第一级的零点漂移会逐级放大,导致湮没有用信号。零点漂移严重时会影响放大电路的正常工作,引起输出信号失真或使电路不能正常工作,甚至产生错乱动作。

为了减小直接耦合放大电路的零点漂移,通常采用的方法是选用温度稳定性能好的电路元件和高质量的直流稳压电源。抑制或克服零点漂移,最为常见、也最为有效的措施是采用差分放大电路。关于差分放大电路将在第四章第二节中介绍。

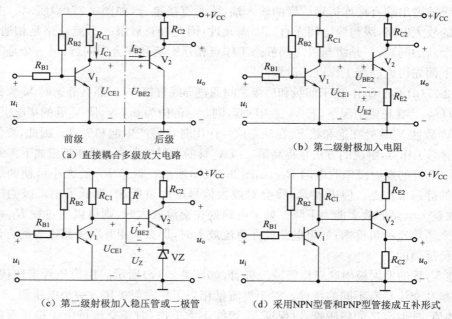

图 2-27　直接耦合多级放大电路的静态工作点设置

直接耦合方式最大的优点是具有较好的低频特性,它既可以放大直流信号,又可以放大交流信号(包括变化缓慢的交流信号),且电路结构简单,电路中无大容量电容,易于将全部电路集成在一块硅片上,所以,多用于集成电路中。它的不足是前、后级静态工作点相互影响,给电路分析和调试带来困难,且存在零点漂移问题。

2. 阻容耦合

将前级放大电路的输出端通过电容连接到后级的输入端,称为阻容耦合,如图 2-28 所示。由于耦合电容的"隔直通交"作用,级与级之间的直流通路互不相通,各级静态工作点互相独立,在求解各级静态工作点 Q 时,可按单级处理,这给电路分析、设计和调试带来方便。当输入信号的频率较高、耦合电容容量较大时,前级的输出信号几乎没有衰减地传送到后级的输入端,因此,在分立元件放大电路中得到广泛的应用。

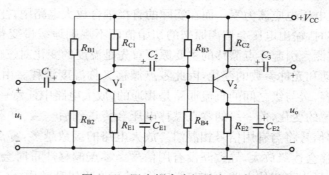

图 2-28　阻容耦合多级放大电路

　　阻容耦合方式的优点是电路结构简单,各级静态工作点互相独立,不存在零点漂移问题。不足是低频特性差,不能放大低频或变化缓慢的交流信号。由于耦合电容的存在,尤其在输入信号频率较低时,耦合电容的容抗明显增大,使信号传输受到衰减,产生较大的电压降,导致电路的放大倍数下降。此外,不利于电子电路的集成化。因为,在集成电路中制造大容量的电容还比较困难,阻容耦合方式很难在集成电路中得到应用,仅适用于特殊需要的分立元件放大电路。耦合电容的取值一般在几微法至几十微法。

3. 变压器耦合

　　将前级放大电路的输出端通过变压器连接到后级的输入端,称为变压器耦合,如图 2-29 所示。变压器耦合也具有"隔直通交"作用,对直流量而言,它和阻容耦合方式一样,各级静态工作点互不影响,有利于电路的分析、设计和调试;对交流量而言,变压器耦合是磁的耦合,用变压器的一次侧取代集电极的负载电阻,当电流流过变压器一次侧时,由于电磁感应,二次侧会产生相应的电流和电压,将二次侧的感应电压加到下一级三极管的基极和发射极之间,就能实现交流信号的传送。另外,变压器还可以进行阻抗变换,实现阻抗匹配,能满足功率放大电路输出功率尽可能大的要求。

　　在实际的变压器耦合放大电路中,负载电阻的数值往往很小,如扩音系统中的扬声器,其阻值一般为 $4\ \Omega$、$8\ \Omega$ 和 $16\ \Omega$ 等几种。如果采用直接耦合或阻容耦合方式,则它们的电压放大倍数将很小,扬声器无法获得大的功率。采用变压器耦合方式时,可利用它的阻抗变换作用,使负载获得足够大的功率,这就是所谓的阻抗匹配。当负载电阻为 R_L、变压器一次线圈匝数为 N_1、二次线圈匝数为 N_2 时,通过变压器可将负载电阻 R_L 变换成 R'_L,R'_L 为负载电阻 R_L 折算到一次侧的等效电阻,即

$$R'_L = \left(\frac{N_1}{N_2}\right)^2 R_L \tag{2-37}$$

选择合适的匝数比,就可获得最佳的阻抗匹配,使负载获得最大的输出功率。

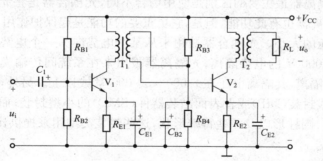

图 2-29　变压器耦合多级放大电路

　　变压器耦合方式最大的优点是可以进行阻抗变换,实现阻抗匹配,满足功率放大电路输出最大功率的要求,因此,在分立元件构成的变压器耦合功率放大电路中得到广泛应用。其不足是低频特性较差,不能放大直流信号,且体积大,不利于电路的集成化。

4. 光电耦合

　　将前级放大电路的输出信号通过光耦合器传送给后级的输入端,称为光电耦合,如图 2-30 所示。光电耦合是将光信号作为媒介来实现电信号的传送的。最突出的优点是抗干扰能力强,且前、后级间的电气隔离性能好。随着光耦合器的性能不断提高,特别是集成光耦合器的

出现,光耦合器在电子技术中的应用越来越广泛。电路中所用的光耦合器为二极管-三极管型光耦合器,其工作原理为:光耦合器输入边的发光二极管把 V_1 级的输出电信号转换成变化规律相同的光信号,直射到输出边的光电晶体管,光电晶体管接受光照后,再将光信号变换成变化规律相同的电信号,并传送到 V_2 级的输入端,以便继续放大信号。光耦合器既可传送交流信号也可传送直流信号。

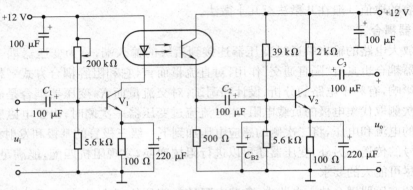

图 2-30 光电耦合多级放大电路

有类似功能的还有光隔离器,近年来,在许多工业控制中得到广泛应用。光隔离器是隔离器的一种,是它把光发射器件与光接收器件集成在一起,或用一根光导纤维把两部分连接起来的器件。通常光发射器件为发光二极管(LED),光接收器件为光电晶体管,加在光发射器件上的电信号为隔离器的输入信号,光接收器件输出的信号为隔离器的输出信号。当有输入信号加在光隔离器的输入端时,发光二极管发光,光电晶体管受光照射产生光电流,使输出端产生相应的电信号,于是实现了光电的传输和转换。它仍以光为媒介实现电信号的传输,而器件的输入和输出之间在电气上完全是隔离的。

光耦合器和光隔离器最主要的区别是使用场合不同,光耦合器是将光信号转换成电信号传输出去,虽然光隔离器也有此功能,但是,它更重要的功能是起保护作用。目前,分辨这两者的特征是看隔离电压的大小。光耦合器被用来从某个电势向另一个电势传输模拟或数字信号,同时保持低于 5 000 V 的电势隔离;光隔离器被用来在系统间传输模拟或数字信号的同时,保持电力系统的隔离,其隔离电压在 5 000~50 000 V 或以上。另外,光耦合器一般设计成类似于双列直插式封装(DIP)或者表面贴装器件(SMD)的小型封装;而光隔离器却有许多封装类型,如长方形、圆柱形以及一些特殊形状,这些封装类型用来提供比 DIP 和 SMD 封装更高的隔离电压。

二、多级放大电路性能指标的估算

为分析方便起见,以典型的两级阻容耦合放大电路为例进行介绍。电路如图 2-31(a)所示,对其进行性能指标的估算。如电路工作在中频段范围内,其微变等效电路图如图 2-31(b)所示。

1. 电压放大倍数

由图 2-31(b)可知,第一级的负载电阻 R_{L1} 就是第二级的输入电阻 r_{i2},即 $R_{L1} = r_{i2}$。且第二级的输入电压 u_{i2} 就是第一级的输出电压 u_{o1},即 $u_{i2} = u_{o1}$。这样,根据前面介绍的单级放大电路电压放大倍数的计算方法,可求出各级的电压放大倍数。

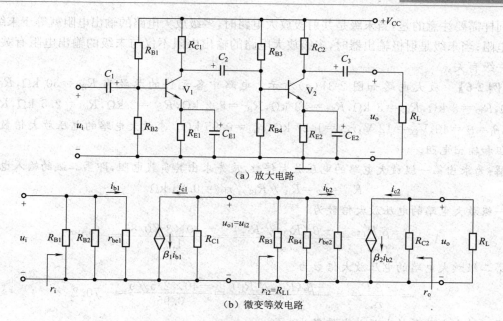

（a）放大电路

（b）微变等效电路

图 2-31 两级阻容耦合放大电路

$$A_{u1} = \frac{u_{o1}}{u_{i1}} = \frac{-\beta_1 R'_{L1}}{r_{be1}} \tag{2-38}$$

$$A_{u2} = \frac{u_{o2}}{u_{i2}} = \frac{-\beta_2 R'_{L2}}{r_{be2}} \tag{2-39}$$

式中，$R'_{L1} = R_{C1} /\!/ r_{i2}$；$R'_{L2} = R_{C2} /\!/ R_L$。而两级放大电路总的电压放大倍数为

$$A_u = \frac{u_o}{u_i} = \frac{u_{o2}}{u_{i1}} = \frac{u_{o1}}{u_{i1}} \frac{u_{o2}}{u_{o1}} = \frac{u_{o1}}{u_{i1}} \frac{u_{o2}}{u_{i2}} = A_{u1} \times A_{u2} \tag{2-40}$$

式（2-40）表明，两级阻容耦合放大电路的总电压放大倍数 A_u 等于各个单级电压放大倍数的乘积。依此类推，可推广到 n 级放大电路：

$$A_u = A_{u1} \times A_{u2} \times \cdots \times A_{un} \tag{2-41}$$

即多级放大电路的级数为 n 时，电路的总电压放大倍数为各个单级放大电路的电压放大倍数之积。

值得注意的是，由于前、后级是串联连接，后级放大电路的输入电阻就是前级放大电路的负载，所以在计算前级放大电路的电压放大倍数时，必须考虑后级负载的影响。

2. 输入电阻

由图 2-31（b）可以得出，多级放大电路的输入电阻就是第一级放大电路的输入电阻，即

$$r_i = r_{i1} \tag{2-42}$$

需要注意的是，当第一级是共射极放大电路时，多级放大电路的输入电阻就等于第一级的输入电阻；当第一级是射极输出器时，多级放大电路的输入电阻不仅与第一级有关，还与第二级的输入电阻有关。

3. 输出电阻

由图 2-31（b）可以得出，多级放大电路的输出电阻就是末级放大电路的输出电阻，即

$$r_o = r_{o2} \tag{2-43}$$

同样需要注意的是,当末级是共射极放大电路时,多级放大电路的输出电阻就等于末级的输出电阻;当末级是射极输出器时,多级放大电路的输出电阻不仅与末级的输出电阻有关,还与前一级有关。

【例2-6】 放大电路如图2-31(a)所示。电路中各元件的参数为 $R_{B1}=30$ kΩ, $R_{B2}=15$ kΩ, $R_{E1}=3$ kΩ, $R_{C1}=3$ kΩ, $R_{B3}=33$ kΩ, $R_{B4}=8.2$ kΩ, $R_{E2}=2$ kΩ, $R_{C2}=2.5$ kΩ, $R_L=5$ kΩ, $\beta_1=\beta_2=40$, $V_{CC}=12$ V, $r_{be1}=1.27$ kΩ, $r_{be2}=0.95$ kΩ。求放大电路的电压放大倍数、输入电阻和输出电阻。

解: 为求出第一级放大电路的电压放大倍数,应先求出其负载电阻,即第二级的输入电阻:

$$R_{L1}=r_{i2}=R_{B3} /\!/ R_{B4} /\!/ r_{be2}=0.83 \text{ kΩ}$$

则第一级放大电路的电压放大倍数为

$$A_{u1}=\frac{-\beta_1 R'_{L1}}{r_{be1}}=\frac{-\beta_1(R_{C1} /\!/ R_{L1})}{r_{be1}}=\frac{-40 \times 3 /\!/ 0.83}{1.27}=-20.5$$

第二级放大电路的电压放大倍数为

$$A_{u2}=\frac{-\beta_2 R'_{L2}}{r_{be2}}=\frac{-\beta_2(R_{C2} /\!/ R_L)}{r_{be2}}=\frac{-40 \times 2.5 /\!/ 5}{0.95}=-70.2$$

多级放大电路总的电压放大倍数为

$$A_u=A_{u1}A_{u2}=(-20.5) \times (-70.2)=1\ 439$$

多级放大电路的输入电阻即为第一级放大电路的输入电阻,其值为

$$r_i=r_{i1}=R_{B1} /\!/ R_{B2} /\!/ r_{be1}=1.1 \text{ kΩ}$$

多级放大电路的输出电阻为最后一级放大电路的输出电阻,其值为

$$r_o=r_{o2}=R_{C2}=2.5 \text{ kΩ}$$

三、放大电路的频率特性

以上在讨论放大电路时,通常都假设其输入信号为中频范围内的某一频率下的正弦信号,但在实际的电子电路中,输入信号往往是多频率的非正弦信号,例如收音机或电视机中音频放大器的音频信号就是非正弦信号。理想的放大电路对不同频率的信号都具有同样的放大倍数,实际的放大电路仅在一定的频率范围内才能保证放大倍数近似不变,对于频率过高或过低的信号,放大倍数会明显下降。这是因为放大电路中存在着耦合电容、射极旁路电容以及三极管的极间电容和分布电容,它们对各种频率的信号产生的阻抗值不同,从而导致放大电路对不同频率信号的放大效果不尽相同。这种放大效果反映在两个方面:一是放大电路的电压放大倍数随频率的变化而改变,二是放大电路的输出电压与输入电压的相位差随频率的变化而改变。将电压放大倍数 A_u 与信号频率 f 之间的关系称为幅频特性,而将输出电压和输入电压的相位差 φ 与频率 f 之间的关系称为相频特性,统称频率特性或频率响应。

1. 单级阻容耦合放大电路的频率特性

典型的单级阻容耦合放大电路的频率特性曲线如图2-32所示。在分析放大电路的频率特性时,为方便起见,一般将输入信号的频率范围分为中频、低频和高频三个频段。放大电路的幅频特性曲线如图2-31(a)所示,将幅频特性对应划分为三个区。第一部分是中频区,即曲线平坦的部分,在中频范围内电路的极间电容因容抗很大可视为开路,耦合电容(或旁路电容)因容抗很小可视为短路,故不考虑它们对电压放大倍数 A_u 的影响。因此,在中频区 A_u 几乎不

随频率的改变而改变,保持着一定的数值,可用 A_{uo} 表示,通常所说的电路的电压放大倍数就是指这一区段内的电压放大倍数。第二部分是低频区,此时极间电容仍可视为开路,对电路不产生影响,而主要考虑耦合电容(或旁路电容)的影响,随着频率的减小,电压放大倍数迅速下降。第三部分是高频区,此时耦合电容(或旁路电容)视为短路,对电路不产生影响,而主要考虑极间电容的影响,随着频率的增大,电压放大倍数迅速下降。

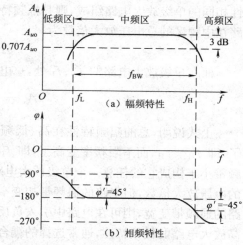

图 2-32 典型的单级阻容耦合放大电路的频率特性曲线

工程上,将电压放大倍数 A_u 下降到中频区放大倍数 A_{uo} 的 0.707 倍时,所对应的频率分别称为下限截止频率 f_L 和上限截止频率 f_H,上限截止频率与下限截止频率之间的频率范围称为通频带,用 f_{BW} 表示,即

$$f_{BW}=f_H-f_L \tag{2-44}$$

由于上、下限截止频率处的增益相对于中频区的增益下降了 3 dB,所以放大电路的通频带 f_{BW} 又称 -3 dB 带宽。在放大电路的通频带内可近似认为放大电路与频率无关。放大电路在不同的应用场合下对通频带的要求有所不同,对电压信号放大电路而言,要求通频带越宽越好;而在自动控制系统中应用的频率范围很窄,因而对通频带没有特别的要求。

电压放大倍数在低频区下降的主要原因是耦合电容和旁路电容的容抗变大的缘故。由于电容的容抗值随着频率降低而变大,导致交流信号在耦合电容上的分压增加,从而使进入三极管的基极和发射极的输入信号减小,输出信号也就相应减小,造成放大倍数下降。而射极旁路电容的容抗变大,使射极电阻的旁路作用减弱,交流负反馈的作用却增大,导致放大倍数下降。

电压放大倍数在高频区下降的主要原因是三极管的结电容和分布电容的容抗减小的缘故。由于频率增加,导致三极管的发射结电容、集电结电容和电路中的分布电容的容抗减小,而这些电容都相当于并联在放大电路的输入端和输出端,它们的容抗与输入电阻和输出电阻比要小得多,因而,将分流一部分电流信号,从而使放大电路的电压放大倍数大大下降。

图 2-32(b)为放大电路的相频特性,由曲线可看出,在中频区放大电路的输入电压与输出电压的相位相反(即 $\varphi=-180°$)。但在低频区和高频区还存在着附加相移,在 $f=f_H$ 时,附加相移为滞后的,$\varphi'=-45°$;在 $f=f_L$ 时,附加相移为超前的,$\varphi'=45°$。

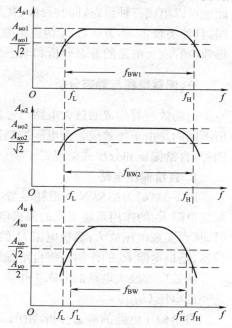

2. 多级放大电路的通频带

下面以两级放大电路为例进行介绍。图 2-33 为两级放大电路的幅频特性。设两级放大电路由幅频特

图 2-33 两级放大电路的幅频特性

性相同的单级放大电路组成,则其幅频特性应等于各单级幅频特性的乘积,因此,两级放大电路在中频区的总电压放大倍数为

$$A_{uo}=A_{uo1}\times A_{uo2}$$

而在单级放大电路的 f_L、f_H 处,总电压放大倍数为

$$A_u=\frac{A_{uo1}}{\sqrt{2}}\times\frac{A_{uo2}}{\sqrt{2}}=\frac{A_{uo}}{2}$$

上式说明,总的幅频特性在高、低频两端下降更快,对应于 $0.707A_{uo}$ 时的上限频率变低了,即 $f_H'<f_H$,而下限频率变高了,即 $f_L'>f_L$,使 $f_H'-f_L'$ 之值变小。因此,多级放大电路的通频带小于构成它的任意一个单级放大电路的通频带。虽然多级放大电路能够大幅度提高电路的电压放大倍数,但电路的通频带却变窄。级数越多,电路的通频带就越窄。若使多级放大电路的通频带变宽,则可在电路中引入负反馈(该内容将在第三章第三节中讲述)。同时,为了提高放大电路的低频特性,通常选择的耦合电容为 $5\sim10\ \mu F$,射极旁路电容为 $30\sim200\ \mu F$。为了提高放大电路的高频特性,应当选用截止频率 f_B 比上限截止频率 f_H 大的三极管。f_B 是三极管的一个参数,称为共射极截止频率。

第七节 场效应管放大电路

场效应管与三极管一样,均为三端有源控制器件,都可以构成放大电路。它们的不同在于:三极管是电流控制器件,它是通过 i_B 对 i_C 实现控制的,构成放大电路时需要设置一定的偏流;场效应管是电压控制器件,它是通过 u_{GS} 对 i_D 实现控制的,构成放大电路时需要设置合适的偏压。场效应管具有输入电阻高和噪声低等优点,适合于放大微弱信号,因此多用在多级放大电路的输入级。场效应管的栅极、漏极和源极与三极管的基极、集电极和发射极相对应,因此也可以组成三种组态,即共源极、共漏极和共栅极放大电路。由于场效应管的结构和特性不同,且种类较多,本节仅以 N 沟道结型场效应管、N 沟道增强型 MOS 管为例,讨论共源和共漏场效应管放大电路的静态分析和动态分析。

一、偏置电路与静态分析

由场效应管构成的放大电路与三极管构成的放大电路一样,都要建立合适的静态工作点。所不同的是由于场效应管为电压控制器件,因此需要有合适的栅极电压。通常,偏置的形式有两种:自给偏压和分压式偏置。

1. 自给偏压电路

图 2-34(a)为结型 N 沟道耗尽型场效应管自给偏压放大电路。电路中各元件的作用是:漏极电阻 R_D 的作用是将变化的漏极电流 i_D 转换成变化的电压 u_{DS},并通过电容 C_2 输出电压信号,从而实现电压放大;源极电阻 R_S 的作用是利用漏极电流在其上的压降为栅-源极提供负的偏压;栅极电阻 R_G 的作用是将自给偏压加至栅极,形成直流通路。

场效应管放大电路的静态工作点有三个参数:栅-源之间的电压 U_{GSQ};漏极电流 I_{DQ};漏源之间的电压 U_{DSQ}。

自给偏压电路的静态分析:由图 2-34(b)所示的直流通路可知,由于直流栅极电流为零,则栅极电阻 R_G 上的电压也为零,所以栅极电位 $U_G=0$。当电路处于静态($u_i=0$)时,漏极电流

I_{DQ}将流过源极电阻R_S,并在R_S上产生源极电压U_S,因此栅-源之间的电压为

$$U_{GSQ}=U_G-U_S=-I_{DQ}R_S \tag{2-45}$$

此电压作为栅-源之间的负偏置电压,由于U_{GSQ}是依靠自身的漏极电流I_{DQ}产生的,故称为自给偏压。

根据结型场效应管的转移特性,有关系式:

$$I_{DQ} = I_{DSS}\left(1-\frac{U_{GSQ}}{U_P}\right)^2 \tag{2-46}$$

联立式(2-45)、式(2-46),就可求出U_{GSQ}和I_{DQ}值。

由漏极回路可求出漏-源之间的电压为

$$U_{DSQ}=V_{DD}-I_{DQ}(R_D+R_S) \tag{2-47}$$

自给偏压电路比较简单,当静态工作点确定后,U_{GSQ}和I_{DQ}就确定了,因而R_S的选择范围很小。另外,由于自给偏压使栅-源之间的偏置电压为负,所以自给偏压电路只适用于耗尽型场效应管。

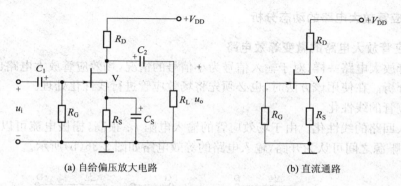

(a) 自给偏压放大电路　　(b) 直流通路

图 2-34　自给偏压放大电路及其直流通路

2. 分压式偏置电路

图 2-35(a)为绝缘栅型 N 沟道增强型 MOS 管分压式偏置放大电路,图 2-35(b)为其直流通路。由图可知,分压式偏压电路是在自给偏压电路的基础上加接了分压电阻R_{G1}和R_{G2}构成的。又由于场效应管的输入电阻很高,可以认为直流栅极电流为零,因此由电路的直流通路可求出电路的静态工作点。

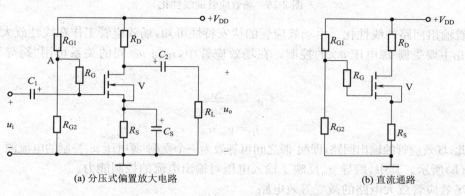

(a) 分压式偏置放大电路　　(b) 直流通路

图 2-35　分压式偏置放大电路及其直流通路

因为直流栅极电流为零，R_G 上无直流压降，所以栅极电位由式(2-48)确定。

$$U_{GQ} = U_A = \frac{R_{G2}}{R_{G1}+R_{G2}}V_{DD} \tag{2-48}$$

又由于源极电位为

$$U_{SQ} = I_{DQ}R_S$$

因此，静态时栅-源电压为

$$U_{GSQ} = U_{GQ} - U_{SQ} = \frac{R_{G2}}{R_{G1}+R_{G2}}V_{DD} - I_{DQ}R_S \tag{2-49}$$

与式(1-8)联立可得到 I_{DQ} 和 U_{GSQ}。由漏极回路可求出漏-源电压为

$$U_{DSQ} = V_{DD} - I_D(R_D + R_S)$$

适当选择 R_{G1} 和 R_{G2} 的值，可使 U_{GSQ} 为正、为负或零，因此该偏置电路也适用于耗尽型。为进一步提高电路的输入电阻，在栅极回路中串入一个很大的电阻 R_G，以隔离 R_{G1}、R_{G2} 对信号的分流作用，使输入电阻保持在较大的数值，所以一般 R_G 都选得很大，在兆欧级。

二、场效应管放大电路的动态分析

1. 场效应管放大电路的微变等效电路

与三极管放大电路一样，对于输入信号为小信号的情况，场效应管放大电路也可以用微变等效电路法分析。在使用该方法时，也必须先将场效应管进行线性化处理。

1)场效应管的线性化

先看输入回路的线性化。由于场效应管的输入电阻 r_{GS} 很高，栅极电流可以认为是零，即 $i_G \approx 0$，所以，栅-源之间可认为开路，输入电路的等效电路如图 2-36(b)所示。

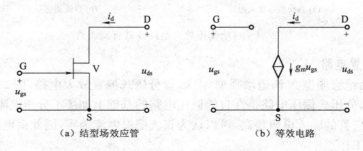

（a）结型场效应管　　　（b）等效电路

图 2-36　场效应管的线性化

再看输出回路的线性化。由场效应管的伏安特性可知，场效应管工作在线性放大区时，漏极电流 i_D 主要受栅-源电压 u_{GS} 的控制。在场效应管中，i_D 与 u_{GS} 间的关系可用"跨导"g_m 来表示，即

$$g_m = \frac{\Delta i_D}{\Delta u_{GS}} \tag{2-50}$$

或

$$i_D = g_m u_{gs}$$

因此，场效应管的输出回路，即漏-源之间可等效为一个受栅-源电压 u_{gs} 控制的电流源 $g_m u_{gs}$，如图 2-36(b)所示。其中，跨导 g_m 反映了输入电压对输出电流的控制能力。

2)场效应管放大电路的微变等效电路

画场效应管放大电路的微变等效电路与三极管放大电路的微变等效电路的步骤是完全相

同的,不同之处就是线性化的对象不同。对于图 2-35 的分压式偏置电路,即共源放大电路,它的微变等效电路如图 2-37 所示。画出场效应管放大电路的微变等效电路图后,就可以对电路进行动态分析并计算电路的性能指标。

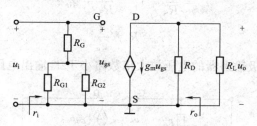

图 2-37　共源放大电路的微变等效电路

2. 共源极放大电路的动态分析

动态分析仍是分析其性能指标,即电压放大倍数 A_u、输入电阻 r_i 和输出电阻 r_o。

由图 2-37 可求出共源极放大电路的性能指标:

电压放大倍数为

$$A_u = \frac{u_o}{u_i} = -\frac{i_d(R_D \mathbin{/\mkern-4mu/} R_L)}{u_{gs}} = -\frac{g_m u_{gs} R'_L}{u_{gs}} = -g_m R'_L \tag{2-51}$$

输入电阻为

$$r_i = R_G + (R_1 \mathbin{/\mkern-4mu/} R_2) \tag{2-52}$$

由式(2-52)可知,由于电阻 R_G 的接入,使放大电路的输入电阻大大提高。

输出电阻为

$$r_o = R_D \tag{2-53}$$

共源极放大电路与共射极放大电路相比,由于 g_m 较小,所以电压放大倍数较低,但输入电阻很大,适用于多级放大电路的输入级。

3. 共漏极放大电路的动态分析

共漏极放大电路又称源极输出器,这与射极输出器的含义相同。图 2-38(a)所示为共漏极放大电路,图 2-38(b)为其微变等效电路。由微变等效电路可以求出其性能指标。

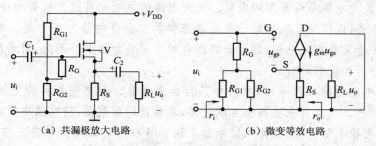

（a）共漏极放大电路　　　　　　　（b）微变等效电路

图 2-38　共漏极放大电路及其微变等效电路

电压放大倍数为

$$A_u = \frac{u_o}{u_i} = \frac{i_d(R_S \mathbin{/\mkern-4mu/} R_L)}{u_{gs} + u_o} = \frac{g_m u_{gs} R'_L}{u_{gs} + g_m u_{gs} R'_L} = \frac{g_m R'_L}{1 + g_m R'_L} \tag{2-54}$$

输入电阻为

$$r_i = R_G + (R_1 \mathbin{/\mkern-4mu/} R_2) \tag{2-55}$$

输出电阻:求解输出电阻时,将输入端短接,在输出端外加一交流电压 u_o,然后求出 i_o,则 $r_o=u_o/i_o$。求解输出电阻方法如图 2-39 所示。

$$i_o=\frac{u_o}{R_S}+i_d=\frac{u_o}{R_S}+g_m u_o$$

所以

$$r_o=R_S //\frac{1}{g_m}$$

由上述分析可见,源极输出器的电压放大倍数略小于1,输出电压与输入电压近似相等。

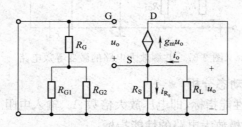

图 2-39　求解共漏极放大电路的输出电阻

在测量仪表中,常采用场效应管源极输出器作为输入级进行阻抗变换,它的工作性能与射极输出器相似,但输入电阻更高。

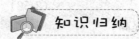

(1)放大电路的作用就是将微弱的电信号进行放大。常用的测试信号是正弦波,在输入信号作用下,经放大电路放大成幅度足够大的电信号,然后带动执行机构。放大电路的种类有:电压放大电路、功率放大电路、直流放大电路、交流放大电路、低频放大电路、高频放大电路、分立元件放大电路和集成放大电路。本章主要讨论低频、电压放大电路。对放大电路的共性要求是:放大倍数要高;失真应尽可能小;工作稳定可靠且噪声小。放大电路的主要性能指标有:电压放大倍数、输入电阻和输出电阻。

(2)共射极放大电路是最常用的电路。放大电路的核心元件是三极管和场效应管,电路应有正确的连接方法,以保证三极管处于放大状态和具有合适的静态工作点。放大电路工作时总是既有直流分量又有交流分量,即处于静态和动态的叠加状态。因此,对于放大电路的原理分析包括静态分析和动态分析。

静态分析:电路无输入信号时,电路中只存在直流量。静态分析目的是为了求静态工作点。求电路的静态工作点首先要画出直流通路,其遵循的原则是:将电路中的电容视为开路。

动态分析:有输入信号(一般输入信号为正弦信号)时,电路处于动态。在动态情况下,电路中的电量是交、直流的叠加。动态分析的目的是求解电路的性能指标和分析电路的输出波形并检查是否失真。求解放大电路的性能指标时必须通过交流通路来进行。画交流通路应遵循的原则是:将直流电源、电容视为短路。

(3)放大电路常用的分析方法有图解分析法和微变等效电路分析法:

图解分析法:在三极管的输入/输出特性曲线上通过作图的方法来确定电路的静态工作点、进行动态波形分析、查看放大电路的工作状态,并计算电压放大倍数,并确定动态工作范围。图解法适用于输入信号为大信号的情况,它可以很直观地分析电路是否失真,也能清楚地看出波形失真与工作点的关系。如果工作点设置不合适,就有可能出现饱和失真或截止失真。由于受温度、电压波动等因素的影响,工作点会发生变动,为了稳定静态工作点,常采用分压式电流负反馈来稳定静态工作点。

微变等效电路分析法:该方法适用于输入信号为小信号的情况。在小信号情况下,将有源元件进行线性化处理,再通过微变等效电路图就可以很方便地计算出电路的电压放大倍数、输入电阻和输出电阻。

(4)常见的基本放大电路单元有:共射极放大电路、共集电极放大电路、共基电极放大电路、共源极放大电路、共漏极放大电路。共射极放大电路既有电流放大作用又有电压放大作用,输入电阻居三者(共射极、共集电极和共基极放大电路)之中,输出电阻较大;共集电极放大电路只有电流放大作用而无电压放大作用,输入电阻最大,输出电阻最小;共源极放大电路与共射极放大电路相对应,但输入电阻要高得多,电压放大倍数要小些。

(5)在多级放大电路中,级间耦合方式有:阻容耦合、直接耦合、变压器耦合和光电耦合。多级放大电路由一级级的基本放大电路单元组合而成,并将信号逐级放大,因此,总的电压放大倍数为各级电压放大倍数的乘积。但多级放大电路的通频带要比单级放大电路窄。

(6)放大电路对不同频率的信号具有不同的放大能力。幅频特性和相频特性统称为频率特性。在中频区,电压放大倍数基本不受频率变化的影响,也不产生附加相移;在低频区,电压放大倍数下降的主要原因是耦合电容和旁路电容的存在,同时还产生 $0 \sim 90°$ 之间的附加相位移;在高频区,电压放大倍数下降的主要原因是三极管的结电容与电路中的杂散电容的影响,同时产生 $0 \sim 90°$ 之间的滞后的附加相位移。多级放大电路的通频带比它的任何一级放大电路都窄。

 知识训练

题 2-1　放大电路放大的实质是什么?对放大电路基本要求有哪些?

题 2-2　放大电路的组成原则是什么?

题 2-3　什么是直流通路?什么是交流通路?如何画放大电路的交、直流通路?

题 2-4　什么是静态工作点?如何设置静态工作点?如果静态工作点设置不当会出现什么问题?估算静态工作点时,应该根据放大电路的直流通路还是交流通路进行估算?

题 2-5　某放大电路的电压增益为 40 dB,相当于多大的电压放大倍数?另一个放大电路的电压放大倍数为 150,换算为对数电压增益应是多少 dB?

题 2-6　有两个 $A_u = 100$ 的放大电路 A 和 B,分别对同一个具有内阻的电压信号放大时得到 $u_{o1} = 4.85$ V, $u_{o2} = 4.99$ V。这是什么原因引起的?哪一个放大电路要好一些?

题 2-7　某放大电路在负载开路时的输出电压为 4 V,接入 3 kΩ 的负载电阻后,输出电压降为 3 V,计算该放大电路的输出电阻 R_o 为多少?

题 2-8　现在要求组成一个四级放大电路,希望从信号源索取的电流很小,带负载能力强,电压放大倍数在 300 以上。一般情况下,如何安排这个电路(用框图表明每一级所用的电路组态)。

题 2-9　按要求填表 2-2。

表 2-2　题 2-9 表

电路名称	连接方式(E、B、C)			性能比较(大、中、小、相同、相反)			
	公共电极	输入级	输出级	$\lvert A_u \rvert$	r_i	r_o	输入/输出相位
共射极电路							
共集电极电路							
共基极电路							

题 2-10　在调试图 2-40 所示放大电路的过程中,曾出现过图 2-40(b)、(c)所示的两种不正常的输出电压波形。已知输入信号是正弦波,试判断这两种情况分别是何种失真? 产生该种失真的原因是什么? 如何消除?

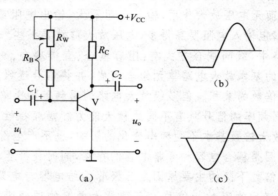

图 2-40　题 2-10 图

题 2-11　画出图 2-41 所示各电路的直流通路、交流通路和微变等效电路。

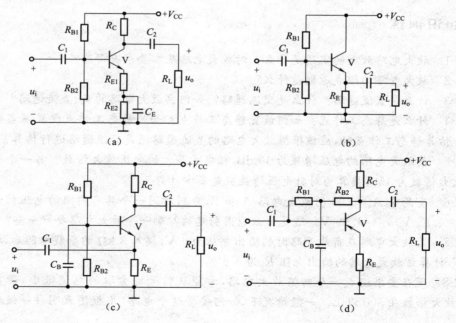

图 2-41　题 2-11 图

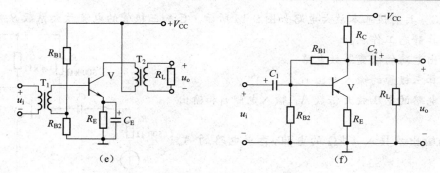

图 2-41 题 2-11 图（续）

题 2-12 试判断图 2-42 所示各电路能否对正弦交流信号实现正常放大。若不能，简单说明原因。（设图中所有电容对交流信号均可视为短路。）

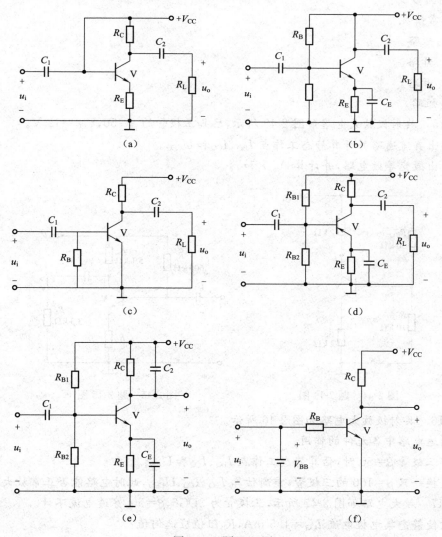

图 2-42 题 2-12 图

题 2-13 共射极基本放大电路如图 2-43 所示。已知三极管的电流放大系数 $\beta=50$。

(1)估算静态工作点。

(2)画出电路的微变等效电路。

(3)估算三极管的输入电阻 r_{be}。

(4)求电路的电压放大倍数 A_u、输入电阻 r_i 和输出电阻 r_o。

(5)如输出端接入 4 kΩ 的电阻,再求电路的 A_u 及 A_{us}。

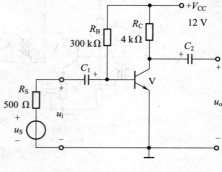

图 2-43 题 2-13 图

题 2-14 某共射极放大电路的直流通路如图 2-44 所示,设 $V_{CC}=12$ V,三极管饱和管压降 $U_{CES}=0.5$ V。在下列情况下,用直流电压表测三极管的集电极电位 U_C,应分别为多少?

(1)正常情况。

(2)R_{B1} 短路。

(3)R_{B1} 开路。

(4)R_{B2} 开路。

(5)R_C 短路。

题 2-15 共射极放大电路如图 2-45 所示,已知三极管的 $\beta=50$,$V_{CC}=12$ V。

(1)画出直流通路并计算静态工作点 I_{BQ}、I_{CQ} 和 U_{CEQ}。

(2)画出微变等效电路,并计算 A_u、r_i 和 r_o。

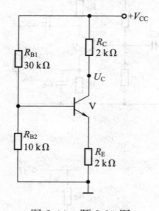

图 2-44 题 2-14 图

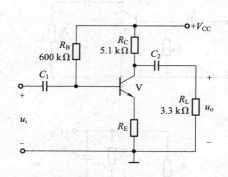

图 2-45 题 2-15 图

题 2-16 共射极放大电路如图 2-46 所示。

(1)简述电路中各元件的作用。

(2)当三极管 $\beta=50$ 时,估算静态工作点 I_{BQ}、I_{CQ} 和 U_{CEQ}。

(3)更换一只 $\beta=100$ 的三极管,重新估算 I_{BQ}、I_{CQ}、U_{CEQ},此时电路能否正常放大?

题 2-17 放大电路如图 2-47 所示,三极管为 3DG6,$\beta=50$,穿透电流不计。

(1)欲使静态集电极电流 $I_{CQ}=1.5$ mA,R_B 阻值应选何值?

(2)欲使静态管压降 $U_{CEQ}=3.3$ V,R_B 阻值又应选何值?

(3)欲使静态工作点 $I_{CQ}=1.5$ mA, $U_{CE}=6$ V, R_C 应改用何值?

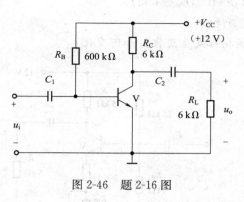

图 2-46 题 2-16 图

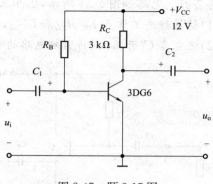

图 2-47 题 2-17 图

题 2-18 试根据图 2-48 中所示电路的直流通路,估算各电路的静态工作点,并判断三极管的工作情况(所需参数如图中标注,其中 NPN 型为硅管,PNP 型为锗管)。

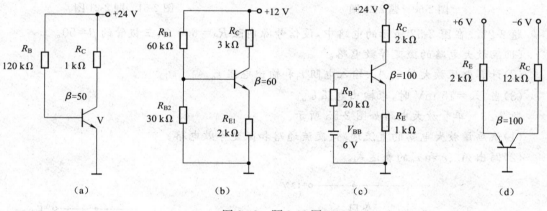

图 2-48 题 2-18 图

题 2-19 分压式电流负反馈偏置的共射极放大电路如图 2-49 所示,$U_{BEQ}=0.7$ V,$\beta=50$。

(1)估算静态工作点 I_{BQ}、I_{CQ} 和 U_{CEQ}。

(2)画出其微变等效电路。

(3)估算空载电压放大倍数 A_u 以及输入电阻 r_i 和总的输出电阻 r_o。

(4)当接入 $R_L=2$ kΩ 的负载时,A_u 应为多少?

题 2-20 共集电极放大电路如图 2-50 所示,已知 $V_{CC}=12$ V,$R_B=200$ kΩ,$R_E=2$ kΩ,$R_L=2$ kΩ,三极管的 $\beta=50$,$r_{be}=1.2$ kΩ,忽略三极管导通压降 U_{BE}。信号源 $U_S=200$ mV,$R_S=1$ kΩ。

(1)画出电路的直流通路,估算静态工作点 I_{BQ}、I_{CQ} 和 U_{CEQ}。

(2)画出其微变等效电路。

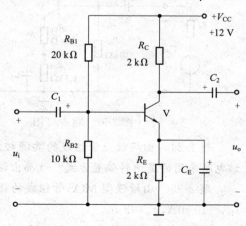

图 2-49 题 2-19 图

(3)估算电压放大倍数 A_u，源电压放大倍数 A_{us}，输入电阻 r_i 和总的输出电阻 r_o。

题 2-21 电路如图 2-51 所示，已知三极管的 $\beta=100$，$r_{be}=1\ \mathrm{k\Omega}$。

(1)估算静态工作点 I_{BQ}、I_{CQ} 和 U_{CEQ}，计算 A_u、r_i 和 r_o。

(2)若电容 C_E 开路，则将引起电路的哪些性能指标发生变化？如何变化？

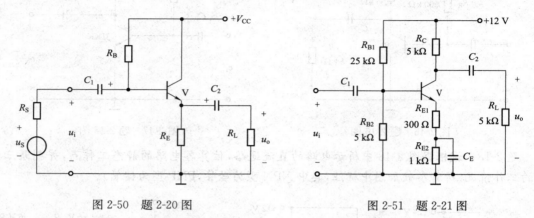

图 2-50 题 2-20 图　　　　　　图 2-51 题 2-21 图

题 2-22 在图 2-52 所示的电路中，设信号源内阻 $R_S=600\ \Omega$，三极管的 $\beta=50$。

(1)画放大电路的微变等效电路。

(2)计算电压放大倍数 A_u、输入电阻 r_i 和输出电阻 r_o。

(3)当 $U_S=15\ \mathrm{mV}$ 时，求输出电压 U_o。

题 2-23 单管放大电路如图 2-53 所示。

(1)试画该放大电路的直流通路、交流通路和微变等效电路。

(2)写出 A_u、r_i 和 r_o 的表达式。

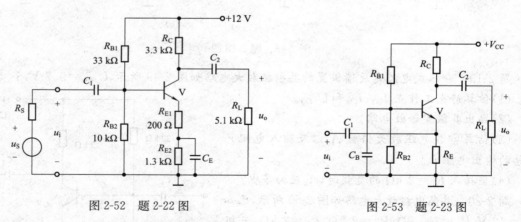

图 2-52 题 2-22 图　　　　　　图 2-53 题 2-23 图

题 2-24 由场效应管组成的共源极放大电路如图 2-54 所示。已知场效应管 $g_m=10\ \mathrm{mS}$。该电路采用的是何种偏置方式？试画出该放大电路的交流小信号等效电路并计算 A_u、r_i 和 r_o。

题 2-25 由增强型 MOS 管组成的放大电路如图 2-55 所示，MOS 管的开启电压 $U_T=4\ \mathrm{V}$，$I_{DO}=10\ \mathrm{mA}$，$g_m=2\ \mathrm{ms}$。

(1)估算静态工作点 I_{DQ}、U_{DSQ} 和 U_{GSQ}。

(2)画出低频微变等效电路。

（3）求电压放大倍数 A_u、输入电阻 r_i 和输出电阻 r_o。

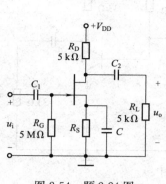

图 2-54 题 2-24 图

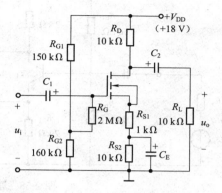

图 2-55 题 2-25 图

题 2-26 如图 2-56 所示场效应管构成的源极输出器，已知 $R_{G1}=2$ MΩ，$R_{G2}=500$ kΩ，$R_G=$ 1 MΩ，$R_S=10$ kΩ，$R_L=10$ kΩ，$g_m=1$ mS，$V_{DD}=12$ V。试求电路的电压放大倍数、输入电阻和输出电阻。

题 2-27 在图 2-57 所示电路中，$R_C=R_E$。

（1）画出微变等效电路。

（2）写出 u_{o1} 和 u_{o2} 的表达式，并说明 $u_{o1}=-u_{o2}$。

（3）1 和 2 两个输出端的输出电阻各为多少？

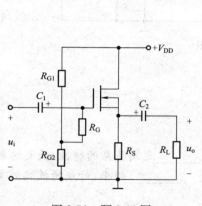

图 2-56 题 2-26 图

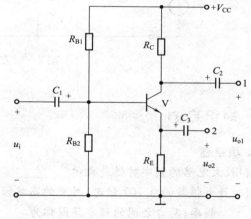

图 2-57 题 2-27 图

题 2-28 某仪器的部分放大电路如图 2-58 所示。已知 V_1 和 V_2 管的 $\beta=100$，$U_{BE}=0.7$ V。

（1）估算各级电路的静态工作点。

（2）画出放大电路交流通路和微变等效电路。

（3）估算电路总的电压放大倍数 A_u。

（4）计算电路总的输入电阻 r_i 和总的输出电阻 r_o。

题 2-29 在图 2-59 所示电路中，三极管的 β 值均为 100，且 $r_{be1}=5.3$ kΩ，$r_{be2}=6$ kΩ。

（1）计算放大电路的输入电阻 r_i 和输出电阻 r_o。

（2）分别求出当 $R_L=3.6$ kΩ 和 R_L 为无穷大时的电压放大倍数 A_u。

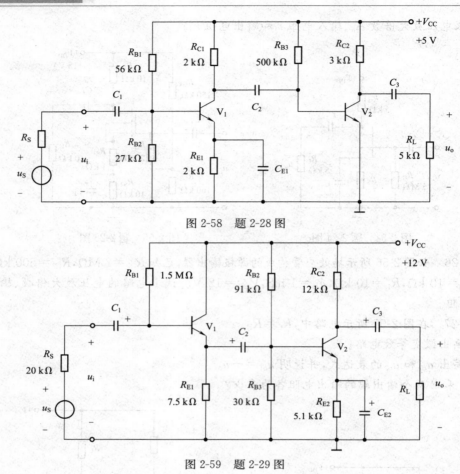

图 2-58 题 2-28 图

图 2-59 题 2-29 图

知识自测

1. 填空题

(1)放大电路的频率特性是表示_____和_____之间关系的特性,放大倍数下降到中频时放大倍数的 0.707 倍时,对应的高端频率称为_____频率,对应的低端频率称为_____频率;两者之间的频率范围称为_____。

(2)放大电路放大的实质是实现_____的控制和转换。对放大电路放大性能的基本要求一是_____,二是_____。

(3)基本放大电路有_____、_____和_____三种组态,其中,_____组态放大电路具有电压反相作用;_____组态放大电路具有电压跟随作用;_____组态放大电路具有很好的频率特性;_____组态放大电路既有电流放大能力又有电压放大能力;_____组态放大电路带负载能力强;_____组态放大电路向信号源索取的电流较大。

(4)多级放大电路总的电压放大倍数等于_____,输入电阻等于_____的输入电阻,输出电阻等于_____的输出电阻。

(5)放大电路中,直流电流的流通路径称为_____,用来对放大电路进行_____;

交流电流的流通路径称为_____,用来对放大电路进行_____。

(6)阻容耦合放大电路的电压放大倍数与频率有关,在低频区电压放大倍数下降的原因是_____,在高频区增益下降的原因是_____。

(7)共集电极放大电路从三极管的_____极输出,所以该电路又称_____,其电压放大倍数近似等于_____,输出电压和输入电压相位_____,输入电阻 r_i 较_____,输出电阻 r_o 较_____,可以用作多级放大电路的_____级、_____级和_____级。

(8)共射极放大电路中三极管集电极静态电流增大时,其电压放大倍数将变_____;若负载电阻 R_L 变小时,其电压放大倍数将变_____。

(9)某阻容耦合共射极放大电路的实测频率特性曲线如图 2-60 所示,该放大电路的下限截止频率 $f_L=$_____;上限截止频率 $f_H=$_____;通频带 $f_{BW}=$_____。

(10)多级放大电路常采用的耦合方式有_____、_____和_____三种方式,其中_____耦合可以放大直流和缓变信号;_____耦合可以实现阻抗变换;_____耦合便于集成;_____耦合各级静态工作点相互独立。

(11)放大电路设置静态工作点的目的是_____。

(12)某放大电路的电压放大倍数为100,换算成对数电压放大倍数为_____dB。

(13)在共射极、共集电极两种基本放大电路中,若希望电压放大倍数大,应选_____;若希望输出电压与输入电压同相位,应选_____;若希望带负载能力强,应选_____;若希望从信号源索取的电流小,应选_____。

(14)分压式电流负反馈偏置电路能够稳定_____,其稳定的过程为 $T\uparrow \rightarrow I_{CQ}\uparrow \rightarrow$_____。

(15)放大电路如图 2-61 所示,当 R_B 增大时,U_{CEQ} 将_____;当 R_C 减小时,U_{CEQ} 将_____;当 R_L 增大时,U_{CEQ} 将_____。换成 β 值小的三极管时,U_{CEQ} 将_____。

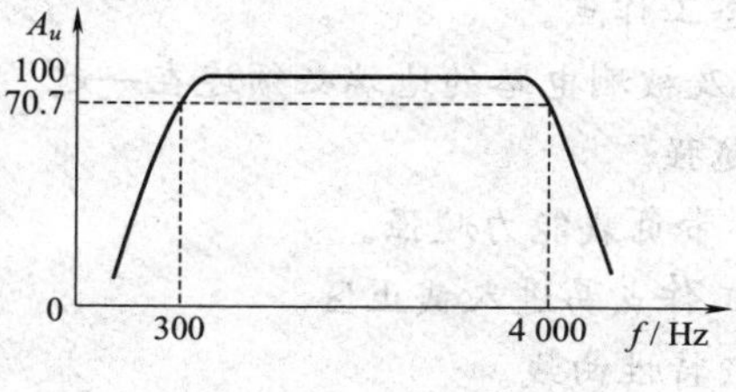

图 2-60 题(9)图

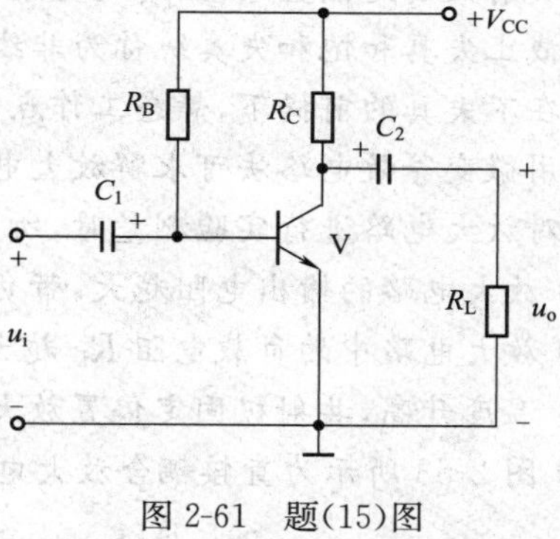

图 2-61 题(15)图

(16)多级放大电路的级数越多其电压放大倍数越_____,通频带越_____。

(17)单级阻容耦合共射极放大电路的中频电压放大倍数为-100,当信号频率为上限截止频率 f_H 时,电路的实际电压放大倍数为_____,其输出与输入信号的相位相差_____。

(18)放大电路的输入电阻 r_i 越_____,则向信号源索取的电流越小;输出电阻 r_o 越_____,则带负载能力越强。

(19)单级共射极放大电路产生截止失真的原因是_____;产生饱和失真的原因是

_____;若两种失真同时产生,其原因是_____。

(20)在一个三级放大电路中,测得第一级电压放大倍数 $A_{u1}=20$,输入电阻 $r_{i1}=50$ kΩ;第二级电压放大倍数 $A_{u2}=100$;第三级电压放大倍数 $A_{u3}=5$,输出电阻 $r_{o3}=1$ kΩ。则总电压放大倍数 $A_u=$_____,折合成对数电压放大倍数为_____ dB;整个放大电路的输入电阻为_____;整个放大电路的输出电阻为_____。

(21)场效应管放大电路和三极管电路相比,具有输入阻抗_____、温度稳定性能_____、噪声_____、功耗_____等特点。

(22)场效应管放大电路也有三种基本接法,分别为_____、_____、和_____。场效应管放大电路常用的偏置电路形式有_____和_____。

(23)阻容耦合放大电路中,耦合电容的作用是_____和_____。

(24)放大电路未加入交流信号时三极管各级的直流电压、电流的数值称为电路的_____。

(25)在图 2-62 所示电路中,已知 $V_{CC}=12$ V,三极管的 $\beta=100$,$R_B'=100$ kΩ。静态时,测得 $U_{BEQ}=0.7$ V,若要基极电流 $I_B=20$ μA,则 $R_B=$_____ kΩ,$R_W=$_____ kΩ;而若测得 $U_{CE}=6$ V,则 $R_C=$_____ kΩ;若测得输入电压有效值 $U_i=5$ mV 时,输出电压有效值 $U_o=0.6$ V,则电压放大倍数 $A_u=$_____,若负载电阻 R_L 与 R_C 相等,则带上负载后输出电压有效值 $U_o=$_____。

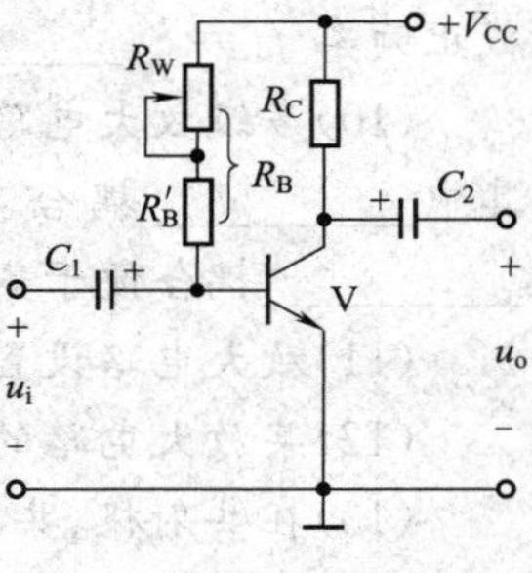

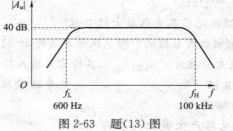

图 2-62

2. 判断题

(1)放大电路中的三极管是放大的核心器件,电路中各电量的能量都是它提供的。(   )

(2)阻容耦合放大电路只能放大交流信号。(   )

(3)共射极固定偏置电路,减小基极偏置电阻 R_B 可降低工作点。(   )

(4)共射极固定偏置电路,减小集电极电阻 R_C 有利于电路退出饱和状态。(   )

(5)共射极固定偏置电路,增大直流电源 V_{CC} 的值,有利于电路退出饱和状态。(   )

(6)截止失真和饱和失真统称为非线性失真。(   )

(7)在不失真的前提下,静态工作点低的电路静态功耗小。(   )

(8)用微变等效电路法可求解放大电路的静态工作点。(   )

(9)对放大电路进行实验测量时,所用仪表以及被测电路的地端必须连在一起。(   )

(10)放大电路的输出电阻越大,带负载能力越强。(   )

(11)放大电路中的负载电阻 R_L 越大,说明其带负载能力越强。(   )

(12)温度升高,共射极固定偏置放大电路的工作点易进入截止区。(   )

(13)图 2-63 所示为直接耦合放大电路的幅频特性曲线。(   )

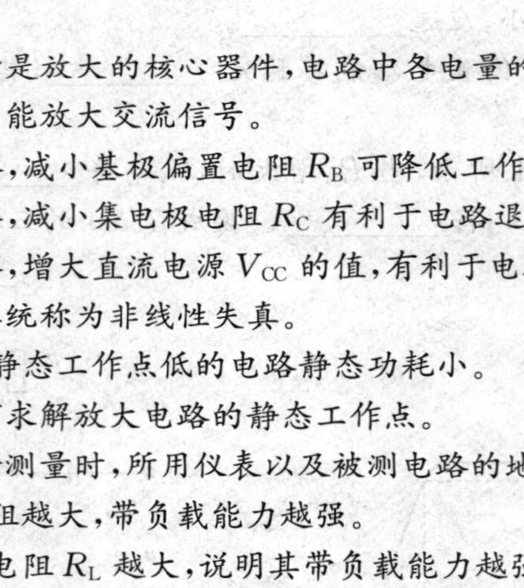

图 2-63   题(13)图

(14) 共集电极放大电路的输出电压与输入电压近似相等。　　　　　　（　　）

(15) 共基极放大电路有很好的电压放大作用,同时也能对电流进行很好放大。（　　）

(16) 射极输出器的输出电阻比共射极电路高。　　　　　　　　　　　（　　）

(17) 射极输出器的输入电阻比共射极电路高。　　　　　　　　　　　（　　）

(18) 将不同性能的基本放大电路通过耦合方式级联起来,不仅可以提高放大能力,还能够扩展放大电路的通频带。　　　　　　　　　　　　　　　　　　　　　（　　）

(19) 两级放大电路,已知第一级 $A_{u1}=-100$,第二级 $A_{u2}=-50$,则总的电压放大倍数 $A_u=-150$。　　　　　　　　　　　　　　　　　　　　　　　　　　（　　）

(20) 两级放大电路,已知第一级 $R_{i1}=1\text{ k}\Omega$,第二级 $R_{i2}=1.5\text{ k}\Omega$,则整个电路的输入电阻 $R_i=2.5\text{ k}\Omega$。　　　　　　　　　　　　　　　　　　　　　　（　　）

(21) 两级放大电路,已知第一级 $R_{o1}=5\text{ k}\Omega$,第二级 $R_{o2}=3\text{ k}\Omega$,则整个电路的输出电阻 $R_o=8\text{ k}\Omega$。　　　　　　　　　　　　　　　　　　　　　　（　　）

(22) 实际放大电路常采用分压式电流负反馈偏置电路,是因为它能提高放大电路的输入电阻。　　　　　　　　　　　　　　　　　　　　　　　　　　　　　　　　（　　）

(23) 场效应管共源极放大电路所采用的自给偏压偏置电路方式,只适用于增强型场效应管。　　　　　　　　　　　　　　　　　　　　　　　　　　　　　　　　　（　　）

(24) 在测量仪表中,常用场效应管的源极输出器作为输入级,是因为该电路的放大倍数很高。　　　　　　　　　　　　　　　　　　　　　　　　　　　　　　　　　（　　）

(25) 分压式自给偏压的偏置方式能给各种类型的场效应管提供所需的静态工作点。（　　）

3. 选择题

(1) 在放大电路中,三极管的工作状态为（　　）。

A. 放大　　　　　　B. 饱和　　　　　　C. 截止

(2) 放大电路中,静态是指（　　）。

A. 输入 $u_i=0$ 时的直流状态　　　B. 仅考虑 u_i 时的交流状态

C. 既有交流又有直流的共存状态　　D. 以上均不对

(3) 放大电路如图2-40(a)所示,三极管的电流放大倍数为 β,若换成一个 $\beta'=2\beta$ 的三极管后,则 $|A_u|$（　　）。

A. 增大2倍　　B. 减小2倍　　C. 基本不变　　D. 以上均不对

(4) 在论及对信号的放大能力时,直接耦合放大电路（　　）。

A. 只能放大交流信号　　　　B. 只能放大直流信号

C. 交、直流两种信号都能放大　　D. 交、直流两种信号都不能放大

(5) 场效应管源极输出器属于（　　）。

A. 共源极放大电路　　　　B. 共漏极放大电路

C. 共栅极放大电路　　　　D. 以上均不对

(6) 有两个电压放大倍数相同而输入、输出电阻不同的放大器A和B,对同一个具有内阻的信号源电压进行放大,当负载开路时,测得A的输出电压小,则说明A的（　　）。

A. 输入电阻大　　　　B. 输入电阻小

C. 输出电阻大　　　　D. 输出电阻小

(7) 某放大电路在负载开路时测得输出电压为 4 V,接上 3 kΩ 的负载后,测得输出电压降为 3 V,这说明该放大电路的输出电阻为(　　)。

A. 3 kΩ 　　　　　 B. 2 kΩ 　　　　　 C. 1 kΩ 　　　　　 D. 0.5 kΩ

(8) 通信设备中需要一个电压放大倍数较大、输入电阻很小、输入与输出相位相同的放大器,在基本组态放大器中,应选择(　　)。

A. 共射极放大器 　 B. 共集电极放大器 　 C. 共基极放大器

(9) 在一个由 NPN 型三极管组成的基本共射极放大电路中,当输入电压为 20 mV/1 kHz 时,输出电压波形出现了削顶的失真。这种失真是(　　);为了消除失真,应(　　)。

A. 饱和失真 　　　　 B. 截止失真 　　　　 C. 增大集电极电阻 R_C

D. 减小基极电阻 R_B 　　　　　　　　　 E. 减小电源电压 V_{CC}

(10) 两个独立的共射极阻容耦合放大电路,负载开路时的电压放大倍数分别为 A_{u1} 和 A_{u2},如果将它串联成两级电压放大电路时,则总的电压放大倍数应满足(　　)。

A. $A_{u1} + A_{u2}$ 　　　　　　　　　　 B. $A_{u1} \times A_{u2}$

C. $> |A_{u1} \times A_{u2}|$ 　　　　　　　 D. $< |A_{u1} \times A_{u2}|$

(11) 三极管三种基本放大电路中,既有电压放大能力又有电流放大能力的组态是(　　)。

A. 共射极组态 　　 B. 共集电极组态 　　 C. 共基极组态

(12) 影响放大电路的静态工作点,使工作点不稳定的原因主要是温度的变化影响了放大电路中的(　　)。

A. 电阻 　　　　　 B. 三极管 　　　　　 C. 电容

(13) 阻容耦合放大电路可以放大(　　)。

A. 直流信号 　　　 B. 交流信号 　　　 C. 直流和交流信号

(14) 由于三极管极间电容的影响,当输入信号的频率大于电路的上限截止频率时,放大电路的增益会(　　)。

A. 增大 　　　　　 B. 不变 　　　　　 C. 减小

(15) 图 2-64 所示工作点稳定电路,电路的输出电阻为(　　)。

A. R_C 　　　　　 B. R_L 　　　　　 C. $R_C // R_L$

(16) 图 2-44 所示电路,输入为正弦信号,调整下偏置电阻 R_{B2} 使其逐渐增大,则输出电压会出现(　　)。

A. 截止失真 　　　 B. 饱和失真 　　　 C. 频率失真

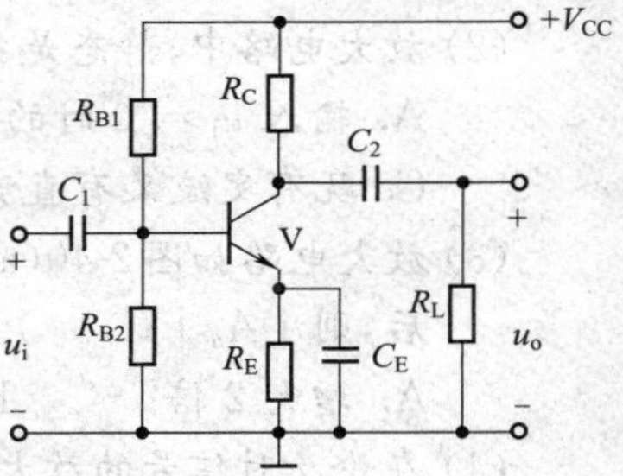

图 2-64　题(15)图

(17) 图 2-43 所示电路,在下限截止频率 f_L 处,电路的电压放大倍数为(　　)。

A. 100 倍 　　　　 B. 40 倍 　　　　 C. 70.7 倍

(18) 如图 2-60 所示电路的频率特性,电路的通频带为(　　)。

A. 100 kHz 　　　　 B. 600 Hz 　　　　 C. 99.4 kHz

(19) 对共射极基本放大电路进行实验测量,测量静态工作点时需用(　　);测量输出电压时需用(　　);监测输出信号是否失真需用(　　)。

A. 示波器 　　　　　　　　　　　　　　 B. 低频信号发生器

C. 万用表 　　　　　　　　　　　　　　 D. 晶体管毫伏表

(20)图 2-65 所示电路中,能正常放大输入信号的是(　　　　)。

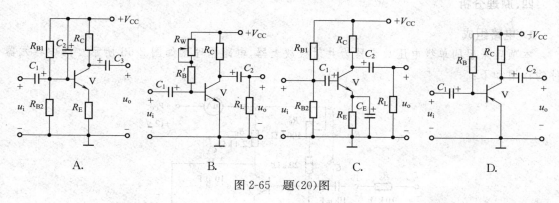

图 2-65　题(20)图

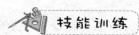 技能训练

训练项目　共射极单级电压放大器的设计与调试

一、项目概述

单级低频电压放大器是模拟电子放大电路的基本放大单元,常用来对微弱的电压信号进行放大。由于工业控制中,所用的输入电压信号均在 20 Hz~20 kHz,故这样的放大器称为低频电压放大器。

常见的单级电压放大器为共射极放大器,它由核心器件——三极管及电阻、电容等元件组成。

二、训练目的

通过本训练项目使学生能运用所学的理论知识,独立完成电路的组装、调试、测量工作,提高分析问题和解决问题的能力。

三、训练内容与要求

1. 训练内容

利用模拟电子技术实验装置提供的电路板(或面包板)、电源、元器件、连接导线等,设计和组装成单级电压放大器。根据训练项目要求和给定的电路原理图,完成电路安装的布线图设计、元器件的选择,并完成电路的组装、调试、性能指标的测量等工作,撰写出项目训练报告。

2. 训练要求

(1)掌握模拟电子技术基本的电路设计、电路分析、元器件参数的选择、主要性能指标的估算。

(2)学会调试静态工作点的方法;了解静态工作点对放大电路性能的影响。

(3)学会对电压放大倍数、输入电阻、输出电阻及最大不失真输出电压的测试方法。

(4)熟悉常用电子仪器及模拟电路实验设备的使用。

(5)撰写项目训练报告。

四、原理分析

1. 电路组成

本项目采用的单级电压放大器为共射极放大器,电路原理图如图 2-66 所示。图中各元器件的作用如下:

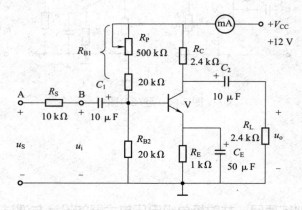

图 2-66　单级电压放大器电路原理图

三极管 V:在放大电路中起放大、控制作用。它以较小的基极电流控制较大的集电极电流,实现对信号的放大。

直流电源 V_{CC}:它为三极管正常工作提供外部工作条件,保证三极管的发射结正偏、集电结反偏,使三极管能起电流放大作用,另一方面为放大电路提供能源。

集电极负载电阻 R_C:它将变化的集电极电流 Δi_C 转换成变化的电压 $\Delta i_C R_C$。

基极偏置电阻 R_B:通过调整基极偏置电阻 R_B,可以调整放大电路的静态工作点,使三极管有合适的基极电流。

耦合电容 C_1 和 C_2:起"隔直通交"作用,对直流分量视为开路,对交流信号视为短路。

2. 工作原理

放大电路正常工作时,电路中既有直流分量又有交流分量。直流分量由直流电源提供,交流分量由信号源提供。当放大电路 $u_i = 0$ 时,电路中仅有直流分量,这时的工作状态称为"静态";当放大电路 $u_i \neq 0$ 时,电路中除了直流分量外,还有交流分量,是两者的叠加,这时称为"动态"。

当输入回路有一交流信号电压 u_i 作用时,则在三极管的基极-发射极间引起一个变化电压 u_{BE},在 u_{BE} 的作用下产生一个变化电流 i_B,由于三极管的电流放大作用,在集电极回路引起较大的变化电流 $i_C = \beta i_B$,当放大后的集电极电流 i_C 流过集电极电阻 R_C 时,在 R_C 上产生变化的电压 $u_{CE} = i_C R_C$,即为输出电压 u_o。

五、内容安排

1. 知识准备

(1)指导教师讲述项目内容、要求、步骤、方法及相关理论知识。

(2)学生在面包板上完成电路布线图设计。

2. 电路组装

(1)按照电路图顺序,先插入元器件,再连接输入/输出导线和电源线。

(2)接入相应的测量仪表,并接入信号源。

3. 电路调试与测量

(1)调试静态工作点:

①接通直流电源前先将 R_P 调至最大,而将低频信号发生器的输出信号幅度旋钮调至零。

②接通直流电源,调节 R_P 使 $I_{CQ}=2.0$ mA(即 $U_{EQ}=2.0$ V)。

③用直流电压表测量 U_{BQ}、U_{EQ}、U_{CQ},并用万用表测量 R_{B1} 值,并将测量数据填入表 2-3 中。

表 2-3　静态工作点的测量

测量值				计算值		
U_{BQ}/V	U_{EQ}/V	U_{CQ}/V	$R_{B1}/k\Omega$	U_{BEQ}/V	U_{CEQ}/V	I_{CQ}/mA

(2)测量电压放大倍数:

①调节低频信号发生器的输出频率旋钮,使输出频率为 1 kHz 的正弦信号,并接至放大器的输入端 u_S。

②调节低频信号发生器的输出信号幅度旋钮,使输出信号幅度由小逐步变大,同时用示波器观察放大器输出电压 u_o 波形。

③在波形不失真的条件下可适当增大 u_S,用晶体毫伏表分别测量接负载和不接负载两种情况下的 u_i、u_o 值,同时用双踪示波器观察 u_o 和 u_i 的相位关系,并计算相应的电压放大倍数。将数据填入表 2-4 中。

表 2-4　电压放大倍数的测量

$R_L/k\Omega$	u_o/V	u_i/mV	A_u	观察记录一组 u_o 和 u_i 波形
∞				
2.4				

(3)观察静态工作点对输出波形的影响:

①置 $R_C=2.4$ kΩ,$R_L=2.4$ kΩ,$u_I=0$,调节 R_P 使 $I_{CQ}=2.0$ mA,测出 U_{CEQ} 的值。调节低频信号发生器的输出信号幅度旋钮,逐步加大放大器的输入信号,使输出的不失真电压幅度 u_o 为最大,然后保持输入信号幅度不变。这时所得的输出电压即为最大不失真输出电压。

②逐渐增大 R_P,直至最大,使静态工作点下移,观察输出电压波形的变化,绘出 u_o 的波形。

③逐渐减小 R_P,直至最小,使静态工作点上移,观察输出电压波形的变化,绘出 u_o 的波形。

(4)测量输入电阻和输出电阻。输入电阻和输出电阻的测量电路如图 2-67 所示。

①置 $R_C=2.4$ kΩ,$R_L=2.4$ kΩ,$I_{CQ}=2.0$ mA。

②输入 $f=1$ kHz 的正弦信号,在输出电压 u_o 不失真的情况下,用晶体毫伏表测出带负载时的 u_S、u_i 和 u_o 值;再保持 u_S 值不变,断开 R_L,测出不带负载时的输出电压 u_o'。

③将测量数据代入下面公式可计算出输入电阻和输出电阻。

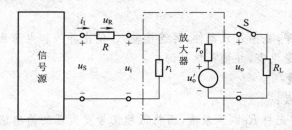

图 2-67　输入、输出电阻测量电路

输入电阻

$$r_i = \frac{u_i}{u_S - u_i} R$$

输出电阻

$$r_o = \left(\frac{u_o'}{u_o} - 1 \right) R_L$$

六、训练所用仪表与器材

(1)直流稳压电源、低频信号发生器、双踪示波器各一台。

(2)晶体毫伏表、直流毫伏表、直流毫安表、频率计各一台。

(3)万用表、镊子、偏口钳、尖嘴钳等。

(4)三极管 3DG6×1(β＝50～100)或 9011×1、电阻、电容若干。

七、成绩评定

训练项目成绩评定采取百分制分段评定的方法:

(1)电路组装工艺,40 分。

(2)电路测试(故障处理),30 分。

(3)总结报告,30 分。

要求整理测量结果,并与理论计算值比较,分析产生误差的原因。归纳 R_C、R_L 及静态工作点对放大器电压放大倍数、输入电阻、输出电阻的影响。分析静态工作点变化对放大器输出波形的影响。

第三章 负反馈放大电路

反馈技术在电子电路中应用十分广泛。按照极性的不同,反馈有负反馈和正反馈两种,它们在电子电路中所起的作用不同。在实用的放大电路中,几乎无例外地都要引入各种各样的负反馈,用以改善放大电路某些方面的性能指标。正反馈会造成放大电路工作的不稳定,应加以避免,但在波形产生电路中则要引入正反馈,以形成自激振荡。

本章首先介绍反馈的基本概念、分类及判断方法;接着介绍负反馈放大电路的类型及分析方法;然后分析负反馈对放大电路性能的影响;最后介绍放大电路引入负反馈的一般原则和深度负反馈放大电路的估算。

第一节 反馈的基本概念

一、反馈的定义

在电子系统中,把放大电路的输出量(输出电压或输出电流)的一部分或全部,通过一定的电路(反馈网络或反馈支路),反送回到放大电路的输入回路,从而影响原输入量(输入电压或输入电流),使放大电路的性能发生改变或获得有效改善的过程,称为反馈。引入反馈后,电路输入端的实际信号不仅有信号源直接提供的信号,还有输出端反馈回输入端的反馈信号,是反馈信号与原输入信号共同作用的结果。

在学过的分压式电流负反馈偏置电路中,就是通过发射极电阻 R_E 把输出端直流量 I_C 的变化引回到输入回路,使发射结上的直流电压发生改变,从而使电路的静态工作点自动保持稳定。

二、反馈放大电路的组成

反馈放大电路都是由基本放大电路和反馈网络两部分构成的,其框图如图 3-1 所示。

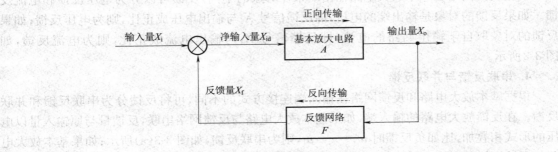

图 3-1 反馈放大电路框图

基本放大电路只起放大作用,即把输入信号放大为输出信号。信号通过基本放大电路从输入端传递到输出端的路径称为正向传输路径;反馈网络只起反馈作用,即把基本放大电路的输出信号变换成与原输入端类型相同的信号,再回送到输入端。反馈网络一般由电阻、电容构成,称为反馈元件。信号通过反馈网络从输出端传递到输入端的路径称为反向传输路径。

带有反馈的放大电路称为反馈放大电路,反馈放大电路的输入信号称为输入量 X_i,输出信号称为输出量 X_o;反馈网络的输入信号是反馈放大电路的输出量,其输出信号称为反馈量 X_f;基本放大电路的输入信号称为净输入量 X_{id},它是输入量和反馈量叠加的结果,所有各量均可以是电压信号,也可以是电流信号。

在反馈放大电路中,输入端信号经电路放大后传输到输出端,而输出端信号又经反馈网络反向传输到输入端,形成闭合环路,这种情况称为闭环,所以反馈放大电路又称闭环放大电路。如果一个放大电路不存在信号反向回送的途径,只存在信号放大这一信号传输的途径,则不会形成闭合环路,这种情况称为开环,即没有反馈的放大电路又称开环放大电路,实际上就是基本放大电路。由此可见,反馈放大电路是由没有反馈的基本放大电路 A 和反馈网络 F 构成的闭合环路。

三、反馈的分类

1. 正反馈与负反馈

根据反馈极性的不同,可将反馈分为正反馈和负反馈。放大器引入反馈后,如果反馈信号削弱了原输入信号,使放大器的净输入信号减小(即 $X_{id}=X_i-X_f$),导致放大器的放大倍数降低,这种反馈称为负反馈;反之称为正反馈。

引入负反馈可以改善放大电路的性能,因此在放大电路中被广泛采用。正反馈容易引起自激振荡,使电路不能稳定工作,导致放大器的性能变差,一般不用于放大电路中,而多用于振荡电路和脉冲电路。

2. 直流反馈与交流反馈

根据反馈信号 X_f 所含成分的不同,反馈可以分为直流反馈和交流反馈。如果反馈信号 X_f 中只含直流成分,则为直流反馈;如果反馈信号 X_f 中只含交流成分,则为交流反馈;如果反馈信号中既有直流成分又有交流成分,则同时存在交、直流两种反馈。

直流负反馈的作用是稳定静态工作点,对放大器的各项动态性能没有影响;交流负反馈用于改善放大电路的动态性能。

3. 电压反馈与电流反馈

根据反馈网络在基本放大电路输出端采样对象的不同,反馈可以分为电压反馈和电流反馈。如果反馈的对象是输出端的电压,即反馈信号 X_f 与输出电压成正比,则为电压反馈;如果反馈的对象取自于输出回路的电流,即反馈信号 X_f 与输出电流成正比,则为电流反馈,如图 3-2 所示。

4. 串联反馈与并联反馈

根据基本放大电路和反馈网络在输入端连接方式的不同,可将反馈分为串联反馈和并联反馈。在反馈放大电路的输入端,如果基本放大电路与反馈网络串联,反馈量与原输入量以电压的形式相叠加,比如负反馈时 $u_{id}=u_i-u_f$,则为串联反馈,如图 3-3(a)所示;如果基本放大电路与反馈网络并联,反馈量与原输入量以电流的形式相叠加,比如负反馈时 $i_{id}=i_i-i_f$,则为并联反馈,如图 3-3(b)所示。

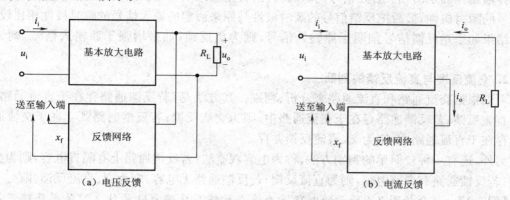

图 3-2 电压反馈与电流反馈

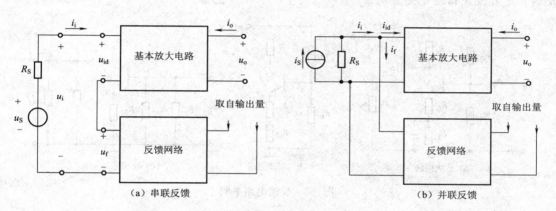

图 3-3 串联反馈与并联反馈

还需指出的是,实际的电子电路往往是由若干个单级放大器组成的多级放大电路,反馈既可以在某一级放大器内存在,也可以在单级放大器级与级之间存在。如果反馈只存在于某一级放大器中,称为本级反馈;如果反馈存在于两级及以上的放大器中,称为级间反馈。本级负反馈只能改善本级电路的性能,级间负反馈则能改善反馈环内整个放大电路的性能。

四、反馈的判断

有无反馈和不同形式的反馈,对放大电路性能的影响大不相同。在对放大电路进行分析之前,首先要确定放大电路中有无反馈,判别有无反馈主要是观察法:找出反馈元件,确认反馈通路。如果电路中除了正向路径外还存在连接输出回路和输入回路的反馈元件或支路,则有反馈通路,即存在反馈;否则,没有反馈。

1. 正反馈与负反馈的判断

判断正反馈与负反馈常用的方法是瞬时极性法。首先假定输入信号在某一时刻的瞬时极性(一般假定极性为正。正、负极性分别用⊕和⊖来表示),然后从输入端沿信号正向传输路径逐级推出电路中其他有关各点信号的瞬时极性(注意不同组态放大电路输入、输出相位关系对瞬时极性的影响),直至输出端一侧反馈支路的连接点上,再从输出端反馈连接点开始,沿信号反向传输路径确定出相关各点信号的瞬时极性,直至输入端一侧反馈支路的连接点上,得到反馈信号的瞬时极性,最后把反馈信号的瞬时极性与原来假定的输入信号的瞬时极性相比较,比较的结果如果是反馈信号削弱了原输入信号,则为负反馈;如果增强了原输入信号,则为正反馈。

2. 交流反馈与直流反馈的判断

可以根据交流通路和直流通路来分析、判别。其方法是:若反馈通路存在于直流通路中,则为直流反馈;若反馈通路存在于交流通路中,则为交流反馈;若反馈通路既存在于交流通路中又存在于直流通路中,则为交、直流反馈并存。

另外,还有一种较简单的判别方法,称为电容观察法:若反馈通路上有隔直电容,则为交流反馈;若反馈通路有旁路电容,则为直流反馈;若反馈通路无电容,则为交、直流反馈并存。

【例 3-1】 试分析图 3-4 所示的电路是否存在反馈? 反馈元件是什么? 是正反馈还是负反馈? 是直流反馈还是交流反馈?

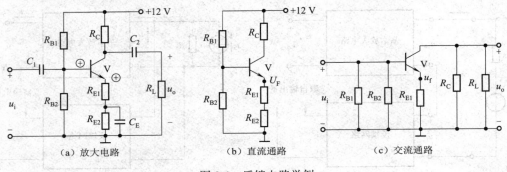

图 3-4 反馈电路举例

(1)判断电路中有无反馈。在图 3-4 中,电阻 R_{E1} 和 R_{E2} 既包含于输出回路又包含于输入回路,通过 R_{E1} 和 R_{E2} 把输出电流信号转换成电压全部反馈到输入回路中,因此 R_{E1} 和 R_{E2} 为反馈元件,该电路中存在反馈。

(2)判断反馈极性。根据瞬时极性法可确定电路中有关各点信号的瞬时极性如图 3-4(a)所示。可知反馈信号削弱了输入信号,使放大电路的净输入信号减小($U_{BE}=U_B-U_E$ 或 $u_{be}=u_i-u_f$),所以为负反馈。对三极管放大电路,若反馈信号瞬时极性与输入信号瞬时极性不在三极管同一电极上叠加,则瞬时极性相同时为负反馈,相反时为正反馈;若两者在同一电极上叠加,则瞬时极性相同时为正反馈,相反时为负反馈。

(3)判断交、直流反馈。由于 R_{E2} 仅存在于直流通路中,所以只能引入直流负反馈。也可根据 R_{E2} 上有旁路电容 C_E 而判断出为直流负反馈。

R_{E1} 既存在于交流通路中又存在于直流通路中,故既能引入交流反馈,也能引入直流反馈。

3. 电压反馈与电流反馈的判断

电压反馈和电流反馈指的是反馈的采样对象。对放大电路的输出端而言,可用"短路法"进行判别:假定放大电路的输出端短路(即令 $R_L=0$),则输出电压 $u_o=0$。如果反馈信号也随之消失而等于零,则为电压反馈;如果反馈信号不等于零,依然存在,则为电流反馈。

4. 串联反馈与并联反馈的判断

串联反馈与并联反馈指的是反馈信号的回送方式。对放大电路的输入端而言,可用"短路法"进行判断:假定输入端对地短路,即 $u_i=0$。如果反馈信号也同时被短路而不能加到放大电路的输入端,则为并联反馈;如果反馈信号不受影响,仍能加到放大电路的输入端,则为串联反馈。也可观察反馈支路在输入端的连接方式来判别:如果反馈支路与输入信号的非地端在输入端的同一端相连,则为并联反馈;如果反馈支路与输入信号的非地端不在输入端的同一端相连,则为串联反馈。

【例 3-2】 试判断图 3-5 所示电路的反馈类型。

解:在图 3-5 所示电路中,反馈元件是 R_f,当 $R_L=0$ 时,R_f 上的反馈信号也随之消失,这说明 R_f 上的反馈信号取自输出电压 u_o,故为电压反馈。也可利用观察法:反馈支路在输出端与 R_L 的非地端相连,因而为电压反馈。而在输入端,R_f 所在反馈支路与输入信号的非地端连接,故为并联反馈。用瞬时极性法来判别正、负反馈:假设三极管的基极对地的输入信号瞬时极性为 ⊕,由于共发射极放大电路的倒相作用,输出极对地的信号瞬时极性为 ⊖,反馈到基极的反馈信号的瞬时极性为 ⊖,反馈信号与输入信号在三极管同一电极叠加,且瞬时极性相反,所以为负反馈。

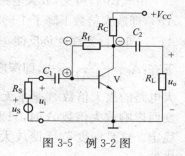

图 3-5　例 3-2 图

第二节　负反馈放大电路的一般表达式及基本组态

一、负反馈放大电路的一般表达式

由反馈放大电路的组成可知负反馈放大电路也是由无反馈的基本放大电路和反馈网络两部分组成的,只是反馈量与输入量的叠加为相减关系,即 $X_{id}=X_i-X_f$,如图 3-6 所示。

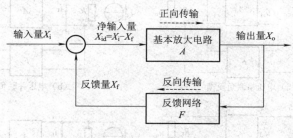

图 3-6　负反馈放大电路的框图

图 3-6 中,"⊖"号表示相减叠加,即为负反馈。

说明:对于电压反馈 X_o 就是电压量;对于电流反馈 X_o 就是电流量。对于串联反馈 X_i,X_f 和 X_{id} 都是电压量;对于并联反馈三者都是电流量。

由负反馈放大电路的框图可得负反馈放大电路的基本关系式(设电路工作在中频段):

开环放大倍数为

$$A=\frac{X_o}{X_{id}} \tag{3-1}$$

反馈系数为

$$F=\frac{X_f}{X_o} \tag{3-2}$$

闭环放大倍数为

$$A_f = \frac{X_o}{X_i} \tag{3-3}$$

由式(3-1)～式(3-3),以及净输入量 $X_{id} = X_i - X_f$ 可得负反馈放大电路闭环增益的一般表达式为

$$A_f = \frac{A}{1+AF} \tag{3-4}$$

由式(3-4)可见,放大电路引入负反馈之后,闭环放大倍数减小为开环放大倍数的 $1/(1+AF)$,即放大倍数下降了 $1+AF$ 倍。定义 $1+AF$ 为反馈深度,用来衡量反馈的强弱。当 $1+AF \gg 1$ 时,称为深度负反馈,一般在 $1+AF \geqslant 10$ 时,就视为深度负反馈。在深度负反馈条件下有: $A_f = \frac{A}{1+AF} \approx \frac{1}{F}$,即深度负反馈放大电路的放大倍数 A_f 取决于反馈系数 F,而与基本放大电路的放大倍数 A 基本无关。也就是说,当温度变化等原因导致放大器件的参数发生改变而影响放大倍数 A 时,只要 F 不变,深度负反馈放大电路的放大倍数 A_f 就能够基本保持稳定。这是深度负反馈放大电路的突出优点,在各种电子设备中,大都采用深度负反馈措施。

二、负反馈放大电路的基本组态

根据基本放大电路和反馈网络在输出端采样对象的不同和输入端连接方式的不同,负反馈放大电路可分为电压串联负反馈、电压并联负反馈、电流串联负反馈和电流并联负反馈四种组态,其框图如图 3-7 所示。

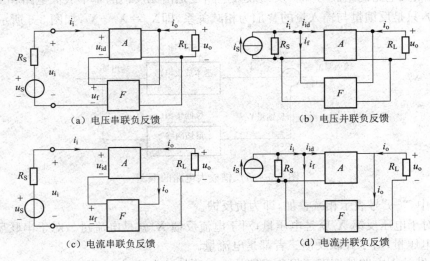

(a) 电压串联负反馈　　　　　　(b) 电压并联负反馈

(c) 电流串联负反馈　　　　　　(d) 电流并联负反馈

图 3-7　四种组态负反馈放大电路框图

1. 电压串联负反馈

图 3-7(a)为电压串联负反馈放大电路框图。该电路采样的对象是输出电压 u_o,反馈网路与基本放大电路在输入端串联连接,实现了输入电压 u_i 与反馈电压 u_f 相减,使净输入电压 $u_{id} = u_i - u_f$ 减小。电压串联负反馈放大电路能够稳定输出电压。

2. 电压并联负反馈

图 3-7(b)为电压并联负反馈放大电路框图。该电路采样的对象是输出电压 u_o，反馈网络与基本放大电路在输入端并联连接，实现了输入电流 i_i 与反馈电流 i_f 相减，使净输入电流 $i_{id} = i_i - i_f$ 减小，电压并联负反馈放大电路也能稳定输出电压。

3. 电流串联负反馈

图 3-7(c)为电流串联负反馈放大电路框图。该电路采样的是输出电流 i_o，反馈网络与基本放大电路串联连接，实现了输入电压 u_i 与反馈电压 u_f 相减，使净输入电压 $u_{id} = u_i - u_f$ 减小。电流串联负反馈放大电路能够稳定输出电流。

4. 电流并联负反馈

图 3-7(d)为电流并联负反馈放大电路框图。该电路采样的是输出电流 i_o，反馈网络与基本放大电路并联连接，实现了输入电流 i_i 与反馈电流 i_f 相减，使净输入电流 $i_{id} = i_i - i_f$ 减小。电流并联负反馈放大电路也能稳定输出电流。

总之，凡是电压负反馈都能稳定输出电压，凡是电流负反馈都能稳定输出电流，即负反馈具有稳定被采样的输出量的作用。

【例 3-3】　指出图 3-8 所示电路中存在的反馈通路，并分析判断反馈的类型。

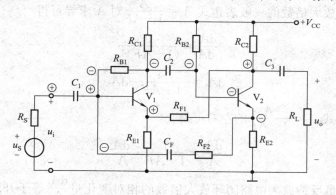

图 3-8　例 3-3 图

解： 根据反馈有无的判断方法可确定出该电路中有两条级间反馈通路，即 R_{F1} 所在支路和 R_{F2}、C_F 所在支路；还有三条本级反馈通路，即 R_{B1} 所在支路、射极电阻 R_{E1} 所在支路和射极电阻 R_{E2} 所在支路。

R_{F1} 支路：假设 R_L 短路，即 $u_o = 0$，则输出量不能回送到输入端，即反馈信号随之消失，故为电压反馈（用观察法可见 R_{F1} 支路在输出端与负载 R_L 的非地端相连，故为电压采样）；假设输入端短路，即 $u_i = 0$，但 R_{F1} 支路上的反馈信号仍能加到放大电路的输入端，故为串联反馈（用观察法可见 R_{F1} 支路与 u_i 的非地端未在输入端的同一端相连接，故为串联反馈）；用瞬时极性法可得 R_{F1} 支路在输入端反馈节点的瞬时极性为 $\oplus$，与假定的 u_i 的瞬时极性相同，但两者不在同一点叠加，故为负反馈；观察可见 R_{F1} 支路上无电容，所以交、直流反馈并存。综上分析可得，R_{F1} 支路引入的是级间交、直流并存的电压串联负反馈。

R_{F2}、C_F 支路：同样的办法可分析出该支路引入的是级间的电流并联负反馈。由于 C_F 的隔直作用，该支路引入的只是交流反馈。

R_{B1} 支路:见【例 3-2】的分析,该支路引入的是本级交、直流并存的电压并联负反馈。

射极电阻 R_{E1} 和 R_{E2}:两者引入的反馈性质相同,都为本级交直流并存的电流串联负反馈,见【例 3-1】。结论:共射极放大电路的射极电阻 R_E 一定引入本级的电流串联负反馈。

第三节 负反馈对放大电路性能的影响

由负反馈闭环放大倍数的一般表达式可见,引入负反馈后,放大电路的放大倍数下降了,但放大电路引入负反馈却可以从多方面改善放大电路的性能,如提高放大倍数的稳定性,减小非线性失真,扩展通频带,改变输入、输出电阻等,下面分别进行介绍。

一、提高放大倍数(增益)的稳定性

电源电压的波动、负载的变动、环境温度的改变和元器件的老化或更换所引起电路元器件参数的变化,都会导致放大电路放大倍数的改变。为了提高放大倍数的稳定性,可在放大电路中引入负反馈。通常用放大倍数的相对变化量来表示放大电路放大倍数的稳定性,相对变化量越小,则稳定性越好。

将负反馈闭环放大倍数的一般表达式 $A_f = \dfrac{A}{1+AF}$ 对 A 求导可得

$$\frac{dA_f}{dA} = \frac{1}{(1+AF)^2}$$

即

$$dA_f = \frac{1}{(1+AF)^2} dA$$

两边分别除以式 $A_f = \dfrac{A}{1+AF}$ 的左右可得

$$\frac{dA_f}{A_f} = \frac{1}{1+AF} \cdot \frac{dA}{A} \tag{3-5}$$

式(3-5)表明,负反馈放大电路闭环放大倍数的相对变化量 $\dfrac{dA_f}{A_f}$ 等于开环放大倍数相对变化量 $\dfrac{dA}{A}$ 的 $(1+AF)$ 之一。也就是说,引入负反馈虽然使放大倍数下降了 $(1+AF)$ 倍,但放大倍数的稳定性却提高了 $(1+AF)$ 倍。

例如,某反馈放大电路的 $1+AF=101$,$\dfrac{dA}{A}=10\%$,则 $\dfrac{dA_f}{A_f}=\dfrac{1}{101}\times 10\% = 0.1\%$,即在开环放大倍数相对变化量为 10% 时,引入负反馈后,电路的闭环放大倍数的相对变化量只有 $1/1\,000$,放大倍数的稳定性提高了近 100 倍。

二、减小非线性失真

由于三极管本身是非线性器件,所以放大器对信号进行放大时产生非线性失真是不可避免的,问题是如何尽量减小非线性失真。给三极管设置合适的工作点可以减小非线性失真。然而,当输入信号的幅度较大时,三极管就可能工作在特性曲线的非线性部分,从而使输出波形失真,这是用合理设置工作点也解决不了的问题。用交流负反馈才可以解决这个问题。

　　假设正弦信号 x_i 经过开环放大电路后，变成了正半周幅度大、负半周幅度小的输出波形，如图 3-9（a）所示。这时引入负反馈，如图 3-9（b）所示，并假定反馈网络是不会引起失真的纯电阻网络，则在输入端将得到正半周幅度大、负半周幅度小的反馈信号 x_f。因 $x_{id}＝x_i－x_f$，由此得到的净输入信号 x_{id} 则是正半周幅度小、负半周幅度大的失真波形（称为预失真），这正好部分地补偿了基本放大电路的放大特性，经过基本放大电路放大后，就使输出波形趋于正弦波，减小了非线性失真。需要注意的是，负反馈只能减小反馈环内所产生的失真，而对于输入信号本身固有的失真，负反馈是无能为力的。另外，负反馈只能减小失真，不能消除失真。

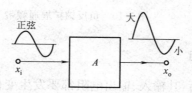

（a）基本放大电路的非线性失真

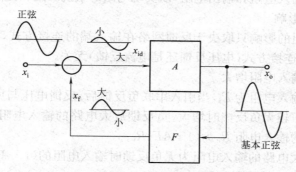

（b）负反馈减小非线性失真

图 3-9　负反馈减小非线性失真示意图

三、扩展通频带

　　由于放大电路中电抗元件的存在，以及三极管本身结电容的存在，使得放大电路对不同频率信号的放大能力不同，频率太高或太低，放大倍数都将下降，即任一放大电路都有一定的通频带。实际的放大电路一般都采用多级放大，而放大电路的级数越多，其通频带就越窄；实际中又总是希望通频带越宽越好。引入负反馈，就能扩展放大电路的通频带，满足多级放大电路的实际需求。其扩展通频带的原理是：当输入等幅不同频率的信号时，在中频段，由于放大倍数大，输出信号就大，反馈信号也大，使净输入信号减小得就多，负反馈的作用就大，使中频段放大倍数下降得多。而在高频段和低频段，放大倍数小，输出信号小，引入负反馈后，其反馈信号也小，对净输入信号的削弱作用也小，使高频段和低频段放大倍数下降的程度比中频段小。这样，就使幅频特性变得平坦，上限频率升高，下限频率下降，通频带得以扩展，如图 3-10 所示。频带的展宽，意味着频率失真的减小，因此负反馈能减小频率失真。

　　可见，借助于负反馈的自动调节作用，放大电路的幅频特性得以改善，其改善程度与反馈深度有关，$(1+AF)$ 越大，负反馈越强，通频带就越宽。计算表明，负反馈使放大电路的通频带展宽了约 $(1+AF)$ 倍。

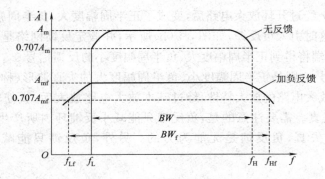

图 3-10　负反馈扩展通频带

四、改变输入、输出电阻

放大电路引入负反馈后,其输入、输出电阻都要发生变化。通过引入不同组态的负反馈,可以改变放大电路的输入电阻和输出电阻,以实现电路的阻抗匹配和提高带负载能力。

1. 对输入电阻的影响

负反馈对输入电阻的影响只取决于反馈网络在输入端的连接方式,即是串联反馈还是并联反馈,而与输出端的连接方式(电压反馈还是电流反馈)无关。

1)串联负反馈使输入电阻增大

基本放大电路的输入电阻为 R_i,当引入串联负反馈后,反馈电压与原输入信号电压串联,相当于使输入端的电压较无负反馈时增大,负反馈放大电路的输入电阻 R_{if} 增大。可以证明,串联负反馈放大电路的输入电阻 R_{if} 为 $(1+AF)R_i$。

即串联负反馈放大电路的输入电阻为无负反馈时输入电阻的 $(1+AF)$ 倍。

2)并联负反馈使输入电阻减小

当引入并联负反馈后,反馈电流在放大电路的输入端并联,使放大电路的输入电流增大,相当于负反馈放大电路的输入电阻减小。可以证明,并联负反馈放大电路的输入电阻 R_{if} 为 $\dfrac{R_i}{1+AF}$。

即并联负反馈放大电路的输入电阻减小到无负反馈时的 $(1+AF)$ 分之一。

2. 对输出电阻的影响

负反馈对输出电阻的影响取决于输出的连接方式,即是电压反馈还是电流反馈,而与输入端的连接方式无关。

1)电压负反馈使输出电阻减小

设基本放大电路的输出电阻为 R_o,当引入电压负反馈后,放大电路的输出电压非常稳定,相当于电压源,而电压源的电阻是非常小的。可以证明,电压负反馈放大电路的输出电阻 R_{of} 为 $\dfrac{R_o}{1+AF}$。

即电压负反馈放大电路的输出电阻减小到无负反馈时输出电阻的 $(1+AF)$ 分之一。

2)电流负反馈使输出电阻增大

当引入电流负反馈后,放大电路的输出电流非常稳定,相当于恒流源,而恒流源的电阻是很大的。可以证明,电流负反馈放大电路的输出电阻 R_{of} 为 $(1+AF)R_o$。

即电流负反馈放大电路的输出电阻是无负反馈时输出电阻的$(1+AF)$倍。

负反馈对输入、输出电阻的影响只限于反馈环路之内,而对反馈环路之外的电阻没有影响。四种不同组态负反馈对输入、输出电阻的影响归纳如下:电压串联负反馈的输入电阻大、输出电阻小;电流串联负反馈的输入电阻大、输出电阻大;电压并联负反馈的输入电阻小、输出电阻小;电流并联负反馈的输入电阻小、输出电阻大。

第四节　负反馈的引入及深度负反馈放大电路的估算

一、放大电路引入负反馈的一般原则

负反馈能改善放大电路的性能指标,在实际工作中,常根据需要,对放大电路的性能提出一些具体要求,需要引入合适组态的负反馈,一般应遵循如下原则:

(1)要稳定直流量(如静态工作点),应引入直流负反馈。

(2)要改善交流性能(如稳定放大倍数、扩展通频带、减小非线性失真、改变输入和输出电阻等),应引入交流负反馈。

(3)要稳定输出电压或减小输出电阻,应引入电压负反馈;要稳定输出电流或增大输出电阻,应引入电流负反馈。

(4)要提高输入电阻或减小放大电路向信号源索取的电流,应引入串联负反馈;要减小输入电阻,应引入并联负反馈。

(5)要反馈效果好,在信号源为电压源时应引入串联负反馈,在信号源为电流源时应引入并联负反馈。

【例 3-4】　为了改善图 3-11 所示放大电路的下述性能,各应引入何种负反馈?并将结果画在电路上。(1)提高输入电阻;(2)提高带负载能力;(3)稳定输出电流;(4)稳定各极静态工作点。

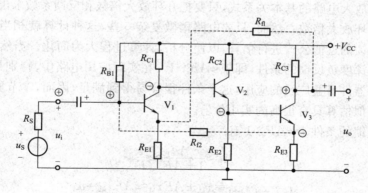

图 3-11　例 3-4 电路图

解:首先利用瞬时极性法确定出可能的负反馈通路。假设 u_i 瞬时极性为 $\oplus$,根据信号传输的正向路径,依次标出有关各点相应的瞬时极性,如图 3-11 所示。可以看出,只有从 V_3 集电极通过 R_{f1} 引到 V_1 发射极的反馈通路和从 V_3 发射极通过 R_{f2} 引到 V_1 基极的反馈通路才是负反馈。可以看出,前者为电压串联负反馈,后者为电流并联负反馈。这是最大的跨级负反馈,由于反馈通路只由电阻构成,所以它们是交、直流并存的负反馈。

要提高输入电阻,应引入串联负反馈;要提高带负载能力,即减小输出电阻,应引入电压负反馈,所以 R_{f1} 支路引入的电压串联负反馈,可满足(1)、(2)两方面的要求。

要稳定输出电流,应引入电流负反馈,由 R_{f2} 引入的电流并联负反馈可满足(3)的要求。

因为 R_{f1}、R_{f2} 引入的负反馈是交、直并存的,所以都能满足稳定静态工作点的要求。如果只要求稳定静态工作点而不要求改变动态性能,除了每级放大电路射极电阻引入的本级负反馈外,可在 R_{E3} 上并联旁路电容,这样 R_{f2} 支路就只引入直流负反馈。

二、引入负反馈应注意的问题

要正确、适当地引入负反馈还应注意以下几点:

(1)引入负反馈的前提是放大倍数要足够大,因为改善性能是以降低放大倍数为代价的。

(2)性能的改善与反馈深度(1+AF)有关,负反馈越深,放大性能越好。但反馈深度并不是越大越好,如果反馈太深,对于某些电路来说,在一些频率下将产生附加相移,有可能使原来的负反馈变成正反馈,更甚者会造成自激振荡,使放大电路无法进行正常放大,这就失去了改善放大性能的意义。

在实际工作中,通常为了获得一个性能良好的放大电路,往往先设计一个放大倍数很高的基本放大电路,然后再施加深度负反馈,从而使闭环放大倍数降低到规定的数值,使放大性能提高到所需要的程度。

(3)要确保引入负反馈。当电路方案确定后,要用瞬时极性法标注电路各处的瞬时极性,以便引入反馈后的极性满足负反馈的要求。

(4)为达到改善性能的目的,所引入的负反馈,可以在本级内部,也可以是在两级或多级之间,应视需要灵活掌握。

三、深度负反馈放大电路的估算

根据负反馈放大电路的基本关系式,只要把开环放大倍数和反馈系数求出来,就可按照基本关系式求出闭环放大倍数。然而,只要电路稍微复杂一些,这种计算就相当麻烦。为此,常常利用深度负反馈的近似公式进行估算,以使分析、计算过程大为简化。当然,能够用于估算的电路必须满足深度负反馈的条件,即 $1+AF \gg 1$。在实际应用电路中,特别是随着集成运放及各种集成模拟器件日益广泛的应用,这个条件很容易得到满足,因而,本节所讲的深度负反馈放大电路的近似估算具有很高的实用价值。

由深度负反馈的条件 $1+AF \gg 1$ 有

$$A_f = \frac{A}{1+AF} \approx \frac{1}{F} \qquad (3\text{-}6)$$

$$x_i = x_{id} + x_f = x_{id} + AFx_{id} \approx AFx_{id} = x_f \qquad (3\text{-}7)$$

$$x_{id} = x_i - x_f \qquad (3\text{-}8)$$

式(3-6)~式(3-8)是深度负反馈放大电路的重要特点。式(3-6)说明,深度负反馈放大电路的放大倍数 A_f 取决于反馈系数 F,而与基本放大电路的放大倍数 A 无关,只要求出反馈系数 F,就可以直接求出闭环放大倍数 A_f;式(3-7)、式(3-8)说明,深度负反馈放大电路的反馈量近似等于输入量,而净输入量近似为0,对于串联反馈 $u_i \approx u_f,u_{id} \approx 0$;对于并联反馈 $i_i = i_f,i_{id} \approx$ 0。这些特点使得各种深度负反馈放大电路的分析、计算变得十分简单。

【例 3-5】 求图 3-12 中反馈放大电路的电压放大倍数,设电路均处于深度负反馈。

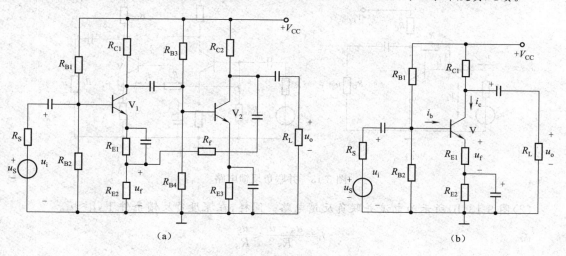

(a)   (b)

图 3-12 串联负反馈电路

解:(1)由图 3-12(a)可知,该电路中 R_f 引入的是电压串联负反馈。在深度负反馈条件下,$u_i = u_f$。由电路结构可知:

$$u_f = \frac{R_{E2}}{R_{E2} + R_f} u_o$$

$$u_i \approx u_f = \frac{R_{E2}}{R_{E2} + R_f} u_o$$

所以,闭环电压放大倍数为

$$A_{uf} = \frac{u_o}{u_i} = \frac{R_{E2} + R_f}{R_{E2}}$$

(2)由图 3-12(b)可知,该电路中 R_{E1} 引入的是电流串联负反馈。在深度负反馈条件下,$u_i = u_f$。由电路结构可知:

$$u_f \approx i_c R_{E1} = i_o R_{E1}$$

$$u_o = -i_o R_L' \quad (R_L' = R_C /\!/ R_L)$$

所以,闭环电压放大倍数为

$$A_{uf} = \frac{u_o}{u_i} = \frac{u_o}{u_f} = \frac{-i_o R_L'}{i_o R_E} = -\frac{R_L'}{R_{E1}} \quad (R_L' = R_{C1} /\!/ R_L)$$

【例 3-6】 求图 3-13 中放大电路的电压放大倍数,电路参数如图中所示,设各电路均处于深度负反馈。

解:(1)图 3-13(a)所示为电压并联负反馈电路。在深度负反馈条件下,$i_i \approx i_f$。又因为 $u_i \ll u_o$,$u_i \ll u_S$ 所以有

$$i_i = \frac{u_S - u_i}{R_S} \approx \frac{u_S}{R_S} \quad i_f = \frac{u_i - u_o}{R_f} \approx -\frac{u_o}{R_f}$$

闭环源电压放大倍数为

$$A_{usf} = \frac{u_o}{u_S} = -\frac{R_f}{R_S}$$

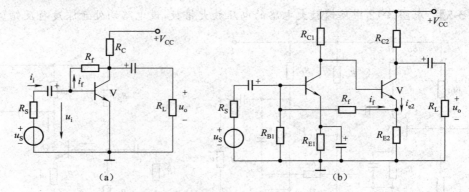

图 3-13 并联负反馈电路

(2)图 3-13(b)所示为电流并联负反馈电路。同样,在深度负反馈条件下,$i_i \approx i_f$。

而
$$i_i = \frac{u_S - u_i}{R_S} \approx \frac{u_S}{R_S}$$

由电路结构可知
$$i_f = -\frac{R_{E2}}{R_{E2} + R_f} i_{e2} = -\frac{R_{E2}}{R_{E2} + R_f} i_o$$

又因为
$$u_o = -i_o R_L' \quad (R_L' = R_{C2} // R_L)$$

最后根据 $i_i \approx i_f$ 可得闭环源电压放大倍数为
$$A_{usf} = \frac{u_o}{u_S} = \frac{R_{E2} + R_f}{R_{E2} R_S} R_L'$$

在并联负反馈时,信号源内阻 R_S 越大,反馈效果越好。因此,在求闭环电压放大倍数时,若还像串联负反馈那样把 u_i 看作输入信号,实际上就相当于认为信号源内阻为零。而信号源内阻为零,并联负反馈效果就消失了。所以,对并联负反馈(电压并联负反馈或电流并联负反馈)都应以有内阻的信号源为基础,其闭环电压放大倍数应为源电压放大倍数,即 u_o/u_S,而不是 u_o/u_i。

对于深度负反馈放大电路的输入、输出电阻,并不能像放大倍数那样简单地进行近似估算。不过,在理想情况下,特别是集成运放,$|1 + AF| \to \infty$,则在反馈环内可以认为:深度串联负反馈时,输入电阻 $R_{if} \to \infty$;深度并联负反馈时,输入电阻 $R_{if} \to 0$;深度电压负反馈时,输出电阻 $R_{of} \to 0$;深度电流负反馈时,输出电阻 $R_{of} \to \infty$。

 知识归纳

(1)负反馈是实际放大电路必须采用的技术,用以提高和改善放大电路的性能。按反馈性质的不同,反馈可分为正反馈和负反馈,它们可用瞬时极性法来判别。在放大电路中广泛采用的是负反馈。

(2)按反馈信号是直流量还是交流量的不同,反馈可分为直流反馈和交流反馈。前者主要用于稳定静态工作点;后者则用于改善放大电路的性能。平常所说的反馈一般指交流负反馈。

(3)按输出端采样对象的不同,反馈可分为电压反馈和电流反馈;按输入端连接方式的不同,反馈可分为串联反馈和并联反馈。它们分别可用"输出短路法"和"输入短路法"来判断。

(4)负反馈放大电路是由无反馈的基本放大电路和反馈网络两部分构成的闭环系统。闭环放大倍数 A_f、开环放大倍数 A 以及反馈系数 F 之间的基本关系为 $A_f = \dfrac{A}{1+AF}$。负反馈有四种基本组态,各种组态有不同的特点:电压串联负反馈能稳定输出电压,增大输入电阻,减小输出电阻;电压并联负反馈能稳定输出电压,减小输入电阻,减小输出电阻;电流串联负反馈能稳定输出电流,增大输入电阻,增大输出电阻;电流并联负反馈能稳定输出电流,减小输入电阻,增大输出电阻。

(5)交流负反馈降低了放大电路的放大倍数,提高了放大电路放大倍数的稳定性,降低了电路内部的噪声,改善了非线性失真,拓宽了通频带,改变了放大电路的输入电阻和输出电阻。

(6)各种组态的负反馈对放大电路性能的改善不同,要正确引入负反馈应注意:一是放大电路的开环增益要足够大;二是级间反馈的级数要尽量少于三级,以免引起自激振荡;三是要根据电路要求选择合适的组态。

(7)当 $1+AF \gg 1$ 时,称为深度负反馈。在深度负反馈的条件下 $x_i \approx x_f$,$x_{id} \approx 0$,$A_f \approx 1/F$,常以此来估算深度负反馈放大电路的电压放大倍数。深度负反馈的估算可简化分析计算过程,具有实际意义。

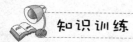 知识训练

题 3-1　什么是正反馈、负反馈,电压反馈、电流反馈,串联反馈、并联反馈? 如何区分这些不同类型的反馈?

题 3-2　为了使反馈的作用能充分发挥,串联反馈和并联反馈各对信号源内阻 R_S 有什么要求?

题 3-3　什么是反馈信号?反馈信号与输出信号的类型是否一定相同?

题 3-4　深度负反馈电路有什么特点?

题 3-5　并联负反馈、并联负反馈、电压负反馈及电流负反馈分别在什么情况下采用?

题 3-6　一个负反馈放大电路 $A=10\,000$,$F=0.01$。分别按 $A_f = \dfrac{A}{1+AF}$ 和 $A_f \approx \dfrac{1}{F}$ 求 A_f。比较两种计算结果误差是多少?若 $A=10$,$F=0.01$,重复以上计算,比较它们的结果,说明什么问题?

题 3-7　若要求放大电路的闭环增益为 40 dB,并希望基本放大电路的放大倍数变化 10% 时,闭环放大倍数的变化限制在 0.5% 之内,问基本放大电路的增益 A 应选多大,这时反馈系数 F 应为多少?

题 3-8　某放大电路无负反馈时,电压放大倍数相对变化量为 25%,引入电压串联负反馈之后,电压放大倍数 $A_{uf}=100$,相对变化量为 1%。试求无反馈时的电压增益 A 和反馈系数 F。

题 3-9　一个负反馈放大电路中,基本放大电路的电流放大倍数是 500,引入负反馈后,电流放大倍数变为 40,试计算反馈网络的反馈系数。

题 3-10　图 3-14 所示各电路中,判别哪些电路是负反馈放大电路?哪些电路是正反馈放

大电路? 如果是负反馈放大电路,属于哪种类型? 图中还有哪些是直流负反馈,它们起何作用?

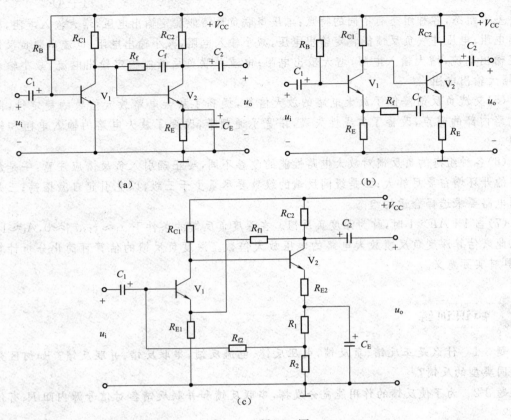

图 3-14　题 3-10 图

题 3-11　判断图 3-15 所示各电路交流反馈的组态。

题 3-12　电路如图 3-16 所示。

(1)找出反馈支路。

(2)判断反馈极性。

(3)判断反馈类型。

题 3-13　电路如图 3-17 所示,为了实现下述要求,应采用什么负反馈的形式? 如何连接?

(1)要求 R_L 变化时输出电压基本不变。

(2)要求信号源为电流源时,反馈的效果比较好。

(3)要求放大电路的输出信号接近恒流源。

(4)要求输入端向信号源索取的电流尽可能小。

(5)要求在信号源为电流源时,输出电压稳定。

(6)要求输入电阻大,且输出电流变化尽可能小。

题 3-14　判断图 3-18 各电路的反馈组态。在深度负反馈条件下,近似计算它们的电压放大倍数或求电压放大倍数近似计算表达式(设电容值均足够大)。

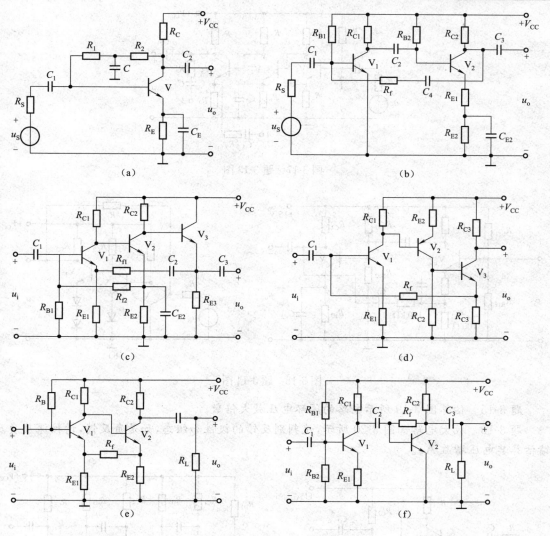

图 3-15 题 3-11 图

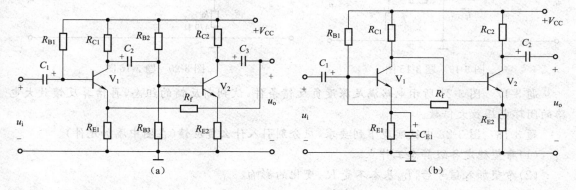

图 3-16 题 3-12 图

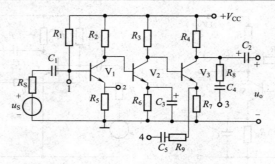

图 3-17　题 3-13 图

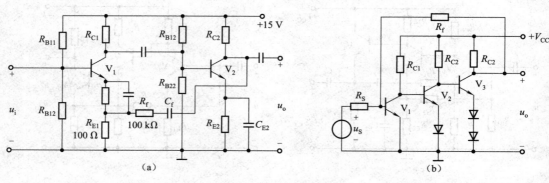

图 3-18　题 3-14 图

题 3-15　估算图 3-19 所示电路的闭环电压放大倍数。

题 3-16　放大电路如图 3-20 所示,试判别反馈的极性和组态,如是负反馈,请按深度负反馈估算其电压增益 A_{uf}。

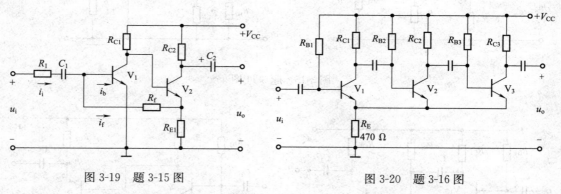

图 3-19　题 3-15 图　　　　　　　图 3-20　题 3-16 图

题 3-17　图 3-21 所示电路满足深度负反馈条件,试判断反馈的组态,再估算反馈放大电路的闭环电压放大倍数。

题 3-18　图 3-22 中欲实现下列要求,应分别引入什么负反馈(在图中添加元件)。

(1)希望稳定各级静态工作点。

(2)希望加入信号后,I_{C3} 基本不受 R_{C3} 变化的影响。

(3)希望 R_L 变化时输出电压 u_o 基本不变。

(4)希望输入端向信号源索取电流较小。

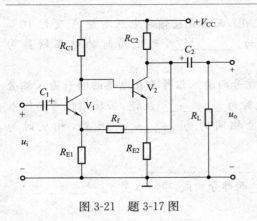

图 3-21 题 3-17 图

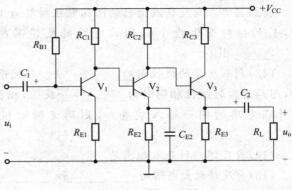

图 3-22 题 3-18 图

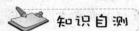 知识自测

1. 填空题

（1）直流负反馈是指_____通路中有负反馈；交流负反馈是指_____通路中有负反馈。

（2）若要减小温度变化所引起的三极管参数的改变造成的对放大电路的影响，可引用_____负反馈；若要稳定放大倍数、改善非线性失真等性能，应引入_____负反馈。

（3）在放大电路中引入反馈后，使净输入量减小的反馈称为_____反馈，使净输入量增大的反馈称为_____反馈。

（4）希望减小放大电路从信号源索取的电流，可采用_____负反馈；希望取得较强的反馈作用，而信号源内阻很大，则宜采用_____负反馈；要求带负载能力强时，应引入_____负反馈；要求负载变化时，输出电流稳定，应引入_____负反馈。

（5）在放大电路中引用直流负反馈的作用是_____。

（6）放大电路中引入电压并联负反馈后，放大电路闭环输入电阻将变_____，输出电阻将变_____。

（7）引入负反馈的放大电路，无反馈时增益 A、有反馈时增益 A_f 与反馈系数 F 三者的关系是_____，反馈深度是_____，深度负反馈的条件是_____。在深度负反馈的条件下，放大电路的闭环增益主要取决于_____，而与_____基本无关。

（8）在各种交流反馈中，负反馈使放大倍数_____，正反馈使放大倍数_____；电压负反馈稳定_____，使输出电阻_____；电流负反馈稳定_____，使输出电阻_____；串联负反馈使输入电阻_____，并联负反馈使输入电阻_____。

（9）已知某放大电路输入电压为 1 mV，输出电压为 1 V；引入负反馈后，达到上述同样输出时需加输入信号为 10 mV，所加的反馈深度为_____，反馈系数为_____。

（10）若要降低放大电路的输出电阻，应当引入_____负反馈；若要提高放大电路的输入电阻，应当引入_____负反馈；若两者均满足，应引入_____负反馈。

（11）如信号源内阻很大，为提高反馈效果，应当引入_____负反馈为宜；如信号源内阻非常小，应当引入_____负反馈为宜。

(12)若要求负反馈放大器的闭环电压增益为 40 dB,而当无反馈时电压增益 A_u 变化 10%时,A_{uf} 的相对变化为 1%,则该电路的反馈深度为_____,无反馈时的电压增益为_____dB。

(13)判别反馈的极性用_____法。若反馈信号与输入信号不在电路的同一输入端叠加,则两者瞬时极性相同时为_____反馈,相反时为_____反馈;若反馈信号与输入信号在电路的同一输入端叠加,则两者瞬时极性相同时为_____反馈,相反时为_____反馈。

(14)负反馈四种基本组态是_____、_____、_____、_____。

(15)负反馈放大电路由_____和_____两部分构成,净输入量 x_{id} =_____。

2. 判断题

(1)在深度负反馈的条件下,闭环增益 $A_f \approx 1/F$,它与反馈系数有关,而与放大电路开环增益 A 无关,因此可以省去放大电路,仅留下反馈网络,就可获得稳定的闭环增益。 (　　)

(2)交流负反馈能改善放大电路的各项动态性能,且改善的程度与反馈深度有关,故负反馈愈深愈好。 (　　)

(3)若放大电路的电压放大倍数为负,则引入的反馈一定是负反馈。 (　　)

(4)放大电路的级数越多,引入的负反馈越强,电路的放大倍数也就越稳定。 (　　)

(5)负反馈是指反馈信号与原输入信号相位相反的一类反馈。 (　　)

(6)对于负反馈电路,由于负反馈作用使输入量变小,而输入量变小,又使输出量更小,最后就使输出为零,无法放大。 (　　)

(7)若放大电路引入负反馈,则负载电阻变化时,输出电压基本不变。 (　　)

(8)引入负反馈可拓展放大电路对信号放大的频率范围。 (　　)

(9)根据反馈信号与原输入信号的连接方式,可将反馈分为电压反馈和电流反馈。 (　　)

(10)在深度负反馈放大电路中,只有尽可能地增大开环放大倍数,才能有效地提高闭环放大倍数。 (　　)

(11)若放大电路负载固定,为使其电压放大倍数稳定,可以引入电压负反馈,也可以引入电流负反馈。 (　　)

3. 选择题

(1)对于放大电路,所谓开环是指(　　)。
A. 无信号源
B. 无反馈通路
C. 无电源
D. 无负载

(2)引入电压并联负反馈后,对放大电路的影响是(　　)。
A. 减小输入电阻
B. 减小输出电阻
C. 稳定输出电压
D. 以上均正确

(3)在输入量不变的情况下,若引入反馈后(　　),则说明引入的反馈是负反馈。
A. 输入电阻增大
B. 输出量增大
C. 净输入量增大
D. 净输入量减小

(4)直流负反馈是指(　　)。
A. 存在于 RC 耦合电路中的负反馈
B. 放大直流信号时才有的负反馈
C. 直流通路中的负反馈
D. 只存在于直接耦合电路中的负反馈

(5)交流负反馈是指(　　　)。

　　A. 只存在于阻容耦合电路中的负反馈　　B. 只存在于变压器耦合电路中的负反馈

　　C. 放大正弦信号时才有的负反馈　　D. 交流通路中的负反馈

(6)放大电路中引入交流负反馈后,对其性能影响的说法不正确的是(　　　)。

　　A. 放大倍数增大　　B. 非线性失真减小

　　C. 扩展了通频带　　D. 提高了放大倍数的稳定性

(7)若使放大电路的输入电阻增大、输出电阻减小,应引入(　　　)

　　A. 电压串联负反馈　　B. 电压并联负反馈

　　C. 电流串联负反馈　　D. 电流并联负反馈

(8)负反馈所能抑制的干扰和噪声是(　　　)。

　　A. 输入信号中的干扰和噪声　　B. 反馈闭环内的干扰和噪声

　　C. 反馈闭环外的干扰和噪声　　D. 输出信号中的干扰和噪声

(9)射极输出器属(　　　)负反馈。

　　A. 电压串联　　B. 电压并联　　C. 电流串联　　D. 电流并联

(10)要使输出电压稳定又具有较高的输入电阻,则应选用(　　　)负反馈。

　　A. 电压并联　　B. 电流串联　　C. 电压串联　　D. 电流并联

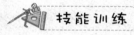 技能训练

训练项目　带有负反馈的两级电压放大器的设计与调试

一、项目概述

为了增大放大电路的电压放大倍数,常常采用多级放大电路,以把微弱的信号放大到足够大并能带动负载。两级电压放大电路是模拟电子放大电路最常见的形式,分析研究两级电压放大电路能给研究多级放大电路打下基础。对于多级放大电路,人们关注的是电压放大倍数、输入电阻和输出电阻等主要性能指标。为了改善放大电路的性能指标,常常在放大电路中引入负反馈,引入负反馈后可稳定电压放大倍数、减少非线性失真、展宽通频带、改变输入电阻和输出电阻。

二、训练目的

通过本训练项目使学生加深对多级放大电路、带有负反馈放大电路的工作原理的理解,掌握负反馈对放大电路性能的影响;能运用所学的理论知识,独立完成电路的组装、调试、测量工作,提高分析问题和解决问题的能力。

三、训练内容与要求

1. 训练内容

利用模拟电子技术实验装置提供的电路板(或面包板)、电源、元器件、连接导线等,设计和组装成带有负反馈的两级电压放大器。根据训练项目要求和给定的电路原理图,完成电路安

装的布线图设计、元器件的选择,并完成电路的组装、调试、性能指标的测量等工作,撰写出项目训练报告。

2. 训练要求

(1)掌握多级放大电路、负反馈放大电路的工作原理、分析方法、主要性能指标的估算。

(2)熟悉负反馈对放大电路性能指标的影响。

(3)学会对电压放大倍数、输入电阻、输出电阻、通频带、非线性失真的测量方法。

(4)撰写项目训练报告。

四、原理分析

1. 电路组成

本项目采用的两级电压放大器均为共射极放大器,反馈类型为电压串联交流负反馈,电路原理图如图 3-23 所示。其中,V_1、R_{P1}、R_{B1}、R_{B2}、R_{C1}、R_{E1}、R_{E2}、C_{E1} 构成第一级共射极电压放大器,V_2、R_{P2}、R_{B3}、R_{B4}、R_{C2}、R_E、C_{E2} 构成第二级共射极电压放大器,反馈网络则通过 R_F、C_F 构成电压串联交流负反馈。在输入回路加接 R_S 主要是便于测量输入电阻。

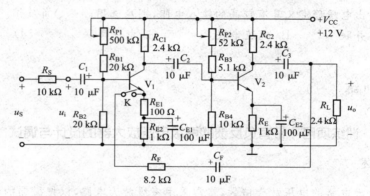

图 3-23 带有负反馈的两级电压放大器

2. 工作原理

利用开关 K 的闭合与断开,形成"闭环"和"开环"两种工作状态。

当开关 K 闭合时,电路形成"闭环"工作状态,即放大电路引入电压串联负反馈。由于是电压负反馈,它可使输出电阻变小,电路的带载能力增强,输出电压趋向恒压源;由于是串联负反馈,它可使输入电阻增大;由于是负反馈,它可改善非线性失真、展宽通频带。

当开关 K 处于断开状态时,电路不能构成"闭环",此时即为基本的两级电压放大电路。通过开关 K 的闭合与断开,形成人为的两种工作状态,以便分析对比,从而看出负反馈的作用。

五、内容安排

1. 知识准备

(1)指导教师讲述负反馈放大电路的相关理论知识;明确训练项目的内容、要求、步骤和方法。

(2)学生做好预习,并估算出"开环"和"闭环"的主要性能指标。

（3）在面包板上完成电路布线图设计。

2. 电路组装

（1）按照电路图顺序，先插入元器件，再连接输入/输出导线和电源线。

（2）接入测量仪表及信号源。

（3）接入开关 K，以便形成"闭环"和"开环"两种工作状态。

3. 电路调试与测量

（1）测量开环、闭环时的电压放大倍数 A_u、输入电阻 r_i 和输出电阻 r_o：

①先断开开关 K，测量开环时的电压放大倍数 A_u、输入电阻 r_i 和输出电阻 r_o。调节低频信号发生器，使放大器的输入信号为 $u_i=5$ mV、$f=1$ kHz 的正弦波信号。用示波器观察输出电压波形 u_o，在 u_o 不失真的情况下，用晶体毫伏表测量 u_S、u_i、带负载输出电压 u_o、空载输出电压 u_o'，并将数据填入表 3-1 中。

②闭合开关 K，将电路接成带有负反馈的放大电路。保持输入信号为 $u_i=5$ mV、$f=1$ kHz 的正弦波信号不变，用晶体毫伏表测量 u_S、u_i、带负载输出电压 u_o、空载输出电压 u_o'，并将数据填入表 3-1 中。

③根据下列公式，利用上述测量数据计算出对应的开环电压放大倍数 A_u、闭环电压放大倍数 A_{uf}、开环输入电阻 r_i、闭环输入电阻 r_{if}、开环输出电阻 r_o、闭环输出电阻 r_{of}，并将数据填入表 3-1 中，将两组数据进行比较。

电压放大倍数
$$A_u(A_{uf})=\frac{u_o}{u_i}$$

输入电阻
$$r_i(r_{if})=\frac{u_i}{u_S-u_i}R_S$$

输出电阻
$$r_o(r_{of})=\left(\frac{u_o'}{u_o}-1\right)R_L$$

表 3-1 性能指标的测量

基本放大器	u_S/mV	u_i/mV	u_o/V	u_o'/V	A_u	$r_i/k\Omega$	$r_o/k\Omega$
负反馈放大器	u_S/mV	u_i/mV	u_o/V	u_o'/V	A_{uf}	$r_{if}/k\Omega$	$r_{of}/k\Omega$

对比时，注意：
$$A_{uf}=\frac{A_u}{1+A_uF_u} \qquad F_u=\frac{R_{E1}}{R_{E1}+R_F}$$

$$r_{if}=(1+A_uF_u)r_i \qquad r_{of}=\frac{r_o}{1+A_uF_u}$$

（2）测试负反馈放大器的通频带：

①接上 R_L，保持输入信号为 $u_i=5$ mV、$f=1$ kHz 的正弦波信号不变，测出输出电压 u_o 的值，计算出 A_u 值，并将数据填入表 3-2 中。

②保持输入信号为 $u_i=5$ mV 的正弦波，调节低频信号发生器的频率旋钮，使输入信号 u_i 的频率增加，测出输出电压 $u_{o(H)}=0.707u_o$ 时所对应的频率值 f_H，此时的电压放大倍数 $A_{u(H)}=0.707A_u$，f_H 为上限频率，将所测数据填入表 3-2 中。

③保持输入信号为 $u_i=5$ mV 的正弦波，调节低频信号发生器的频率旋钮，使输入信号 u_i 的

频率减小,测出输出电压 $u_{o(L)}=0.707u_o$时所对应的频率值 f_L,此时的电压放大倍数 $A_{u(L)}=0.707A_u$,f_L 为下限频率,将所测数据填入表 3-2 中。

④通过开关 K,就可分别测出基本放大器、负反馈放大器的通频带,通频带 $f_{BW}=f_H-f_L$。

表 3-2　通频带的测量

类型	输入电压 u_i/mV	输出电压 u_o/V		电压放大倍数 A_u	信号频率 f/Hz		通频带 f_{BW}/Hz $f_{BW}=f_H-f_L$
基本放大器	$u_i=5$ mV	u_o		A_u	f	1 000	
		$u_{o(H)}$		$A_{u(H)}$	f_H		
		$u_{o(L)}$		$A_{u(L)}$	f_L		
负反馈放大器	$u_i=5$ mV	u_o		A_u	f	1 000	
		$u_{o(H)}$		$A_{u(H)}$	f_H		
		$u_{o(L)}$		$A_{u(L)}$	f_L		

(3)观察负反馈对非线性失真的改善:

①将电路接成基本放大器状态,在输入端加入 $f=1$ kHz 的正弦波信号,输出端接示波器,逐渐增大输入信号的幅度,使输出波形开始出现失真,记下此时的波形和输出电压的幅度。

②将电路改接成负反馈放大器状态,增大输入信号幅度,使输出电压幅度的大小与①相同,比较有负反馈时输出波形的变化。

六、训练所用仪表与器材

(1)直流稳压电源、低频信号发生器、双踪示波器各一台。

(2)晶体毫伏表、频率计各一台。

(3)万用表、镊子、偏口钳、尖嘴钳等。

(4)三极管 3DG6×2($\beta=50\sim100$)、电阻、电容若干。

七、成绩评定

训练项目成绩评定采取百分制分段评定的方法:

(1)电路组装工艺,30 分。

(2)主要性能指标测试,50 分。

(3)总结报告,20 分。

将基本放大器和负反馈放大器的主要性能指标的实测值和理论估算值进行比较,总结负反馈对放大器性能的影响。

第四章 集成运算放大电路

在自动检测和自动控制电路中,常会遇到频率很低的电信号,如温度、压力、转速等物理量通过传感器转变而成的弱电信号,这些信号变化极为缓慢,通常将这些信号称为直流信号。处理或放大直流信号的放大电路称为直流放大器。直流放大器与前面所讲的交流放大器有所不同,它由直接耦合的多级放大器组成,典型的直流放大器是差分放大器。随着集成电路技术的发展,在差分放大器的基础上研制出了集成运算放大电路。

集成运算放大电路(简称"集成运放")是一种高电压增益、高输入电阻、低输出电阻的直接耦合的多级放大电路,通过与不同的外部电路连接,就可构成功能和特性各异的运算放大器电路。集成运放因最初用于模拟量运算而得名,它不仅能实现各种模拟运算,也能实现信号放大、信号变换、信号产生、信号滤波、模拟电压比较,应用十分广泛。本章从典型电路入手,围绕基本概念、基本原理和基本分析方法,介绍集成电路的一般知识、差分放大电路和集成运放的组成与工作原理,并重点介绍集成运放的线性应用和非线性应用。

第一节 集成电路概述

一、集成电路及其制造工艺

一般把用三极管、电阻、电容等电子元器件组成的电子电路称为分立元件电路。它体积大、焊点多、不易组装和调试,且工作可靠性差,很难满足现代电子设备的要求。20 世纪 60 年代初期出现了一种新型半导体器件——集成电路(integrated circuit,IC),它是一种把元器件和电路融为一体的固体组件。它具有体积小、质量小、功耗小、外部连线少、焊点少等优点,从而大大提高了设备的可靠性,降低了成本,推动了电子技术的普及和应用。

集成电路就是利用半导体制造工艺,将由三极管(场效应管)、二极管、电阻、电容等元器件及连接导线组成的具有完整功能的电路,制作在一块半导体硅基片上,然后外部封装构成集成半导体器件。从生产过程来看,集成电路是顺次运用不同的半导体制造工艺技术,最终在硅片上实现所设计的图形和电学结构而得到的产物。其主要包含氧化(硅片在高温氧中生成二氧化硅薄层,以防止外界杂质玷污硅片)、扩散(一种掺杂工艺,利用热运动实现杂质原子进入硅片中)、离子注入(一种应用广泛掺杂工艺,采用高能杂质离子束轰击硅片实现掺杂)、气相淀积(利用某种物理过程或者化学过程实现物质转移,在硅片表面淀积薄膜)、外延(在硅半导体基片上获得与基片晶向相同的半导体薄膜)、光刻(此为关键技术,利用照相制版技术将有关图形刻在硅片上)、金属化(为了制作电极、导线、连接点而将金属应用于硅片中)。

根据结构形式不同,集成电路常见的封装类型有:圆形式、扁平式、双列直插式、单列直插式和菱形式等。图 4-1 所示为部分封装结构示意图。集成电路元件密度高、易于自动安装,已大量应用于电子计算机、自动控制、自动检测、通信信号等各个领域,而且已广泛应用到人们的日常生活中,成为各类消费电子产品的重要组成部分。

（a）圆形式封装

（b）扁平式封装

（c）双列直插式封装

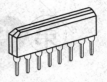
（d）单列直插式封装

图 4-1 集成电路的部分封装结构示意图

二、集成电路分类

集成电路的种类很多,按其功能不同可分为数字集成电路和模拟集成电路两大类。数字集成电路是用来产生和处理各种数字信号的集成电路,除了数字集成电路以外的电路统称为模拟集成电路,它是用来产生、放大、处理各种模拟信号或进行模拟信号与数字信号间相互转换的电子电路。常用的模拟集成电路有集成运算放大器、集成宽带放大器、高频/中频放大器、集成功率放大器、集成稳压器、模拟乘法器及集成锁相环等。

按制造工艺不同,模拟集成电路可分为单片集成电路和混合集成电路。单片集成电路是一种全集成电路,它将电路的全部元器件制作在一块硅晶片上;混合集成电路是在陶瓷等基片上用印制或蒸发方法制成电阻、电容后,再将单片集成的三极管、二极管芯片焊接在上面而混合构成的。因此,混合集成电路具有分立电路的形式,电路结构灵活性较大,但制作工艺复杂,生产效率低。

按用途不同,集成电路可分为通用型集成电路和专用型(又称特殊型)集成电路。通用型集成电路一般有多种用途,如集成运算放大电器;专用型集成电路有其特定用途,如电视接收机、手机、电子表等使用的专用型集成电路。

按工作状态不同,模拟集成电路分为线性集成电路和非线性集成电路。线性集成电路是指输出信号与输入信号呈线性关系的电路,一般用作放大器;非线性集成电路是指输出信号与输入信号呈非线性关系的电路,一般用作信号间的变换。

按有源器件导电机理不同,模拟集成电路可分为双极型、单极型和双-单极混合型集成电路。双极型集成电路由双极型三极管(简称 BJT,电子和空穴两种载流子参与导电)组成,其优点是工作速度快、频率高、信号传输延迟时间短,但制造工艺较复杂;单极型集成电路由场效应管(简称 FET,只有电子或空穴一种载流子参与导电)组成,其优点是电路输入阻抗高、功耗小、工艺简单、集成度高、易于实现大规模集成,但它们的传输延迟时间长、工作速度慢、负载驱动能力较小;双-单极混合型集成电路采用 MOS 和 BJT 兼容工艺制成,因而电路兼有双极型和单极型的优点。

三、模拟集成电路的特点

模拟集成电路的一些特点与其制造工艺是紧密相关的,其主要特征可归结如下:

(1)级间采用直接耦合方式。在集成电路中不能制造电感,而制造的电容容量又不大,约在几十皮法以下,而且性能也很不稳定,所以集成电路中放大器级间均采用直接耦合方式。但为了克服直接耦合带来的零点漂移,集成电路的输入级都采用差分放大电路。

（2）用有源器件代替无源元件。集成电路中的有源器件（BJT、FET）占据芯片的面积小，参数易于匹配，所以常用双极型三极管、场效应管等有源器件代替电阻、电容等无源元件。

（3）电路结构与元件参数具有良好的对称性。电路各元件是在同一硅片上通过相同的工艺过程制造出来的，所以它们的性能参数一致性好，容易制成两个特性相同的三极管或两个阻值相等的电阻。因此，模拟集成电路常采用结构对称或元件参数彼此匹配的电路形式，利用参数补偿的原理来提高电路的性能。

（4）采用复合结构的电路。由于复合结构电路的性能较佳而制作又不增加多少困难，因而在模拟集成电路中多采用诸如复合三极管、共射-共基、共集-共基等复合结构电路。

（5）电路中的二极管常用 BJT 的发射结构成，多用作温度补偿元件或电位移动电路。

（6）外接少量分立元件。电感、大容量电容、低阻值电阻与高阻值电阻均不能集成，因此集成电路在使用时还要按需连接部分电感、电容、电阻。另外，某些模拟集成电路需要调整偏置满足不同使用条件，也要外接少量分立元件。

第二节　差分放大电路

直接耦合的放大电路能放大直流信号或变化缓慢的信号，显然也可以放大交流信号，因此具有良好的低频特性，所以称为直流放大电路。由于没有隔直的耦合电容，各级的静态工作点会互相影响，这给直流放大电路的设计和调试带来困难。另外，直流放大电路存在着零点漂移问题。零漂的存在，轻者使直流放大电路输出信号产生失真，重者导致输出的有用信号被淹没，放大器无法正常工作。多级放大器的级数越多，零漂越严重，尤其是第一级放大电路的零漂会逐级被放大，对输出影响特别大。引起零漂的主要原因是电源电压波动、元件参数变化和环境温度变化。采用高质量的稳压电源和使用经过老化的元器件可以大大减小电源电压波动和元件参数变化所产生的零漂。由于半导体器件参数易随温度变化而变化，所以温度所引起的漂移（温漂）就成为零漂的主要来源，实际中最为常见、最为有效的措施是采用差分放大电路。由于差分放大电路具有良好的抑制零漂的能力，因此它成为集成运放的一个最基本的电路单元。

一、典型差分放大电路

1. 差分放大电路的电路组成和静态分析

1）电路组成

差分放大电路又称差动放大电路，它由两个完全对称的共射极电路组成。图 4-2 所示是典型差分放大电路（又称长尾型差分电路），图中两个三极管 V_1、V_2 特性相同，$\beta_1 = \beta_2 = \beta$，且电路两边对称，即 $R_{C1} = R_{C2} = R_C$，$R_{B1} = R_{B2} = R_B$，电路有两个电源 $+V_{CC}$ 和 $-V_{EE}$，有两个输入端和两个输出端。R_E 为发射极电阻，主要用来抑制零漂并决定电路的静态工作点。在电路设置中 R_B 阻值较小，因此可忽略 R_{B1}、R_{B2} 对输入信号的分压作用。

2）静态分析

静态时，即 $u_{i1} = u_{i2} = 0$ 时，由于电路完全对称，$I_{CQ1} =$

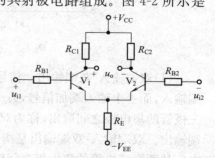

图 4-2　典型差分放大电路

I_{CQ2}，$I_{EQ1}=I_{EQ2}$，R_E 中的电流等于 V_1 和 V_2 的发射极电流之和，即 $I_{RE}=I_{EQ1}+I_{EQ2}=2I_{EQ}$，这时根据基极回路方程有

$$V_{EE}=I_{BQ}R_B+U_{BEQ}+2I_{EQ}R_E \qquad (4\text{-}1)$$

通常 $R_B\ll(1+\beta)R_E$，$U_{BEQ}=0.7\text{ V}$（硅管），且 I_{BQ} 很小，R_B 上的压降可忽略不计，此时发射极电位 $U_{EQ}\approx-U_{BEQ}$，因而可估算出电路的静态工作点：

$$I_{EQ}\approx\frac{V_{EE}-U_{BEQ}}{2R_E} \qquad (4\text{-}2)$$

$$I_{CQ1}=I_{CQ2}=I_{CQ}\approx I_{EQ} \qquad (4\text{-}3)$$

$$I_{BQ1}=I_{BQ2}=I_{BQ}\approx\frac{I_{CQ}}{\beta} \qquad (4\text{-}4)$$

$$U_{CEQ1}=U_{CEQ2}=U_{CEQ}=U_{CQ}-U_{EQ}\approx V_{CC}-I_{CQ}R_C+U_{BEQ} \qquad (4\text{-}5)$$

由式(4-2)可见，静态工作电流取决于 V_{EE} 和 R_E。同时，输入信号为零时，输出信号电压也为零，即 $u_o=U_{CQ1}-U_{CQ2}=0$，通常将这种情况称为零输入、零输出。

2. 差分放大电路的动态分析

1）差模输入时的动态分析

差模输入方式是指两个输入端所加信号大小相等、极性（相位）相反的工作方式。两个输入信号之差定义为差模输入信号（简称"差模信号"，记为 u_{id} 或 u_{Id}）。对于图 4-2 所示电路，若为差模输入，即 $u_{i1}=-u_{i2}$，则 $u_{id}=u_{i1}-u_{i2}=2u_{i1}$，作变换有 $u_{i1}=\frac{1}{2}u_{id}$，$u_{i2}=-\frac{1}{2}u_{id}$。差分放大电路正常工作时所放大的信号是差模信号，因此差模信号是有用的输入信号。正因为放大器的输出电压与两个输入端的输入电压之差成正比，所以称为差分放大电路。

当输入为差模信号 u_{id} 时，由于两三极管接收的信号大小相等、极性相反，且电路两边对称，则必然使 V_1 管的集电极电流增大，V_2 管的集电极电流减小。在电路对称的条件下，有 $i_{c1}=-i_{c2}$，因此，流过 R_E 中的电流变化量互相抵消而保持 $2I_E$ 不变，即发射极的电位不变（在 R_E 上的交流压降为零），所以对差模信号而言，发射极电阻可视为短路，也就是说 R_E 对差模信号不起作用，故交流通路和微变等效电路如图 4-3 所示。

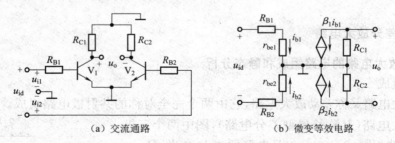

（a）交流通路　　　　　　　　（b）微变等效电路

图 4-3　差模输入时的交流通路和微变等效电路

（1）双端输入-双端输出。信号电压分别由两个三极管的基极（电路输入端）输入，称为双端输入，而一个输入端加信号，另一个输入端接地，称为单端输入。放大后的输出电压从两个三极管的集电极之间取出，称为双端输出；也可以只从其中一个三极管的集电极取出，称为单端输出。双端输入-双端输出是指差分放大电路的输入信号从两个三极管的基极间加入、输出电压从两个三极管的集电极之间输出。

在差模输入信号作用下,集电极 C_1 和 C_2 点的电位向相反的方向变化,即一边增量为正,一边增量为负,并且大小相等,即 $u_{o2}=-u_{o1}$。这样两管集电极间的输出电压为

$$u_{od}=u_{C1}-u_{C2}=u_{o1}-u_{o2}=2u_{o1} \tag{4-6}$$

差模输出电压 u_{od} 与差模输入电压 u_{id} 之比称为差分放大电路双端输出时的差模电压放大倍数 A_{ud},即

$$A_{ud}=\frac{u_{od}}{u_{id}}=\frac{u_{o1}-u_{o2}}{u_{i1}-u_{i2}}=\frac{2u_{o1}}{2u_{i1}}=-\frac{\beta R_C}{R_B+r_{be}} \tag{4-7}$$

由式(4-7)可见,双端输出时的差模电压放大倍数与单管共射极放大电路的电压放大倍数相同。

若两集电极 C_1、C_2 间接入负载电阻 R_L 时,负载电阻 R_L 的中点是交流零电位,所以在差模输入的等效电路中,每个三极管的集电极负载电阻为 $R_L/2$。这时,双端输入-双端输出时的差模电压放大倍数为

$$A_{ud}=\frac{u_{od}}{u_{id}}=-\frac{\beta R_L'}{R_B+r_{be}} \tag{4-8}$$

式中,$R_L'=R_C\,/\!/\,\dfrac{R_L}{2}$。

差分放大电路的差模输入电阻 r_{id} 由图 4-3(b)可得

$$r_{id}=2(R_B+r_{be}) \tag{4-9}$$

可见,差分放大电路的差模输入电阻是单管共射极放大电路输入电阻的两倍。

差分放大电路的输出电阻 r_{od} 由图 4-3(b)可得

$$r_{od}\approx2R_C \tag{4-10}$$

(2)双端输入-单端输出。由于输出电压只取一管的集电极电压的变化量,所以这时的电压放大倍数只有双端输出时的一半,即

$$A_{ud}=\frac{u_{od}}{u_{id}}=\frac{u_{o1}}{u_{i1}-u_{i2}}=\frac{u_{o1}}{2u_{i1}}=-\frac{\beta R_L'}{2(R_B+r_{be})} \tag{4-11}$$

单端输出时的差模输入电阻仍为 $r_{id}=2(R_B+r_{be})$,输出电阻 $r_{od}\approx R_C$。

(3)单端输入。在图 4-2 中,如果 $u_{i1}\neq0$,$u_{i2}=0$,也就是 V_1 的输入端接信号,V_2 的输入端接地,此时,称为单端输入(又称不对称输入)。此时,V_2 看似没得到输入信号,其实它通过射极耦合的形式,将 V_1 的发射极电流信号传输到 V_2,其交流通路如图 4-4 所示。由于 R_E 相对 r_{be} 较大,且流过的电流远大于基极电流,则 R_E 支路相当于开路,输入信号电压 u_{i1} 近似地均分在两路输入回路上,射极电位近似为 $\dfrac{1}{2}u_{i1}$,则两个三极管发射结上的信号电压近似一致(大小相同、相位相反),所以电路工作状态与双端输入时近似一致。单端输入时的相关指标参数与双端输入时相同,如单端输入-双端输出的指标参数与双端输入-双端输出相同,单端输入-单端输出的指标参数与双端输入-单端输出相同。

2)共模输入时的动态分析

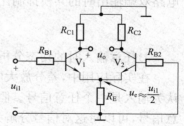

图 4-4 单端输入时的交流通路

共模输入是指在两个输入端加入大小相等、相位相同的信号。输入的信号称为共模输入信号(简称"共模信号",记为 u_{Ic} 或 u_{ic})。对于图 4-2 所示电路,共模输入时有 $u_{i1}=u_{i2}=u_{ic}$。

在共模信号作用下,两管的电流大小相等,变化趋势相同,即有 $i_{e1}=i_{e2}=i_e$,流过 R_E 上的电流增量为 $2i_e$,因此有 $u_e=2i_eR_E$,即对于单管而言,相当于发射极接了一个 $2R_E$ 的电阻,其共模输入时的交流通路如图 4-5 所示。如果电路完全对称,则两管的集电极电压相等,即 $u_{C1}=u_{C2}$,所以当采用双端输出方式时,输出电压 $u_{oc}=u_{C1}-u_{C2}=0$,其共模电压增益(放大倍数)为

$$A_{uc}=\frac{u_{oc}}{u_{ic}}=\frac{u_{C1}-u_{C2}}{u_{iC}}=0 \tag{4-12}$$

共模信号的电压增益为零,说明电路对共模信号根本不放大,即完全抑制了共模信号。

当差分放大电路采用单端输出时,其共模电压增益为

$$A_{uc}=\frac{u_{oc}}{u_{ic}}=\frac{u_{C1}}{u_{ic}}=\frac{u_{C2}}{u_{ic}}=\frac{-\beta R_L'}{R_B+r_{be}+2(1+\beta)R_E}\approx-\frac{R_L'}{2R_E} \tag{4-13}$$

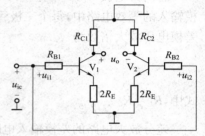

图 4-5 共模输入时的交流通路

由于 R_L'、R_E 在大小上相差不大,所以共模信号的电压增益小,且 R_E 越大,共模电压增益越小。也就是说,在单端输出时电路仍具有较大的共模信号抑制能力。

实际上,差分放大电路对共模信号的抑制,不但利用了电路的对称性,而且利用了射极电阻 R_E 对共模信号的负反馈作用,抑制了每个三极管集电极电流的变化,从而抑制了每个三极管集电极电位的变化。因此,差分放大电路对共模信号的抑制能力比较强。从前面章节可知,漂移信号或是伴随输入信号一起加入的干扰信号(对两边有相同的干扰作用)就是共模信号,如环境温度升高,引起两三极管的集电极电流增加,则由于 R_E 的负反馈作用,能阻止两三极管电流的增加,这就抑制了零漂。

为了说明差分放大电路对差模信号的放大能力和对共模信号的抑制能力,常用共模抑制比作为一项技术指标来衡量,其定义为差模电压放大倍数与共模电压放大倍数之比的绝对值,用 K_{CMR} 表示,即

$$K_{CMR}=\left|\frac{A_{ud}}{A_{uc}}\right| \tag{4-14}$$

有时也采用分贝数来表示,即

$$K_{CMR}=20\lg\left|\frac{A_{ud}}{A_{uc}}\right| \tag{4-15}$$

K_{CMR} 的值越大,表明电路抑制共模信号的能力越强。在电路理想对称情况下,差分放大电路双端输出时的共模抑制比 $K_{CMR}=\infty$,而单端输出时的共模抑制比为

$$K_{CMR}=\left|\frac{A_{ud}}{A_{uc}}\right|=\frac{\beta R_E}{R_B+r_{be}} \tag{4-16}$$

3)任意输入时的动态分析

在实际应用中,差分放大电路的输入既有需要放大的差模信号,又有窜入的共模信号,可认为输入是一个任意信号。假如在图 4-2 所示的差分放大电路中,两个输入信号 u_{i1}、u_{i2} 是任意信号,可以将这对信号分解为差模输入信号和共模输入信号:

$$u_{i1}=\frac{1}{2}(u_{i1}+u_{i2})+\frac{1}{2}(u_{i1}-u_{i2})=u_{ic}+\frac{1}{2}u_{id} \tag{4-17}$$

$$u_{i2}=\frac{1}{2}(u_{i1}+u_{i2})-\frac{1}{2}(u_{i1}-u_{i2})=u_{ic}-\frac{1}{2}u_{id} \tag{4-18}$$

式中，$u_{id}=u_{i1}-u_{i2}$ 为差模输入信号；$u_{ic}=\frac{1}{2}(u_{i1}+u_{i2})$ 为共模输入信号。差分放大电路输入任意信号时的等效电路如图 4-6 所示。

应用叠加定理，可得图 4-6 所示电路两集电极对地输出电压分别为

$$u_{o1}=A_{ud1}u_{id}+A_{uc1}u_{ic} \qquad (4\text{-}19)$$

$$u_{o2}=A_{ud2}u_{id}+A_{uc2}u_{ic} \qquad (4\text{-}20)$$

式中，A_{ud1}、A_{uc1} 和 A_{ud2}、A_{uc2} 分别表示 V_1、V_2 单端输出时的差模电压放大倍数和共模电压放大倍数。

当电路对称时，则有

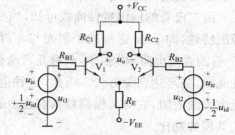

图 4-6 差分放大电路输入任意信号时的等效电路

$$A_{ud1}=-A_{ud2}=\frac{1}{2}A_{ud} \qquad (4\text{-}21)$$

$$A_{uc1}=A_{uc2}=A_{uc} \qquad (4\text{-}22)$$

若采用双端输出，由图 4-6 可得

$$u_o=u_{o1}-u_{o2}=(A_{ud1}-A_{ud2})u_{id}+(A_{uc1}-A_{uc2})u_{ic}=A_{ud}u_{id}=A_{ud}(u_{i1}-u_{i2}) \qquad (4\text{-}23)$$

前述的单端输入，可以看成是一个输入信号为零的两任意信号的双端输入，$u_{id}=u_{i1}$，$u_{ic}=\frac{1}{2}u_{i1}$，上述分析所得结论与前述一致。由此可以看出，只要输出方式相同，不管是双端输入还是单端输入，它们的分析方法是相同的。另外，需要指出的是，叠加定理只适用于线性电路的分析，因此差分放大电路只有处在小信号的状态下，才能使用上述分析方法。

二、具有恒流源的差分放大电路

为了保证差分放大电路具有较好的抗干扰性，必须要有足够高的共模抑制比。由式(4-16)可知，共模抑制比与射极电阻 R_E 成正比，这说明利用 R_E 对共模信号的负反馈作用，可以提高共模抑制比。但 R_E 的增大势必要提高电源电压 V_{EE}，以保持差放管正常的工作电流，但过大的电阻又不便于集成。解决此矛盾的有效方法是采用恒流源电路来代替电阻 R_E，因为恒流源电路具有直流电阻小、交流电阻大的特点，因此可用恒流源电路来代替电阻 R_E，可有效地增大共模抑制比。

图 4-7 所示为具有恒流源的差分放大电路。其中三极管 V_1、V_2 是差分对管，三极管 V_3、V_4 及电阻 R_1、R_2、R_3 组成恒流源电路。由图可求得恒流源电路的基准电流：

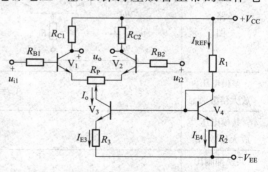

图 4-7 具有恒流源的差分放大电路

$$I_{REF}\approx I_{E4}=\frac{V_{CC}+V_{EE}-U_{BE4}}{R_1+R_2} \qquad (4\text{-}24)$$

由电路结构可得

$$I_{E3}R_3\approx I_{E4}R_2 \qquad (4\text{-}25)$$

所以

$$I_o\approx I_{E3}\approx \frac{R_2}{R_3}I_{E4}=\frac{R_2}{R_3}I_{REF}=\frac{R_2}{R_3}\frac{V_{CC}+V_{EE}-U_{BE4}}{R_1+R_2} \qquad (4\text{-}26)$$

可见恒流源的电流 I_o 由三极管 V_3、V_4 及 R_1、R_2、R_3 等确定,一旦这些参数确定,I_o 就为一恒定的电流,不会随外接负载变化而变化。

由三极管的输出特性曲线可知,当三极管 V_3 工作在线性放大区时,输出特性具有恒流源的特性,即 i_C 仅受 i_B 的控制而与 u_{CE} 的变化基本无关。当设定静态工作点 Q 后,恒流源 V_3 管的直流电阻 R_{CE} 很小,只有几百欧至几千欧,而它的交流电阻却非常大,为几十千欧至几兆欧,甚至达到无穷大。因此,这种电路相当于在差分放大电路的发射极中串入了一个无穷大的电阻,它对共模信号具有强烈的负反馈作用,能很好地抑制零漂,大大提高了电路的共模抑制比。

对于图 4-7 所示的具有恒流源的差分放大电路的静态工作点及 A_{ud}、A_{uc}、r_{id} 的和 r_{od} 的计算,读者可自行分析。

三、差分放大电路的四种连接方式

差分放大电路有两种输入方式和两种输出方式,组合起来共有四种连接方式,即双端输入-双端输出、双端输入-单端输出、单端输入-双端输出、单端输入-单端输出。不管是双端输入或是单端输入,只要差分放大电路的输出方式相同,其放大作用相同。表 4-1 列出了四种连接方式的主要性能指标,以便比较分析。

表 4-1　差分放大电路四种连接方式的主要性能指标

输出方式	双端输出	
输入方式	双端输入	单端输入
原理电路图		
差模电压放大倍数 A_{ud}	$A_{ud} = -\beta \dfrac{R_L'}{R_B + r_{be}}$　$R_L' = R_C /\!/ \dfrac{1}{2} R_L$	
共模电压放大倍数 A_{uc}	$A_{uc} \rightarrow 0$	
共模抑制比 K_{CMR}	$K_{CMR} \rightarrow \infty$	
差模输入电阻 r_{id}	$r_{id} = 2(R_B + r_{be})$	
输出电阻 r_o	$r_o = 2R_C$	
用途	适用于输入、输出都不需接地,对称输入、对称输出的场合	适用于将单端输入转换为双端输出的场合

续上表

输出方式	单端输出	
输入方式	双端输入	单端输入
原理电路图		
差模电压放大倍数 A_{ud}	$A_{ud}=-\dfrac{1}{2}\dfrac{\beta R'_L}{R_B+r_{be}}$　$R'_L=R_C /\!/ R_L$	
共模电压放大倍数 A_{uc}	$A_{uc}\approx-\dfrac{R'_L}{2R_E}$	
共模抑制比 K_{CMR}	$K_{CMR}\approx\dfrac{\beta R_E}{R_B+r_{be}}$	
差模输入电阻 r_{id}	$r_{id}=2(R_B+r_{be})$	
输出电阻 r_o	$r_o=R_C$	
用途	适用于将双端输入转换为单端输出的场合	适用于输入、输出电路中需要有公共接地的场合

第三节　集成运算放大器的组成与理想特性

集成运算放大器是一种典型的模拟集成电路,在本质上是一个高电压增益、高输入电阻、低输出电阻的直接耦合多级放大电路,能放大直流电压和较高频率的交流电压,其应用十分广泛。本节将重点介绍集成运放的组成、工作原理及理想特性,并简要介绍集成运放的外形、图形符号及主要参数。

一、集成运放的组成与工作原理

1. 集成运放的组成

集成运放的种类繁多,电路也各不相同,但从电路的总体结构上看,型号各异的集成运放的电路组成却有很多共同之处。一般均由输入级、中间级、输出级及偏置电路所组成,其基本组成框图如图 4-8 所示。

图 4-8　集成运放的基本组成框图

1)输入级

输入级要接受微弱电信号,是消除零漂的关键,它将决定整个集成运放性能的优劣。因此,要求输入级有高的差模增益、高的输入阻抗、低的零漂、对共模信号有较强的抑制作用。为此输入级毫无例外地采用差分放大电路。在产品的更新过程中,输入级的变动最大,如采用恒流源差放、复合管差放、共射-共集组合管差放等,都是围绕减小输入电流、提高输入阻抗、减小零点漂移、提高共模抑制比等方面来改进的。

2)中间级

中间级主要进行电压放大,整个集成运放的增益由它来提供,所以要求它的电压放大倍数高。中间级一般由共射(或共源)极放大电路组成,放大管采用复合管,其集电极(或漏极)电阻由三极管构成的恒流源来代替,称为有源负载。中间级一般还要完成双端输入转换为单端输出的功能。

3)输出级

输出级是集成运放的末级,主要作用是输出一定幅度的电压或电流,以驱动负载工作。要求其输出阻抗低、带负载能力强、非线性失真小。通常由电压跟随器或互补对称电压跟随器构成。

4)偏置电路

偏置电路是为上述各级电路提供稳定的偏置电流的,使各级电路能有合适的静态工作点。一般由各种形式的恒流源电路构成,这样还能大大地减少偏置电阻的数量,有利于电路的集成。

除了上述四个部分外,集成运放还设有一些辅助电路,如过电压、过电流、过热保护电路等。此外,集成运放是一种高增益的多级直接耦合放大器,要求电路有"零输入、零输出"的性能,为此,还设有电平移动电路。电平移动电路一般包括分压式电平移动、NPN 型管与 PNP 型管互补方式等。

2. 741 型集成运放的工作原理

741 型集成运放是高增益的通用型集成运放,相应国内型号有 F007、CF741,国外型号有 μA741、LM741、CA741、MC1741 等,它由 24 个 BJT、10 个电阻和 1 个电容所组成,由 ±15 V 两路电源供电,其内部电路原理图如图 4-9 所示。下面简要介绍电路的组成及工作原理。

1)偏置电路

741 型集成运放的偏置电路采用微电流源电路,以减小各级的静态工作电流。

V_{11}、V_{12}、R_5 构成主偏置电路,决定偏置电路的基准电流,即

$$I_{REF} = \frac{V_{CC} - U_{BE12} - U_{BE11} + V_{EE}}{R_5} \tag{4-27}$$

V_{10}、V_{11}、R_4 组成微电流源电路,由图可知:$I_{C11} \approx I_{REF}$,$I_{C10} = \dfrac{U_{BE11} - U_{BE10}}{R_4}$,又因为 $U_{BE11} - U_{BE10}$ 的数值很小,故用阻值不大的 R_4 即可获得微小的工作电流,故称为微电流源。由 I_{C10} 供给输入级中 V_2、V_4 等作为偏置电流,且 I_{C10} 远小于 I_{REF}。

V_8 和 V_9 为一对横向 PNP 型三极管,组成镜像电流源,$I_{E9}(I_{E9} \approx I_{C10})$ 为基准电流,由于两管结构一致、发射结电压相同,故 $I_{E8} = I_{E9}$(I_{E8}、I_{E9} 互为镜像),由 I_{E8} 供给输入级 V_1、V_2 工作电流,且 $I_{C1} = I_{C2} \approx I_{E8}/2$。必须指出,输入级的偏置电路还具有负反馈功能,$V_3$、$V_4$ 的基极与 V_9

的集电极相连形成反馈,能保持输入级的静态工作电流恒定,避免产生零漂,提高了整个电路的共模抑制比。

V_{12} 和 V_{13} 构成双端输出的镜像电流源,V_{13} 是一个双集电极的横向 PNP 型三极管,可视为两个三极管,它们的两个集电结彼此并联。一路输出为 V_{13B} 的集电极,使 $I_{C16}+I_{C17}=I_{C13B}$,主要作为中间级放大电路的有源负载;另一路输出为 V_{13A} 的集电极,供给输出级的偏置电流,使 V_{14}、V_{20} 工作在甲乙类放大状态。

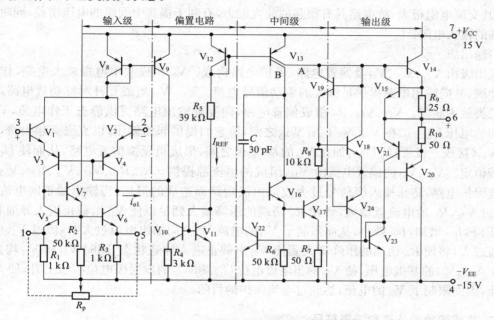

图 4-9　741 型集成运放内部电路原理图

2)输入级

输入级由三极管 $V_1 \sim V_7$ 组成。由 $V_1 \sim V_6$ 组成差分放大电路,其中 V_1 的基极与 V_2 的基极分别作为输入端,V_6 的集电极作为输出端,即输入级是双端输入、单端输出的差分放大电路。V_1、V_3 和 V_2、V_4 组成共集-共基复合差分电路,以提高输入电阻并改善频率响应。V_5、V_6、V_7 组成恒流源电路充当差分电路的有源负载,同时将双端输出转换成单端输出,在转换的过程中,将 V_3 的集电极动态电流加倍输出,既提高了电压增益,又消除了送给后级的共模输出电压,提高了共模抑制比。另外,在 V_5、V_6 的发射极两端外接一调零电位器 R_P,应用时将 R_P 的滑动端接负电源 $-V_{EE}$,调节 R_P 的滑动端时,改变了 V_5、V_6 的射极电阻,保证静态时输出电压为零。

为了进一步说明 V_5、V_6、V_7 的作用,现就差模输入、共模输入时进行动态分析。

在输入级中,V_7 的 β_7 比较大,I_{B7} 很小,所以 $I_{C3} \approx I_{C5}$。这就是说,无论有无差模输入信号,总有 $I_{C3} \approx I_{C5} \approx I_{C6}$ 的关系。

静态时,输入信号 $u_i=0$,差分输入级处于平衡状态,由于 V_{16}、V_{17} 组成的复合管等效 β 值很大,因而 I_{B16} 可以忽略不计,这时 $I_{C3} \approx I_{C5} \approx I_{C4} \approx I_{C6}$,差分输入级的输出电流 $i_{o1} \approx 0$。

当有差模信号输入,且信号极性与图中"+、−"标记一致时,则有 $i_{C6}=i_{C5} \approx i_{C3}=I_{C3}+i_{c3}$,$i_{C4}=I_{C4}+i_{c4}$,而 $i_{c3}=-i_{c4}$,所以输入级的输出电流 $i_{o1}=i_{C4}-i_{C6}=(I_{C4}-i_{c4})-(I_{C3}+i_{c3})=$

—$2i_{c3}$,这就是说,差分输入级的输出电流为输出电流变化量的总和,使单端输出的电压增益提高到近似等于双端输出的电压增益。

当输入共模信号时,$i_{c3}=i_{c4}$,$i_{o1}=0$,可见共模信号几乎不传送到下一级,使共模抑制比大大提高。

3)中间级

中间级由 V_{16}、V_{17} 组成复合管共射极放大电路,集电极负载是 V_{13B} 组成的恒流源有源负载,因其交流电阻很大,故电路具有很强的放大能力,有利于提高中间级的电压增益,同时也具有较高的输入电阻。

4)输出级

输出级由 V_{14}、V_{20}、V_{24} 及偏置电路、保护电路构成。V_{24} 构成共集电极放大电路,作为隔离缓冲级,并向输出电路提供足够大的驱动信号电流。V_{14}、V_{20} 组成互补对称功放电路,工作在甲乙类放大状态。V_{18}、V_{19}、R_8 组成偏置电路,向互补输出电路提供静态工作电流,V_{18} 集-射极间的电压 U_{CE18} 加在 V_{14}、V_{20} 两管基极之间,给它们提供起始偏压,以克服交越失真,同时利用 V_{19}(接成二极管)的 U_{BE19} 加在 V_{18} 的基-集极之间,形成负反馈偏置电路,从而使 U_{CE18} 的值比较恒定。V_{18}、V_{19} 的偏置电流由 V_{13A} 组成的恒流源提供。R_9、R_{10}、V_{15}、V_{21}、V_{22}、V_{23} 构成过电流保护电路,防止输入级信号过大或输出级短路而造成的损坏:当输出端正向电流过大时,流过 V_{14}、R_9 的电流就增大,致使 R_9 两端的压降增大到足以使 V_{15} 由截止进入导通状态,U_{CE15} 下降,I_{C15} 增加,I_{B14} 减小,从而限制了 V_{14} 的电流;当负向输出电流过大时,流过 V_{20} 和 R_{10} 的电流过大,将使 R_{10} 两端的压降增大到使 V_{21} 由截止进入导通状态,同时 V_{23} 和 V_{22} 均导通,降低了 V_{16}、V_{17} 的基极电压,使 V_{17} 的集电极电位 U_{C17} 和 V_{24} 的发射极电位 U_{E24} 上升,使 V_{20} 趋于截止,因而限制了 V_{20} 的电流,达到过电流保护的目的。

二、集成运放的外形和图形符号

集成运放的封装形式主要有三类:圆形式封装、扁平式封装和双列直插式封装,其中双列直插式最常见。仍以 741 型集成运放为例,其双列直插式封装的外形图(顶视图)及其引脚分布如图 4-10 所示。面向集成块的顶部,使定位标志(其表现是一个凹坑或者缺口)向上,定位标志左侧上方第 1 个引脚标记为 1 引脚,按逆时针方向依次用序号标记其他引脚。各引脚功能定义是:"2"为反相输入端,"3"为同相输入端,"6"为输出端,"7"为正电源输入端,"4"为负电源输入端,"1"和"5"为外接调零电位器连接端;"8"没有任何功能。对于应用者而言,首先要了解集成运放的外引脚功能及主要参数。

集成运放作为一个常用的模拟电子器件,有较多引出端,按功能分共有五类。

(1)输入端,即信号电压输入端,有两个,常用符号"−"和"+"区别,其中,"−"表示信号电压由该端子输入时输出信号与输入信号是反相的,"+"表示信号电压由该端子输入时输出信号与输入信号是同相的。

(2)输出端,即放大信号输出端,只有一个,通常为对地电压输出。

(3)电源端,使用时外接电源,一般有两个端子,对于双电源集成运放,这两个电源端分别为正电源、负电源的连接端;对于单电源集成运放,一端接电源正极,另一端接电源地。

(4)调零端,一般有两个,用于外接电位器的两个外端。有的集成运放没有调零端。

(5)相位补偿(相位校正)端,用以消除自激,引出端数目因型号而异,多者三至四个,少者没有。

为了使用方便,常用一定的图形符号来表示集成运放,通常只给出两个输入端和一个输出端,其图形符号如图 4-11 所示。其中,"▷∞"符号表示开环增益无穷大,"−"端称为反相输入端,"+"端称为同相输入端,两输入端的对地信号电压常用 u_+、u_- 表示。

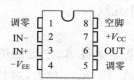

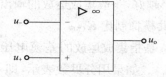

图 4-10　741 型集成运放的外形图及引脚分布　　图 4-11　集成运放的图形符号

三、集成运放的主要参数

集成运放的参数是用来衡量其性能的,也是设计、选用的依据。集成运放的参数很多,这里仅介绍一些主要参数。

1. 开环差模电压增益 A_{od}

A_{od} 是指集成运放工作在线性区,在未加反馈情况下的直流差模电压增益。$A_{od} = |u_o/(u_- - u_+)|$,或用分贝数表示为 $20\lg|A_{od}|$。它是决定运算精度的主要因素,A_{od} 越大,性能越好,目前高增益的集成运放 A_{od} 达 170 dB。A_{od} 与频率有关,当频率高于某值后 A_{od} 随频率的升高而减小。

2. 输入失调电压 U_{IO}

一个理想的集成运放,当输入电压为零时,输出电压也为零(不加调零装置)。但实际上,它的差分输入级很难做到完全对称,通常在输入电压为零时,存在一定的输出电压。为了使集成运放符合零输入、零输出的要求,必须在输入端加入一个补偿电压,该电压称为输入失调电压 U_{IO}。U_{IO} 反映了输入级差分电路的对称程度。其值为毫伏级,典型集成运放的 $U_{IO} < 2$ mV。

3. 输入失调电流 I_{IO}

I_{IO} 是指当输入电压为零时,输入端两管的静态基极电流之差的绝对值,即 $I_{IO} = |I_{B-} - I_{B+}|$。它反映了输入级差分对管的不对称程度,$I_{IO}$ 越小越好,其值为微安级及以下。

4. 输入偏置电流 I_{IB}

I_{IB} 是指当输入电压为零时,输入端两管的静态基极电流的平均值,即 $I_{IB} = \frac{1}{2}(I_{B-} + I_{B+})$。$I_{IB}$ 越小,信号源内阻对集成运放的静态工作点影响就越小。它反映集成运放输入电阻的大小,其值为微安级及以下。

5. 输入失调电压温度系数 $\Delta U_{IO}/\Delta T$ 与输入失调电流温度系数 $\Delta I_{IO}/\Delta T$

采取调零措施,可以使集成运放输出为零,但温度变化会使失调电压变化而产生零漂。在规定的温度范围内,输入失调电压对温度的变化率称为输入失调电压温度系数 $\Delta U_{IO}/\Delta T$,输入失调电压补偿后输入失调电流对温度的变化率称为输入失调电流温度系数 $\Delta I_{IO}/\Delta T$。这两个参数用来衡量集成运放的温度稳定性。对于一般集成运放,两个参数的值在 20 μV/℃、$(I_{IO} \times 10^{-2})$/℃ 以下。

6. 差模输入电阻 r_{id} 和输出电阻 r_o

r_{id} 是指集成运放在开环条件下,两个输入端的差模电压增量与由它所引起的电流增量之比，即集成运放在差模信号输入时的输入电阻。r_{id}越大，从信号源索取的电流越小，目前r_{id}最高可达$10^{12}\,\Omega$。

r_o是指集成运放在开环且负载为开路时的输出电阻。r_o反映集成运放带负载的能力。其值越小越好，一般集成运放的输出电阻为几十欧至十几欧。

7. 共模抑制比 K_{CMR}

K_{CMR}是指集成运放的差模电压增益A_{od}与共模电压增益A_{oc}之比的绝对值，即$K_{CMR}=|A_{od}/A_{oc}|$。如果用分贝数表示，即$K_{CMR}=20\lg|A_{od}/A_{oc}|$。$K_{CMR}$越大，对共模信号的抑制能力越强。一般为$70\sim80\,dB$。

8. 最大差模输入电压 U_{idmax}

U_{idmax}是指两输入端所能承受的最大电压值。若输入信号超过此值，则会使输入级某一侧三极管的发射结反向击穿，造成集成运放不能正常工作。利用平面工艺制成的NPN型管约为$\pm5\,V$，而横向PNP型管可达$\pm30\,V$以上。

9. 最大共模输入电压 U_{icmax}

U_{icmax}是指集成运放所能承受的最大共模输入电压。超过U_{icmax}，集成运放就不能对差模信号进行正常放大，它的共模抑制比将显著下降。一般在几伏至十几伏。

10. 3 dB 带宽 f_H 和单位增益带宽 f_T

f_H是指差模电压增益A_{od}下降3 dB，即下降到约0.707倍时的频率；f_T是指A_{od}下降到0 dB，即$A_{od}=1$时的频率。

11. 转换速率 SR

SR是指集成运放工作在线性区、输入大信号时输出电压对时间的最大变化速率，即$SR=|du_o/dt|_{max}$，单位为$V/\mu s$。只有当输入信号的变化率小于SR时，输出电压才按线性规律变化。

除上述各种主要参数，还有一些参数，在此就不再一一列举了。表4-2列出了几种通用型集成运放主要参数的典型值。

集成运放除了通用型外，还有高输入阻抗型、高速型、高精度型、高压型、低功耗型、低漂移型、大功率型等专用集成运放，读者根据需要可查阅有关器件手册（知道型号后，可轻松地从互联网上下载器件的数据手册）。

表 4-2　几种通用型集成运放主要参数的典型值

型号		A_{od}/dB	U_{IO}/mV	I_{IO}/nA	I_{IB}/nA	r_{id}/MΩ	K_{CMR}/dB	$V_{CC}\sim V_{EE}$/V
国外	国产							
μA741	CF741	106	1	20	80	2	90	±18
LM258	CF258	100	2	2	20	—	85	±1.5～±15
LM324	CF324	100	2	5	45	—	85	±1.5～±15
LM158	CF158	100	5	2	20	—	85	±15
LM101	CF101	104	0.7	1.5	30	4	96	±22
LM747	CF747	106	1	20	80	2	90	±18

四、集成运放的理想特性

1. 集成运放的电压传输特性

集成运放的输出电压 u_o 与输入电压 u_{id}（即同相输入端电压与反相输入端之间的电压之差 $u_{id} = u_+ - u_-$）之间的关系称为电压传输特性。当集成运放由正、负对称的双电源供电时，其电压传输特性如图 4-12(a) 所示。由图可知，集成运放存在线性放大区（简称"线性区"）和非线性放大区（简称"非线性区"，饱和区）两部分。在线性区，曲线斜率即为集成运放的电压放大倍数；在非线性区，输出电压只有两种可能的情况，或者是 $+U_{OM}$，或者是 $-U_{OM}$。（如无特别说明，所述集成运放均为双电源集成运放。）

由于集成运放开环差模电压放大倍数极大，可达几十万倍，所以输入电压 u_{id} 只能很小，仅几毫伏，甚至更小；否则，输出电压就超过线性区，因此集成运放的线性区很窄，只有引入负反馈，才能扩大线性区的应用。集成运放在线性区工作的特点就是电路引入了负反馈。

集成运放如在开环状态或引入正反馈时，电压传输特性如图 4-12(b) 所示。此时，输出电压 u_o 与输入电压 u_{id} 不再是线性关系，集成运放工作在非线性区，输出电压或是达到正的最大值，或是达到负的最大值。此正的最大值、负的最大值通常比集成运放的电源电压低 $1\sim2$ V。

(a) 引入负反馈时电压传输特性　　　　(b) 引入正反馈时的电压传输特性

图 4-12　集成运放的电压传输特性

2. 集成运放的理想特性

由表 4-2 可知，集成运放具有良好的指标参数，为便于讨论和分析，可以将集成运放的特性参数理想化，从而得到理想化的集成运放。通过理论分析和实际测试表明，这样的假设是符合实际的。集成运放的理想特性如下：

(1) 开环差模电压增益 $A_{od} = \infty$。

(2) 差模输入电阻 $r_{id} = \infty$。

(3) 输出电阻 $r_o = 0$。

(4) 共模抑制比 $K_{CMR} = \infty$。

(5) 输入失调电压、输入失调电流，以及它们的温度漂移和干扰或噪声均为 0。

(6) 上限截止频率（3 dB 带宽）$f_H = \infty$。

3. 理想运放在线性区的两个重要特征

集成运放的等效电路如图 4-13 所示，图中 r_{id} 和 r_o 分别为集成运放的差模输入电阻和输出电阻，A_{od} 为开环差模电压增益，u_- 为反相输入端输入电压，u_+ 为同相输入端输入电压，差模输入电压为 $u_{id} = u_- - u_+$，在线性工作状态、输出端开路时，

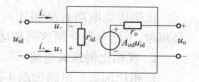

图 4-13　集成运放的等效电路

输出电压 $u_o = A_{od}u_{id}$，即

$$u_o = A_{od}(u_- - u_+) \tag{4-28}$$

根据上述理想特性，集成运放的开环差模电压增益为无穷大，由于电源电压为一定时，输出电压 u_o 必为一有限值，所以由式(4-28)可知：

$$(u_- - u_+) = \frac{u_o}{A_{od}} = 0 \tag{4-29}$$

即

$$u_- = u_+ \tag{4-30}$$

由式(4-30)得出第一个特征：由于 $A_{od} = \infty$，使集成运放的反相输入端和同相输入端电位相等，这一特征称为"虚短"。因为两端电位相等，好像用导线短接在一起，但实际上并没有短接。

根据理想运放的输入电阻 $r_{id} = \infty$，则有

$$i_- = i_+ = 0 \tag{4-31}$$

式中，i_- 为集成运放反相输入端电流；i_+ 为集成运放同相输入端电流。

由式(4-31)得出第二个特征：由于 $r_{id} = \infty$，使流进反相输入端、同相输入端的电流均等于0，这一特征称为"虚断"。因为两端电流为零，好像断路了，但实际上并没有断路。

$u_- = u_+$ 和 $i_- = i_+ = 0$ 是理想运放工作于线性区的两个重要特征。对于实际的集成运放，$u_- \approx u_+$、$i_- = i_+ \approx 0$。如果没有特殊说明，以后均将集成运放当作理想运放来处理，则运用这两个重要特征将大大简化集成运放电路的分析，这也是后续电路分析时的基本出发点。

4. 理想运放在非线性区的特征

理想运放在非线性区的电压传输特性如图 4-12(b)所示，由图可知：

$$u_o = \begin{cases} +U_{OM}, & u_+ > u_- \\ -U_{OM}, & u_+ < u_- \end{cases} \tag{4-32}$$

由于输入电阻 $r_{id} = \infty$，所以仍有 $i_- = i_+ = 0$，即理想运放在非线性区仍具有"虚断"特征。

第四节　集成运算放大器的基本运算电路

集成运放实现的基本运算有比例、加、减、积分和微分等运算，基本运算电路由集成运放外加负反馈电路所构成，其实质是集成运放的线性应用。集成运放必须工作在线性区内，才能保证输出与输入间具有一定的函数关系；同时，由于开环电压增益很高，必须引入深度负反馈，才能利用不同的反馈电路实现不同的运算。因此，在分析这些电路时，一方面要注意输入方式，判别反馈类型；另一方面，要正确利用"虚短"和"虚断"的特征，使分析简化。

在基本运算电路中，所有输入电压、输出电压均是对地而言的。

一、比例运算电路

比例运算电路有反相比例运算电路和同相比例运算电路两种，下面分别介绍这两种运算电路的组成和工作原理。

1. 反相比例运算电路

反相比例运算电路如图 4-14 所示。输入信号 u_i 通过 R_1 加到集成运放的反相输入端，故 u_o 与 u_i 反相，R_F 是反馈电

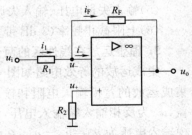

图 4-14　反相比例运算电路

阻,将输出信号回送到反相输入端,引入的反馈为深度电压并联负反馈。同相输入端通过 R_2 接地,$R_2 = R_1 /\!/ R_F$ 为直流平衡电阻,使同相输入端与反相输入端的外部等效电阻相等,保证集成运放输入级处于对称工作状态,以减少输入失调参数的影响。

根据理想运放的"虚断"的特征 $i_+ = i_- = 0$,可知 $u_+ = 0$,又根据理想运放"虚短"的特征得 $u_- = u_+ = 0$,即集成运放的反相输入端电位等于地电位,因此称此时的反相输入端为"虚地"。根据基尔霍夫电流定律有

$$i_1 = i_F \tag{4-33}$$

又因为

$$i_1 = \frac{u_i - u_-}{R_1} = \frac{u_i}{R_1} \tag{4-34}$$

$$i_F = \frac{u_- - u_o}{R_F} = -\frac{u_o}{R_F} \tag{4-35}$$

所以

$$\frac{u_i}{R_1} = -\frac{u_o}{R_F} \tag{4-36}$$

则输出电压与输入电压的关系为

$$u_o = -\frac{R_F}{R_1} u_i \tag{4-37}$$

可见 u_o 与 u_i 成比例关系,式中负号表示 u_o 与 u_i 相位相反,所以称为反相比例运算,比例系数为

$$A_{uf} = \frac{u_o}{u_i} = -\frac{R_F}{R_1} \tag{4-38}$$

式(4-38)表明,反相比例运算电路闭环增益 A_{uf} 只与 R_1、R_F 有关,而与集成运放参数无关,只要电阻阻值稳定,闭环增益就能稳定。选取 R_1、R_F 的比值,就可调节 A_{uf} 的值,A_{uf} 的值可大于 1 也可小于 1。如选取 $R_F = R_1$,则 $u_o = -u_i$,此时电路称为反相器或倒相器。

因为电路是电压并联负反馈电路,由图 4-14 可知,此时的闭环输入电阻 $r_{if} = R_1$,输出电阻 $r_{of} = 0$。

2. 同相比例运算电路

同相比例运算电路如图 4-15 所示。输入信号 u_i 通过 R_2 加在集成运放的同相输入端,故 u_o 与 u_i 同相,输出信号通过反馈电阻 R_F 回送到反相输入端,构成深度电压串联负反馈,反相输入端通过 R_1 接地。R_2 仍为直流平衡电阻,$R_2 = R_1 /\!/ R_F$。

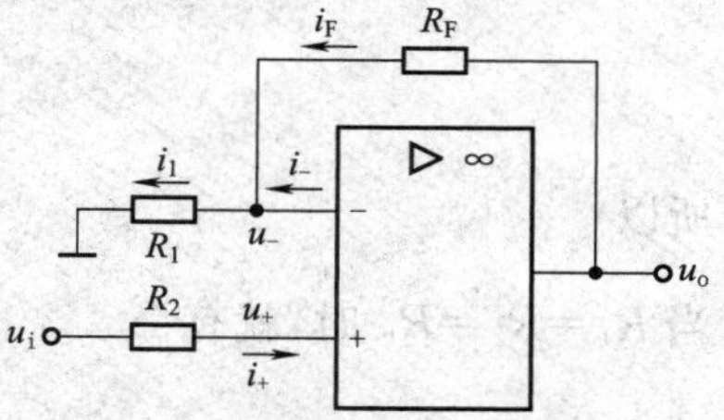

根据理想运放的"虚断"和"虚短"特征可知

$$i_+ = i_- = 0, u_+ = u_- = u_i \tag{4-39}$$

同时,根据基尔霍夫电流定律有 $i_1 = i_F$,相当于 R_1、R_F 两个电阻是串联的,所以有

图 4-15 同相比例运算电路

$$u_- = -\frac{R_1}{R_1 + R_F} u_o \tag{4-40}$$

故由式(4-39)、式(4-40)可得输出电压与输入电压的关系为

$$u_o = -\frac{R_1 + R_F}{R_1} u_i \tag{4-41}$$

闭环电压增益为

$$A_{uf} = \frac{u_o}{u_i} = 1 + \frac{R_F}{R_1} \tag{4-42}$$

可见,闭环电压增益仅由 R_1、R_F 决定。当 $R_F=0$,$R_1=\infty$ 时,则 $u_o=u_i$,此时电路称为电压跟随器,其性能优于射极输出器,电路如图 4-16 所示。由于 $i_+=0$,且引入了电压串联负反馈,所以同相比例运算电路的闭环输入电阻为无穷大,输出电阻为零。

比较同相比例运算电路与反相比例运算电路,它们各有如下特点:

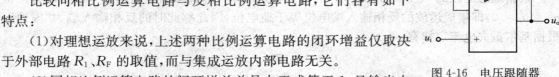

图 4-16 电压跟随器

(1)对理想运放来说,上述两种比例运算电路的闭环增益仅取决于外部电路 R_1、R_F 的取值,而与集成运放内部电路无关。

(2)同相比例运算电路的闭环增益总是大于或等于 1,且输出电压与输入电压同相;而反相比例运算电路的闭环增益可以是小于 1、等于 1 或大于 1,且输出电压与输入电压反相。

(3)反相比例运算电路实质是一个电压并联负反馈放大器,同相比例运算电路实质是一个电压串联负反馈放大器。因此,可以用负反馈放大器的理论来分析集成运算放大器的闭环工作特性。

(4)同相比例运算电路的输入电阻为无穷大,而反相比例运算电路的输入电阻等于外接元件 R_1 的阻值。同相比例运算电路与反相比例运算电路的输出电阻均为 0。

(5)在同相比例运算电路中,由于 $u_+=u_-=u_i$,因此同相输入端和反相输入端对地电压都等于输入电压,相当于集成运放两输入端存在和输入信号相等的共模输入信号。在反相比例运算电路中,由于同相输入端接地,反相输入端为虚地,因此集成运放输入端共模电压为 0。

二、加法与减法运算电路

1. 反相加法运算电路

加法运算就是求若干个信号的和。图 4-17 所示为反相加法运算电路,它是在基本反相比例运算电路的基础上,增加一个输入支路。R_3 为直流平衡电阻,通常取 $R_3=R_1//R_2//R_F$。

由理想运放的"虚短"和"虚断"特征,即有 $i_+=i_-=0$,$u_-=u_+=0$,所以 $i_1+i_2=i_F$,由图 4-17 可得

$$\frac{u_{i1}}{R_1}+\frac{u_{i2}}{R_2}=-\frac{u_o}{R_F} \tag{4-43}$$

所以

$$u_o=-R_F\left(\frac{u_{i1}}{R_1}+\frac{u_{i2}}{R_2}\right) \tag{4-44}$$

当 $R_1=R_2=R_F$ 时,就有

$$u_o=-(u_{i1}+u_{i2}) \tag{4-45}$$

可见,输出电压的大小反映了各输入电压之和。如果在图 4-17 后面再接一个反相器,即得到一个 u_o 与 u_i 同相的加法器。按上述分析可知,图 4-17 所示的加法运算电路可以扩展到多个输入电压的求和。

2. 同相加法运算电路

图 4-18 所示为同相加法运算电路,两个输入信号均由同相输入端输入,各电阻的要求是 $R//R_F=R_1//R_2$。由上述同相比例运算电路分析可知:

$$u_o=\left(1+\frac{R_F}{R}\right)u_+ \tag{4-46}$$

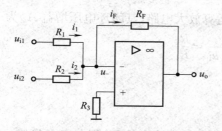

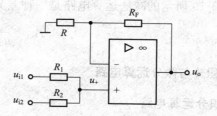

图 4-17　反相加法运算电路　　　　图 4-18　同相加法运算电路

为了求取 u_+，可利用叠加定理来求得。当 u_{i1} 单独输入（此时令 $u_{i2}=0$ 时），产生的 u_{+1} 为

$$u_{+1}=\frac{R_2}{R_1+R_2}u_{i1} \tag{4-47}$$

当 u_{i2} 单独输入（此时令 $u_{i1}=0$ 时），产生的 u_{+2} 为

$$u_{+2}=\frac{R_1}{R_1+R_2}u_{i2} \tag{4-48}$$

叠加可得

$$u_+=u_{+1}+u_{+2}=\frac{R_2}{R_1+R_2}u_{i1}+\frac{R_1}{R_1+R_2}u_{i2} \tag{4-49}$$

将式(4-49)代入式(4-46)，可得

$$u_o=\left(1+\frac{R_F}{R}\right)\left(\frac{R_2}{R_1+R_2}u_{i1}+\frac{R_1}{R_1+R_2}u_{i2}\right) \tag{4-50}$$

若在式(4-50)中取 $R_1=R_2$，$R=R_F$，则式(4-50)简化为 $u_o=u_{i1}+u_{i2}$，即输出电压反映了各输入电压之和。

3. 减法运算电路

图 4-19 所示是用来实现两个输入信号相减的运算电路，从电路结构上来看，它是反相输入比例运算和同相输入比例运算的组合。对于各电阻的要求是 $R_1/\!/R_F=R_2/\!/R_3$。利用叠加定理即可求出输出电压 u_o。

当 u_{i1} 单独作用（令 $u_{i2}=0$ 时），此时相应的输出电压为 u_{o1}，根据反相比例运算电路分析可得

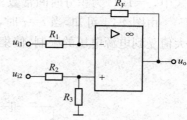

图 4-19　减法运算电路

$$u_{o1}=-\frac{R_F}{R_1}u_{i1} \tag{4-51}$$

当 u_{i2} 单独作用（令 $u_{i1}=0$ 时），此时相应的输出电压为 u_{o2}，根据同相比例运算电路分析可得

$$u_{o2}=\left(1+\frac{R_F}{R_1}\right)u_+=\left(1+\frac{R_F}{R_1}\right)\times\frac{R_3}{R_2+R_3}u_{i2} \tag{4-52}$$

两者叠加可得输出电压 u_o 为

$$u_o=u_{o1}+u_{o2}=-\frac{R_F}{R_1}u_{i1}+\left(1+\frac{R_F}{R_1}\right)\times\frac{R_3}{R_2+R_3}u_{i2}$$

$$=-\frac{R_F}{R_1}u_{i1}+\frac{R_3}{R_2}\times\frac{1+\frac{R_F}{R_1}}{1+\frac{R_3}{R_2}}u_{i2} \tag{4-53}$$

当满足 $R_3/R_2=R_F/R_1$ 时，式(4-53)即为

$$u_o=-\frac{R_F}{R_1}(u_{i1}-u_{i2})=\frac{R_F}{R_1}(u_{i2}-u_{i1}) \tag{4-54}$$

可见,图 4-19 所示的减法运算电路是一种差分运算放大电路,其闭环电压增益 A_{uf} 为

$$A_{uf}=\frac{u_\text{o}}{u_{i2}-u_{i1}}=\frac{R_\text{F}}{R_1} \tag{4-55}$$

三、积分与微分运算电路

1. 积分运算电路

积分运算电路如图 4-20 所示。它将反相比例运算电路中的 R_F 用电容 C 代替。直流平衡电阻 $R_2=R_1$。由"虚断"特征有 $i_+=i_-=0$,则 $i_1=i_\text{F}$;再由"虚短"特征有 $u_-=u_+=0$,即反相输入端为虚地,由图 4-20 可知:

$$i_1=\frac{u_\text{i}}{R_1},\ i_\text{F}=C\frac{du_C}{dt}=-C\frac{du_\text{o}}{dt} \tag{4-56}$$

故有

$$u_\text{o}=-\frac{1}{C}\int i_\text{F}dt=-\frac{1}{C}\int i_1 dt=-\frac{1}{R_1C}\int u_\text{i}dt \tag{4-57}$$

式(4-57)表明,输出电压 u_o 正比于输入电压 u_i 对时间的积分,负号表示它们在相位上是相反的。

当输入信号 u_i 为图 4-21 所示的阶跃电压时,在它的作用下,电容将以恒流方式进行充电,输出电压 u_o 与时间 t 成线性关系,如图 4-21 所示。u_o 与时间 t 的关系为

$$u_\text{o}=-\frac{U_\text{i}}{R_1C}t=-\frac{U_\text{i}}{\tau}t \tag{4-58}$$

式中,$\tau=R_1C$ 为积分时间常数。

由图 4-21 可知,当 $t=\tau$ 时,$u_\text{o}=-U_\text{i}$,当 $t>\tau$,u_o 一直增大到 $u_\text{o}=-U_\text{om}$,其输出电压的最大值受到电源电压的限制,使集成运放进入饱和状态,u_o 保持不变而停止积分。

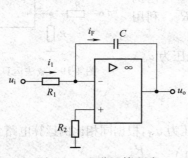

图 4-20 积分运算电路

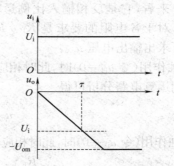

图 4-21 积分的输入、输出电压波形

【例 4-1】 设积分运算电路如图 4-20 所示,$R_1=100$ kΩ,$C=0.1\ \mu\text{F}$,输入信号 u_i 是幅值等于 ±1 V、周期为 20 ms 的矩形波,如图 4-22 所示。设电容上的初始电压 $u_C(0)=0$。试画出输出电压 u_o 的稳态波形,并标出 u_o 的幅值。

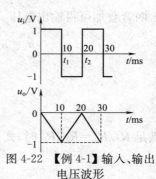

图 4-22 【例 4-1】输入、输出电压波形

解:(1)在 $t=0$ 时,$u_\text{o}(0)=u_C(0)=0$。

(2)在 $0<t\leqslant10$ ms 期间,$u_\text{i}=+1$ V,以恒流方式对电容 C 充电,u_o 随时间按线性关系下降,当 $t=t_1=10$ ms 时,由式(4-58)可知此时的输出电压为

$$u_o(t_1) = -\frac{u_i}{R_1C}t = \frac{-1}{100 \times 10^3 \times 0.1 \times 10^{-6}} \times 10 \times 10^{-3} \text{ V} = -1 \text{ V}$$

（3）在 $10 \text{ ms} < t \leqslant 20 \text{ ms}$ 期间，$u_i = -1 \text{ V}$，电容 C 反向恒流充电，u_o 随时间按线性关系上升，当 $t = t_1 = 10 \text{ ms}$ 时，$u_o(t_1) = -1 \text{ V}$，因此，当 $t = t_2 = 20 \text{ ms}$ 时，由式（4-58）可知此时的输出电压为

$$u_o(t_2) = -\frac{1}{R_1C}\int_{t_1}^{t_2} u_i \mathrm{d}t + u_o(t_1) = -\frac{-u_i}{R_1C}(t_2 - t_1) + u_o(t_1) = \left[-\frac{-1}{10}(20-10) + (-1)\right]\text{V} = 0 \text{ V}$$

根据计算结果可画出输出电压 u_o 的波形，如图 4-22 所示。

2. 微分运算电路

如将积分运算电路中的电阻 R 与电容 C 的位置对换，即变成微分电路，如图 4-23 所示。由理想运放的"虚断"和"虚短"特征可知：

$$i_1 = i_C = C\frac{\mathrm{d}u_C}{\mathrm{d}t} = C\frac{\mathrm{d}u_i}{\mathrm{d}t} \qquad (4\text{-}59)$$

$$i_F = -\frac{u_o}{R_F} \qquad (4\text{-}60)$$

所以
$$u_o = -R_FC\frac{\mathrm{d}u_i}{\mathrm{d}t} \qquad (4\text{-}61)$$

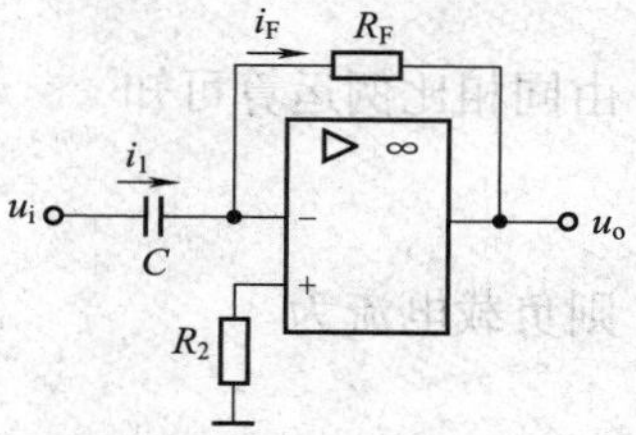

图 4-23　微分运算电路

由此可见，输出电压与输入电压的微分成正比。R_FC 为时间常数。

如果输入信号是正弦函数 $u_i = \sin\omega t$，则输出信号 $u_o = -R_FC\omega\cos\omega t$。该式表明，输出电压 u_o 的幅度将随频率的增加而线性增加，因此微分运算电路对高频噪声特别敏感。

四、集成运放的应用举例

1. 电压-电流变换

电压-电流变换是指将输入电压变换成电流输出，具有这种功能的集成运放电路称为电压-电流变换器，又称转移互导放大电路，经常用在驱动继电器、模拟仪表、激励显像管的偏转线圈等信号变换场合。根据应用的不同，电压-电流变换器可分为浮置负载电压-电流变换器和接地负载电压-电流变换器。

两端都不接地的负载称为浮置负载，浮置负载电压-电流变换器的电路如图 4-24（a）所示，由于它是一个同相比例运算电路，所以称为同相型电压-电流变换器。同相端输入信号电压为 u_S。对于理想运放，流过 R_L 的电流是

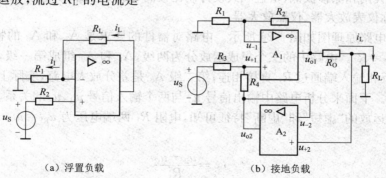

　　（a）浮置负载　　　　　　　　　　　　（b）接地负载

图 4-24　电压-电流变换器电路

$$i_{\text{L}} = i_1 = \frac{u_{\text{S}}}{R_1} \tag{4-62}$$

可见 i_{L} 与信号源电压成正比,与负载无关。而且由于输入阻抗极高,几乎不需要从信号源索取电流。

接地负载电压-电流变换器的电路如图 4-24(b)所示,$R_1=R_3$,$R_2=R_4$,$R_o>2R_{\text{L}}$,集成运放 A_1 构成同相加法运算电路,集成运放 A_2 构成电压跟随器,并且对于 A_1 构成的同相放大电路,电压跟随器引入了正反馈。由图 4-24(b)可知,A_2 的输出为

$$u_{\text{o2}} = u_{+2} \tag{4-63}$$

由电压叠加定理可得 A_1 的同相输入端电压为

$$u_{+1} = \frac{R_4}{R_3+R_4} u_{\text{S}} + \frac{R_3}{R_3+R_4} u_{+2} = 0.5u_{\text{S}} + 0.5u_{+2} \tag{4-64}$$

由同相比例运算可知

$$u_{\text{o1}} = \left(1+\frac{R_2}{R_1}\right)u_{+1} = 2u_{+1} = u_{\text{S}} + u_{+2} \tag{4-65}$$

则负载电流为

$$i_{\text{L}} = \frac{u_{\text{o1}} - u_{+2}}{R_o} = \frac{u_{\text{S}}}{R_o} \tag{4-66}$$

由式(4-66)可知,电路的输出电流与输入电压成正比,实现了从电压到电流的变换。

2. 电流-电压变换

电流-电压变换是指将输入电流变换为电压输出,完成这种变换的集成运放电路,称为电流-电压变换器,又称转移电阻放大器,其变换电路如图 4-25 所示。由于集成运放反相输入端是虚地,R_{S} 中电流为 0,因此 $i_{\text{S}} = i_{\text{F}}$,输出电压为

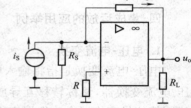

$$u_{\text{o}} = -i_{\text{S}} R_{\text{F}} \tag{4-67}$$

由式(4-67)可知,电路的输出电压与输入电流成正比,实现了从电流到电压的变换。

图 4-25 电流-电压变换器电路

电流-电压变换是通过电阻完成的,如果将输入电流改用恒流源,而电阻 R_{F} 为可调电阻,则电路可实现电阻-电压变换。

3. 测量放大电路

在数据采集、精密测量、工业自动控制等领域,通常要将传感器输出的微弱信号进行放大,并且要求电路失调和漂移极低、增益和共模抑制比极高、输入电阻高。这种放大电路称为测量放大电路,又称仪表放大器、仪器放大器。

测量放大电路原理图如图 4-26 所示。电路对器件的要求是 A_1 和 A_2 的特性相同,$R_2=R_3$,$R_4=R_6$,$R_5=R_7$。电路中的三个集成运放分为两级,A_1 和 A_2 组成第一级,均为同相比例放大器,两个反相输入端通过 R_1 直接相连;第二级 A_3 是差分放大电路,实际上是一个改进的差分放大电路。下面来分析电路中输出信号 u_o 与两个输入信号 u_{i1}、u_{i2} 的关系。

根据理想运放的"虚短"和"虚断"特征可知,电阻 R_1 两端电压为 $u_{R_1} = u_{\text{i1}} - u_{\text{i2}}$,故流过 R_1 的电流为

$$i_{R_1} = \frac{u_{\text{i1}} - u_{\text{i2}}}{R_1} \tag{4-68}$$

因此

$$u_{o1} - u_{o2} = (R_2 + R_1 + R_3) \times i_{R_1} = \left(1 + \frac{2R_2}{R_1}\right) \times (u_{i1} - u_{i2}) \tag{4-69}$$

而集成运放 A_3 的输入电压与输出电压关系,可根据式(4-54)得到,即

$$u_o = -\frac{R_5}{R_4}(u_{o1} - u_{o2}) = -\frac{R_5}{R_4} \times \left(1 + \frac{2R_2}{R_1}\right) \times (u_{i1} - u_{i2}) \tag{4-70}$$

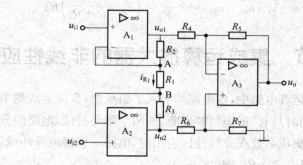

图 4-26 测量放大电路原理图

该电路的特点是输入电阻极大,对差模信号放大能力很强,而共模输出为零,共模抑制比很大。放大电路的第一级是具有深度电压串联负反馈的同相放大电路,所以它的输入电阻很高。A_1、A_2 是特性相同的集成运放,则它们的共模输出电压和漂移电压也相等,再经过 A_3 组成的差分式电路放大,可以互相抵消,故它有很强的共模抑制能力,使它的漂移输出电压为零,同时该电路有较高的差模电压增益。该电路对第二级差放中的四个电阻的精度要求很高,否则将会产生一定的误差。要想使用方便,可直接选用集成的仪器放大器。

4. 电桥放大电路

在信号检测和自动控制中常使用电阻传感器,电阻传感器通常被接成电桥形式。由电阻传感器电桥和集成运放组成的电路称为电桥放大电路。

用于温度检测放大的电桥放大电路如图 4-27 所示。电桥的一个桥臂由金属热电阻 R_t 构成,另外三个桥臂均由阻值相同而温度不敏感的标准电阻构成,且在某一温度时满足 $R_t = R$,当温度发生变化时,R_t 阻值发生变化,电桥变为不平衡电桥;恒压源 $+E_R$ 通过电桥的一对顶点向电桥供电,电桥的另一对顶点作为所检测温度信号的输出,分别与两个电压跟随器相连;A_3 构成差分放大,将温度信号放大后输出。电压跟随器的输入电阻极高,基本不吸收检测信号的电流,对检测电路没有影响。合理选择电阻 R_1、R_2(这里选 $R_3 = R_1$、$R_4 = R_2$)的阻值,会得到一个合适的输出电压 u_o,从而带动指示仪表或其他执行机构。

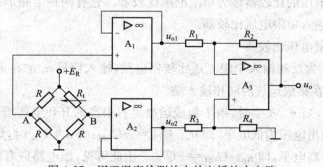

图 4-27 用于温度检测放大的电桥放大电路

根据理想运放的"虚断"和"虚短"特征和电桥的结构特点,分析可知:

$$u_{o1} = u_A = \frac{1}{2}E_R, u_{o2} = \frac{R}{R+R_t}E_R \tag{4-71}$$

再根据差分放大电路的特点,可得

$$u_o = -\frac{R_2}{R_1}(u_{o1} - u_{o2}) = -\frac{R_2}{R_1} \times \left(\frac{1}{2} - \frac{R}{R+R_t}\right)E_R \tag{4-72}$$

※第五节　集成运算放大器的非线性应用

在上一节介绍的基本运算电路中,各电路均引入了负反馈,集成运放均工作在线性区。在线性区工作时,集成运放同时具有"虚短"和"虚断"的两个重要特征,电路的分析都是根据这两个重要特征来进行的。而集成运放在非线性区应用时,电路一般接成开环或正反馈形式,除具有虚断的特征,输出电压只有两个值,即

(1)当 $u_+ > u_-$ 时,输出电压 u_o 为正饱和电压(正最大值)$+U_{OM}$。

(2)当 $u_+ < u_-$ 时,输出电压 u_o 为负饱和电压(负最大值)$-U_{OM}$。

集成运放的非线性应用在信号产生与信号变换电路、数字电路和自动控制中具有广泛的应用。

一、电压比较电路

电压比较电路是用来比较两个电压大小的电路,又称电压比较器。其中,一个输入端加输入信号电压 u_i(被比较电压),另一个输入端加参考电压 U_R(基准电压),用输出电压 u_o 反映比较结果。输出结果只有两种可能:要么输出高电平 U_{OH},要么输出低电平 U_{OL},用电平高低来反映比较结果。比较器的输出电压 u_o 从一个电平跳到另一个电平时的输入电压称为门限电压或阈值电压,用 U_{TH} 表示。当输入信号大小变化达到阈值电压时,则引起输出电压从高电平 U_{OH} 翻转为低电平 U_{OL},或从低电平 U_{OL} 翻转为高电平 U_{OH}。由此可见,电压比较器的输入为模拟信号,输出为数字信号,它是模拟电路和数字电路间的桥梁。因此,电压比较器在波形产生、变换和整形以及模/数转换等方面有着广泛的应用。

1. 基本单限电压比较器

只有一个门限电压的比较器称为单限电压比较器。它有两种电路形式,即反相输入单限电压比较器和同相输入单限电压比较器。

1)反相输入单限电压比较器

图 4-28(a)所示为反相输入单限电压比较器电路,输入信号 u_i 加在集成运放的反相输入端,参考电压 U_R 加在集成运放的同相输入端。

由图 4-28 可知,当 $u_i > U_R$ 时,由于集成运放具有很高的开环电压增益,此时集成运放处于负向饱和状态,输出电压为低电平,即 $u_o = U_{OL} = -U_{OM}$;当 $u_i < U_R$ 时,集成运放处于正向饱和状态,输出电压为高电平,即 $u_o = U_{OH} = +U_{OM}$。由此可见,该电路应有图 4-28(b)所示的传输特性。

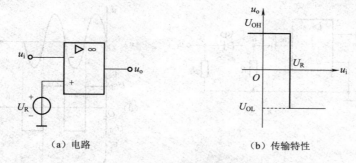

（a）电路　　　　　　　　　（b）传输特性

图 4-28　反相输入单限电压比较器

2）同相输入单限电压比较器

图 4-29(a)所示为同相输入单限电压比较器电路,输入信号 u_i 加在同相输入端,参考电压 U_R 加在反相输入端。工作原理与反相输入单限电压比较器相似,当 $u_i > U_R$ 时,集成运放处于正向饱和状态,输出电压为高电平;当 $u_i < U_R$ 时,集成运放处于负向饱和状态,输出电压为低电平。其传输特性如图 4-29(b)所示。

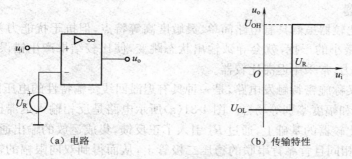

（a）电路　　　　　　　　　（b）传输特性

图 4-29　同相输入单限电压比较器

在以上两种单限电压比较器中,参考电压 U_R 的取值可以大于零、小于零或等于零。如果参考电压 $U_R = 0$,则输入电压 u_i 每次过零时,输出电压就会产生突变,这种比较器称为过零比较器,常用于信号的过零检测。

【例 4-2】 电路如图 4-30(a)所示,输入信号 u_i 为正弦波,频率较低,二极管为理想二极管,试画出图中 u_o、u_o'、u_L 的波形。

解:由图 4-30(a)所示电路可知,电路处于开环状态,集成运放同相输入端输入信号、反相输入端直接接地,集成运放构成了一个过零比较器,其传输特性如图 4-30(b)所示。当输入信号为图 4-30(c)所示的正弦波时,每次过零点,比较器的输出将产生一次电压跳变,其高电平、低电平均受集成运放电源电压的限制。因此,输出电压 u_o 波形为具有正负极性的方波,如图 4-30(d)所示。将方波电压 u_o 加到 RC 微分电路上,由于输入信号频率较低,RC 微分电路时间常数相对于正弦波周期 T 很小,那么 R 两端电压 u_o' 就是一连串的正负相间的尖顶脉冲,如图 4-30(e)所示。将 u_o' 加到理想二极管整流电路,负载得到的电压 u_L 就只有正脉冲,如图 4-30(f)所示。于是正弦波就变成了一串正脉冲,脉冲间隔为 T,这种情形称为波形变换。

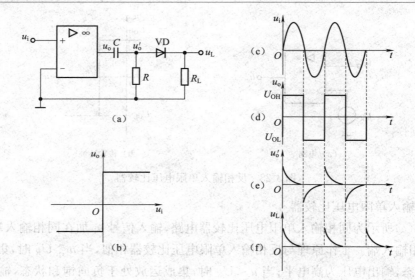

图 4-30　过零比较器用作波形变换

2. 迟滞比较器

单门限电压比较器虽然具有电路简单、灵敏度高等特点,但抗干扰能力差,如输入电压在门限电压附近有微小的干扰,就会导致输出状态跳变,使比较结果产生错误。为克服这一缺点,提高抗干扰能力,常采用迟滞比较器。

迟滞比较器又称施密特触发电路,是一种具有迟滞回线传输特性的电压比较器,广泛应用于波形产生、整形和幅度鉴别等场合。图 4-31(a)所示电路是反相输入迟滞比较器,它在反相输入单门限电压比较器的基础上,通过 R_2 引入了正反馈,集成运放的输出通过一个限流电阻 R_3 加在两个特性相同且背靠背串联的稳压二极管上,从而得到双向限幅的输出电压,输出的高电平为 $U_{OH} = +U_Z$,低电平为 $U_{OL} = -U_Z$,U_Z 为稳压二极管的稳压值。由于输入信号由集成运放反相输入端输入,所以同相输入端电压就是门限电压。下面分析迟滞比较器的工作原理。

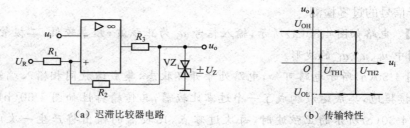

（a）迟滞比较器电路　　　　　（b）传输特性

图 4-31　迟滞比较器

设输入电压 u_i 足够大,即 $u_- > u_+$,则集成运放输出低电平 $u_o = U_{OL} = -U_Z$,由于正反馈,同相输入端的电压由参考电压和比较器输出电压共同决定,根据叠加定理可得此时的同相输入端电压即门限电压:

$$U_{TH1} = U_+ = \frac{R_2}{R_1 + R_2} U_R - \frac{R_1}{R_1 + R_2} U_Z \tag{4-73}$$

设输入电压 u_i 足够小，即 $u_- < u_+$ 时，则集成运放输出高电平 $u_o = U_{OH} = +U_Z$，类似可得另一门限电压：

$$U_{TH2} = U_+ = \frac{R_2}{R_1+R_2}U_R + \frac{R_1}{R_1+R_2}U_Z \tag{4-74}$$

当输入电压 u_i 由足够大开始逐渐减小时，起初比较器输出低电平 U_{OL}，门限电压为 U_{TH1}，直到输入电压减小至 $u_i < U_{TH1}$，即 $u_- < u_+$ 时，电路便发生翻转，输出电压从低电平 U_{OL} 跳变到高电平 U_{OH}，同时门限电压变为 U_{TH2}（$U_{TH2} > U_{TH1}$），u_i 继续减小时，始终有 $u_- = u_i < u_+ = U_{TH2}$，输出维持在高电平。

反之，当输入电压 u_i 由足够小开始逐渐增大时，比较器输出先处在高电平 U_{OH}，门限电压为 U_{TH2}，直到输入电压增大到 $u_i > U_{TH2}$，即 $u_- > u_+$ 时，电路输出跳变到低电平 U_{OL}，同时门限电压变为 U_{TH1}，u_i 继续增大时，始终有 $u_- > u_+$，输出维持在低电平。

如果输入电压 u_i 先由大变小，然后由小变大做周期变化，电路将重复上述变化过程。据此可得电路的传输特性曲线如图 4-31(b) 所示。输入信号沿不同方向变化时存在输出回差，其中箭头表示了变化的方向。

可见，迟滞比较器有两个门限电压，输入信号减小过程中电路输出跳转时的门限电压称为下门限电压 U_{TH1}，输入信号增大过程中电路输出跳转时的门限电压称为上门限电压 U_{TH2}，两个门限电压之差称为门限宽度或回差电压 ΔU_T，回差电压 ΔU_T 为

$$\Delta U_T = U_{TH2} - U_{TH1} = \frac{2R_1}{R_1+R_2}U_Z \tag{4-75}$$

由上述分析可知，改变参考电压可改变迟滞比较器上、下门限电压，但不改变回差电压；调节反馈系数 $R_1/(R_1+R_2)$，可改变上、下门限电压及回差电压；由于回差电压的存在使电路抗干扰能力增强。

二、方波发生器

方波发生器是一种能自动产生方波或矩形波的非正弦信号发生电路。由于方波或矩形波是由基波和许多高次谐波组成的，因此，这种电路又称多谐振荡电路。常用的双向限幅方波发生器电路如图 4-32(a) 所示，它是在迟滞比较器的基础上，增加了一个由电阻 R_F 和电容 C 组成的积分电路，把输出电压经 R_F、C 反馈到集成运放的反相输入端。在电路的工作过程中，R_FC 积分电路既是反馈网络，又是定时电路，通过 R_FC 电路的充放电作用实现输出状态的自动转换，形成一种自激振荡。下面简要分析方波发生器的工作原理。

由图 4-32(a) 可知，电路的输出电压为 $\pm U_Z$，因此迟滞比较器的两个门限电压为

$$U_{TH2} = \frac{R_1}{R_1+R_2}U_{OH} = \frac{R_1}{R_1+R_2}U_Z \tag{4-76}$$

$$U_{TH1} = \frac{R_1}{R_1+R_2}U_{OL} = -\frac{R_1}{R_1+R_2}U_Z \tag{4-77}$$

电路无外接输入信号，输出电平由电容电压 u_C 与门限电压 U_{TH} 相比较来决定。在电路接通电源的瞬间，输出电平究竟是高电平还是低电平，是随机的。一旦集成运放的两个输入端出现 $u_+ > u_-$ 时，输出为高电平；反之，当 $u_+ < u_-$ 时，输出为低电平。

假设电路接通电源的瞬间，电容上的初始电压 $u_C(0) = 0$ V，且输出电压为高电平，即 $u_o = +U_Z$，同相输入端的电压为门限电压 U_{TH2}。这时，输出的高电平电压通过电阻 R_F 向电容 C

充电,电容电压 u_C 按指数规律增长。当电容上的电压充电到略大于同相输入端的门限电压 U_{TH2} 时,即 $u_- = u_C > U_{TH2}$,输出电压即由高电平跃变到低电平,即 $u_o = -U_Z$,同时门限电压跳变为 U_{TH1}。此时 $u_C > u_o$,由于电容上的电压不能突变,因此,电容就通过 R_F 放电,电容电压 u_C 开始下降。经过一段时间后,当电容电压 u_C 下降到略小于同相输入端的门限电压 U_{TH1} 时,即 $u_- = u_C < U_{TH1}$,输出电压又由低电平跃变到高电平,即 $u_o = +U_Z$,门限电压又跳回到 U_{TH2},电容 C 又被充电,这样周而复始形成振荡,于是在输出端获得一定频率(或周期)的方波电压。

由于电容充放电时间常数相同,输出正、负电压相等,两个门限电压绝对值相等,所以电路输出电压为对称的方波。如果在电路中让电容的充电时间常数与放电时间常数不等,则输出就变成矩形波。电容充放电波形及方波发生器的输出波形如图 4-32(b)所示(充电初始电压 $u_C(0) \neq 0$)。

集成运放的非线性应用还有许多,在信号发生和变换电路中,还有三角波、锯齿波发生器等。

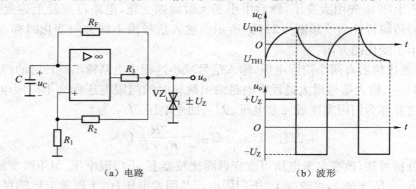

(a) 电路　　　　　　　　　　　(b) 波形

图 4-32　双向限幅方波发生器电路及波形

※第六节　集成运算放大器使用注意问题

集成运算放大器自 1964 年问世以来,发展十分迅速,已经历了四代产品。第四代集成运放的主要特点是采用了调制和解调技术,即斩波稳零或动态稳零技术,使失调及其漂移大大减小。一般情况下,不需要调零即可使用。从集成度而言,第四代集成运放已达到中、大规模的水平。集成运放的种类很多,它们各有特点,选用时不能盲目求"新",要根据电路要求的额定值、直流参数、交流参数等综合因素来选择符合要求的产品。在使用前要查阅有关手册,了解引脚排列和所需的外接电路。使用中接线要正确,特别注意一些额定值,以免使集成运放特性明显恶化或永久性破坏。

一、调　零

为了提高集成运放的运算精度,消除因失调电压和失调电流引起的误差,必须采用调零技术,使集成运放满足零输入、零输出的要求。目前,集成运放除了第四代集成运放具有自动调零之外,一般都采用外部调零电路进行调零。对具有外部调零端的集成运放,可以依照生产厂家的说明书或器件数据手册外接调零元件。与差分放大电路相似,可以采用集电极调零、发射极调零。集电极调零是改变输入级集电极电阻的平衡以改变两个集电极之间电位差,达到调零的目的。发射极调零是改变输入级发射极电阻的平衡以改变两个发射极电位,达到调零的目的。对无调零端的集成运放,或不用厂家提供的调零端调零时,可以采用输入端调零电路。它的基本原理是在集成运放的输入端施加一个补偿电压,抵消集成运放本身的失调电压,以达到调零的目的。它的特点是不受集成运放内部电路结构的影响,调零范围较宽。图 4-33 所示为几种常用调零电路,其中图 4-33(a)所示电路是同相输入端调零电路;图 4-33(b)所示电路是反相输入端调零电路。这两种调零电路要求电源电压波动小。在要求较高的场合,可采用图 4-33(c)所示的稳定调零电路。

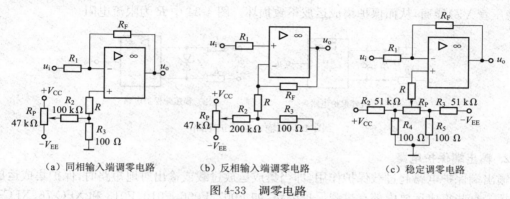

（a）同相输入端调零电路　　（b）反相输入端调零电路　　（c）稳定调零电路

图 4-33　调零电路

在弱信号作用下的集成运放,无论采用哪种形式的调零电路,在调零电路中都不宜采用碳膜电阻和碳膜电位器作调零元件,因为它们的温漂会产生新的失调,而应采用金属膜电阻、线绕电阻和线绕电位器作调零元件。对于在交流信号作用下工作的集成运放,因常有隔直元件,也可以不进行调零,但隔直电容最好选用无极性电容或漏电小的电解电容。

二、消除自激振荡

由于集成运放是一种直接耦合的高增益多级放大器,各种形式的寄生电容都可能引起自激振荡。为了使集成运放稳定工作,使用前必须先清除自激振荡。消除自激振荡的方法可分为两种:一种是把消除振荡的元件直接制造在电路内部,称为内部消振;另一种是外接阻容元件破坏产生自激振荡的条件,即利用阻容相移原理,在集成运放电路中加入适当的补偿电容或 RC 补偿网络,以改变集成运放的开环幅频特性和相频特性,破坏产生自激振荡的条件,使之稳定工作。

简单的电容补偿,常把补偿电容接在具有高增益的中间级,补偿电容大小与闭环增益有关。简单的电容补偿常常还会使集成运放的频带变窄太多;若采用阻容补偿,效果就会更好一些,它既能消除自激振荡,又能具有较宽频带。一般产品说明书都给出补偿电容、电阻的参考值,使用时可通过实际调整加以确定。

三、保护电路

集成运放使用中,有时会出现突然失效的问题,归结起来大致有以下几方面的原因:
（1）输出端不慎对地短路或接到电源造成过大的电流。
（2）输出端接有电容性负载,输出瞬间电流过大。
（3）输入信号过大,输入级造成过电压或过电流。

(4)电源极性接反或电源电压过高。

(5)焊接时,电烙铁漏电造成高压击穿。

为此,在使用中除了精心操作,还可采取相应的保护措施。

1. 输入端保护电路

集成运放的差模输入电压有一定的范围,假如输入电压超过了最大差模电压,轻者可使输入级三极管 β 值下降,使放大器特性变坏,重者使三极管造成永久性损坏。为此,可在集成运放输入端加保护措施。图 4-34 所示为输入端保护电路。当输入差模电压较大时,二极管 VD(或稳压管 VZ)导通,从而保护集成运放不致损坏。图 4-34 中 R 为限流电阻。

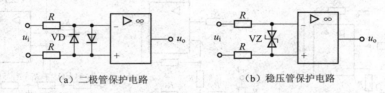

(a)二极管保护电路　　　　　(b)稳压管保护电路

图 4-34　输入端保护电路

2. 输出端保护电路

输出端保护电路起过载保护作用,即当集成运放过载或输出对地短路时,保护集成运放不致损坏。有些集成运放内部有过载保护电路,如 F007、F006、F010、F013 和 XFC-76、XFC-77、FXC-78 等,在过载或输出短路时,能保护集成运放不致损坏。而有些集成运放,如 F001、F005、FC3 等,在内部没有过载保护电路,当输出端对地短路时,就可能损坏集成运放。为了保护这类集成运放,可以采用图 4-35 所示的输出端保护电路。

图 4-35(a)所示电路为限流保护电路,一般集成运放的输出电流应限制在 5 mA 以内,当负载电阻较小时,限流电阻 R_3 限制了集成运放的输出电流。图 4-35(b)所示电路为过电压保护电路,反馈回路由两背靠背的稳压管与电阻 R_F 并联组成。电路正常工作时,输出电压的幅值小于稳压管的稳定电压 U_Z,稳压管支路开路不起作用;当输出电压的幅值大于稳压管的稳定电压 U_Z 时,两稳压管中总有一个工作在反向击穿状态,另一个正向导通,负反馈加强,从而使输出电压限制在 $\pm U_Z$ 范围内。

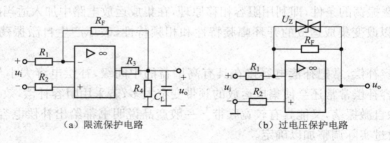

(a)限流保护电路　　　　　(b)过电压保护电路

图 4-35　输出端保护电路

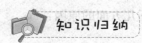 知识归纳

(1)差分放大电路是集成运放的一个组成单元。由于电路的对称性及公共发射极电阻

的共模负反馈作用,差分放大电路具有放大差模信号、抑制共模信号(抑制零漂)的功能。任意信号输入常分解为差模输入和共模输入两种输入方式,输出是这两种方式输出的叠加。差分放大电路有四种连接方式:双端输入-双端输出、双端输入-单端输出、单端输入-双端输出、单端输入-单端输出,它们有着不同的特点,使用场合也有所不同,其主要性能指标 A_{ud}、A_{uc}、K_{CMR} 也不尽相同。差分放大电路采用双端输出方式,可以满足零输入、零输出的要求。

(2)集成运放是一种应用十分广泛的模拟集成电路,其主要特点是输入电阻高、开环增益大、零漂小。从内部结构上看,集成运放由四个部分组成:输入级、中间级、输出级及偏置电路。输入级通常采用带有恒流源的差分电路,用以克服零漂,提高集成运放的共模抑制比;中间级一般由共射(共源)极放大电路组成,用以提高电压增益;输出级通常由互补对称电压跟随器组成,其作用是输出一定幅度的电压、电流去驱动负载;偏置电路由各种恒流源电路组成,用以提供各级电路的静态工作电流。

(3)集成运放的参数有很多,使用时应注意与器件数据手册给出的参数要求一致。为简化分析和应用,将参数理想化,得到理想运放。理想运放的特性主要有开环差模电压增益 $A_{od}=\infty$、输入电阻 $r_{id}=\infty$、输出电阻 $r_o=0$、共模抑制比 $K_{CMR}=\infty$。其在线性区工作时的两个重要特征是:"虚短"($u_+=u_-$)和"虚断"($i_+=i_-=0$)。在非线性区工作时,具有"虚断"($i_+=i_-=0$)特征,同时,输出电压只有两个值:当 $u_+>u_-$ 时,输出高电平;当 $u_+<u_-$ 时,输出低电平。

(4)集成运放工作在线性区时,电路必须接成负反馈的闭环形式。其典型的线性应用有比例运算、加法和减法运算、积分和微分运算等。这些数学运算是通过不同的反馈电路获得的。如果电路处于开环或正反馈状态,则集成运放工作在非线性区。集成运放非线性应用电路主要有基本的单限电压比较电路、迟滞比较器及方波发生器。

尽管集成运放性能相当优越,使用也十分灵活,但要正确使用,尤其要注意调零、消除自激振荡和增加保护电路等几个问题。

 知识训练

题4-1 什么是直流放大器?直流放大器是否只能放大直流信号?

题4-2 零点漂移对直流放大器的性能有什么影响?产生零点漂移的主要原因是什么?克服零点漂移比较有效的方法是什么?

题4-3 何谓差分放大电路的差模输入信号和共模输入信号?它们对放大器性能有什么影响?

题4-4 双端输出和单端输出的差分放大电路各是怎样抑制零点漂移的?

题4-5 图4-36所示为一差分放大电路,调零电位器 R_P 滑动端处于中间位置,两个三极管的电流放大系数 $\beta_1=\beta_2=40$,发射结电阻 $r_{be1}=r_{be2}=8.2\ k\Omega$。当 $u_{i1}=603\ mV$,$u_{i2}=597\ mV$ 时,求电路在对称条件下的输出电压 u_o。

题4-6 图4-37所示为一双端输入-双端输出的理想差分放大电路。

(1)若 $u_{i1}=1.5\ mV$,$u_{i2}=0.5\ mV$,差模输入电压 u_{id} 和共模输入电压 u_{ic} 分别是多少?

(2)若 $A_{ud}=100$,求输出电压 u_o。

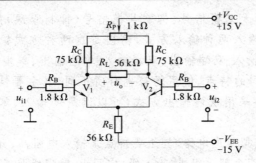

图 4-36 题 4-5 图　　　　　　图 4-37 题 4-6 图

（3）当输入电压为 u_{id} 时，若从 V_2 的集电极输出，则输出电压 u_{C2} 与输入电压 u_{id} 的相位关系如何？

（4）若输出电压 $u_o=1\,000u_{i1}-999u_{i2}$ 时，求电路的 A_{ud}、A_{uc}、K_{CMR} 的值。

（5）电阻 R_E 起什么作用？

题 4-7 图 4-38 所示为一简单的三极管直流毫伏表电路，设电流表满偏时电流为 $100\ \mu A$，电流表支路的内阻 $R_g=2\ k\Omega$，三极管放大倍数 $\beta_1=\beta_2=50$，$U_{BE1}=U_{BE2}=0.7\ V$。

（1）当 $u_i=0$ 时，两管的静态电流 I_B、I_C 各为多少？

（2）要使电流表指针满偏，需要加多大的输入电压？

（3）求输入电阻、输出电阻各为多少？

（4）电位器 R_P 在电路中有何作用？

题 4-8 差分放大电路如图 4-39 所示，设三极管放大倍数 $\beta_1=\beta_2=60$，三极管发射结电阻 $r_{be1}=r_{be2}=1\ k\Omega$，$U_{BE1}=U_{BE2}=0.7\ V$。试求：

（1）电路的静态工作点。

（2）电路的差模电压放大倍数。

（3）电路的共模电压放大倍数和共模抑制比。

（4）电路的差模输入电阻、输出电阻。

（5）负载电阻不变，双端输出改为单端输出时的差模电压放大倍数和共模抑制比。

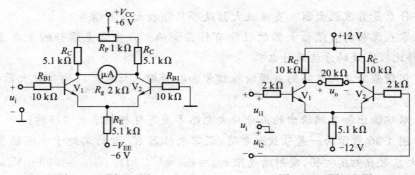

图 4-38 题 4-7 图　　　　　　图 4-39 题 4-8 图

题 4-9 通用型集成运算放大器一般由哪几部分组成？每一部分的主要作用是什么？

题 4-10 集成运算放大器的输入失调电压 U_{IO}、输入失调电流 I_{IO} 的含义分别是什么？

题 4-11 运算电路如图 4-40 所示，试写出各电路 u_o 与 u_i 的关系式，并求出 u_o 的大小。

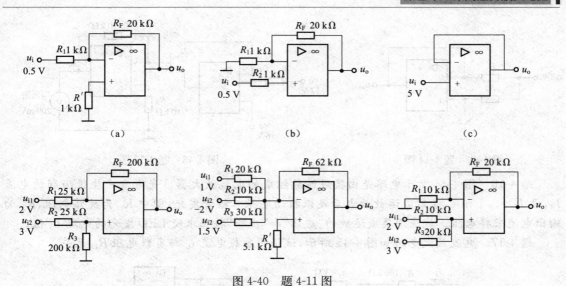

图 4-40 题 4-11 图

题 4-12 试用集成运放设计能完成下列运算关系的运算电路。要求根据已知的反馈元件 R_F 参数,选定其他相关元件的参数,并画出电路图。

(1) $u_o = -5u_i$,$R_F = 5\ \text{k}\Omega$。

(2) $u_o = -(2u_{i1} - u_{i2})$,$R_F = 10\ \text{k}\Omega$。

(3) $u_o = 5(u_{i1} + u_{i2})$,$R_F = 18\ \text{k}\Omega$。

题 4-13 写出图 4-41 所示电路的输出电压 u_o 与输入电压 u_i 关系,并分别求出电路的输出电压 u_o。

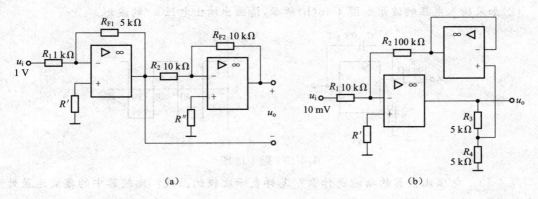

图 4-41 题 4-13 图

题 4-14 电路如图 4-42 所示,试求开关 S 闭合和断开两种情况下的闭环电压放大倍数 A_{uf}。

题 4-15 由集成运放组成的三极管电流放大系数 β 的测试电路如图 4-43 所示,设三极管的 $U_{BE} = 0.7\ \text{V}$。

(1) 试求三极管各极的电位值。

(2) 若电压表读数为 200 mV,测得的 β 是多少?

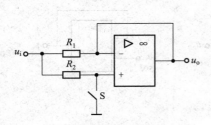

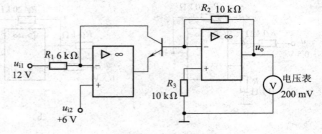

图 4-42 题 4-14 图   图 4-43 题 4-15 图

题 4-16 图 4-44 所示电路是由集成运放组成的电流放大器。光电池产生很微弱的电流 I_S，设 $I_S=0.1$ mA，经集成运放放大后足以推动发光二极管发光，图中 R_1 为反馈电阻，R_2 为输出电流采样电阻。试应用集成运放的"虚短"和"虚断"特征求使 LED 发光的电流 I_L 值。

题 4-17   电流放大电路如图 4-45 所示，试证明负载电流 i_L 与负载电阻 R_L 无关。

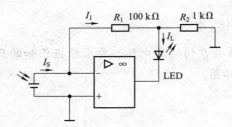

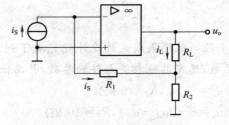

图 4-44 题 4-16 图   图 4-45 题 4-17 图

题 4-18   图 4-46(a)所示为一积分电路，设电容上的初始电压值 $u_C(0)=0$。

(1)求输出电压 u_o 与输入电压 u_i 的关系。

(2)如果输入电压的波形如图 4-46(b)所示，请画出输出电压 u_o 的波形。

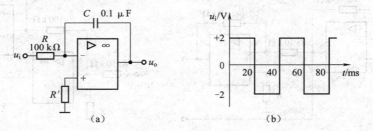

图 4-46 题 4-18 图

题 4-19   电压比较器的功能是什么？怎样表示比较的结果？比较器中的集成运放处于什么状态？

题 4-20   电路如图 4-47(a)、(b)所示，试分别说明是什么功能的电路。

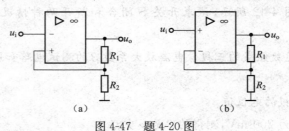

图 4-47 题 4-20 图

题 4-21　图 4-48(a)所示电路中,集成运放的 $U_{omax}=\pm10$ V,当输入信号波形如图 4-48(b)所示时,画出电路输出信号的波形。

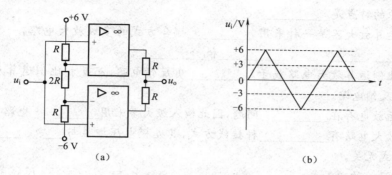

（a）　　　　　　　　　　（b）

图 4-48　题 4-21 图

题 4-22　电路如图 4-49 所示,设稳压管的稳压值 $U_Z=6$ V,正向导通电压为 0 V,画出电路的传输特性。

题 4-23　水位报警监控器电路如图 4-50 所示,集成运放组成方波发生器,三极管组成电压跟随器,扬声器为负载。根据问题选择填空。(提示:在直流电流作用下,扬声器是不会发声的。)

(1)水位正常时,两探测电极浸在水中而导通,0.01 μF 电容被短路,此时_____。

(2)水位下降到探测电极之下,电极开路,0.01 μF 电容充放电,此时_____。

a. 扬声器不发出声音　　　　b. 扬声器发出声音

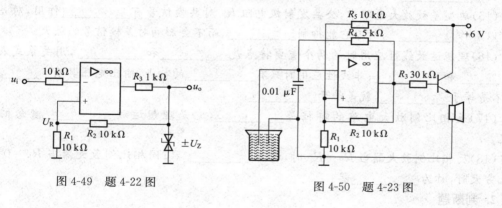

图 4-49　题 4-22 图　　　　　　图 4-50　题 4-23 图

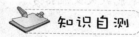知识自测

1. 填空题

(1)直接耦合放大器在输入信号为零时,输出端电压出现忽大忽小、忽快忽慢变化的现象称为_____,放大器的级数越多,输出端这种现象越_____。

(2)差分放大电路的连接方式有_____、_____、_____、_____。

(3)_____是直流放大器产生零点漂移的主要原因,因此零点漂移又称_____,抑制零点漂移最有效的方法是采用_____。

(4)差分放大电路的主要性能指标有＿＿＿＿＿＿＿、＿＿＿＿＿＿＿、＿＿＿＿＿＿＿、＿＿＿＿＿＿＿等。

(5)恒流源的特点是＿＿＿＿＿＿＿。

(6)集成运算放大器是一种采用＿＿＿＿＿＿＿耦合方式的多级放大电路,一般由四部分组成,即＿＿＿＿＿＿＿、＿＿＿＿＿＿＿、＿＿＿＿＿＿＿和＿＿＿＿＿＿＿。

(7)同相比例运算放大电路属于＿＿＿＿＿＿＿负反馈电路,而反相比例运算放大电路属于＿＿＿＿＿＿＿负反馈电路。

(8)集成运放也存在＿＿＿＿＿＿＿问题,因此输入级大多采用＿＿＿＿＿＿＿电路。

(9)差分放大电路有＿＿＿＿＿＿＿种接线方式,其差模电压增益与＿＿＿＿＿＿＿方式有关,与＿＿＿＿＿＿＿方式无关。

(10)理想运放的 $A_{od}=$ ＿＿＿＿＿＿＿, $r_{id}=$ ＿＿＿＿＿＿＿, $r_{od}=$ ＿＿＿＿＿＿＿, $K_{CMR}=$ ＿＿＿＿＿＿＿。

(11)恒流源在集成电路中常作为＿＿＿＿＿＿＿,决定各级的静态工作点,还可以作为放大电路的＿＿＿＿＿＿＿,以提高电压放大倍数。

(12)差分放大电路的功能是对差模信号的＿＿＿＿＿＿＿作用和对共模信号的＿＿＿＿＿＿＿作用。通常用＿＿＿＿＿＿＿作为衡量差分放大电路性能优劣的指标。

(13)在差分放大电路中,若 $u_{i1}=18$ mV, $u_{i2}=10$ mV,则差模输入电压 $u_{id}=$ ＿＿＿＿＿＿＿mV,共模输入电压 $u_{ic}=$ ＿＿＿＿＿＿＿mV;若差模电压增益 $A_{ud}=-10$,共模电压增益 $A_{uc}=-0.2$,则差分放大电路输出电压 $u_o=$ ＿＿＿＿＿＿＿mV,共模抑比 $K_{CMR}=$ ＿＿＿＿＿＿＿。

(14)集成运放的两个输入端分别为＿＿＿＿＿＿＿输入端和＿＿＿＿＿＿＿输入端,前者的极性与输出端＿＿＿＿＿＿＿,后者的极性与输出端＿＿＿＿＿＿＿。

(15)典型差放放大电路中,公共发射极电阻 R_E 对共模信号有＿＿＿＿＿＿＿作用,对差模信号可以看作＿＿＿＿＿＿＿,所以它能抑制＿＿＿＿＿＿＿,而不会影响对差模信号的放大。

(16)理想运放线性应用时的两个重要特点是＿＿＿＿＿＿＿和＿＿＿＿＿＿＿,用关系式表示为＿＿＿＿＿＿＿和＿＿＿＿＿＿＿;非线性应用时只有＿＿＿＿＿＿＿的特点,输出电压具有＿＿＿＿＿＿＿特性,不是等于＿＿＿＿＿＿＿,就是等于＿＿＿＿＿＿＿。

(17)反相比例放大电路的特征是＿＿＿＿＿＿＿,它是理想运放＿＿＿＿＿＿＿概念的特殊情况。

(18)反相比例放大器当 $R_F=R_1$ 时,称为＿＿＿＿＿＿＿器;同相比例放大器当 $R_F=0$ 或 R_1 为无穷大时,称为＿＿＿＿＿＿＿器。

2. 判断题

(1)由于集成运放是直接耦合放大电路,因此它只能放大直流信号,不能放大交流信号。（ ）

(2)线性工作状态下的集成运放,反相输入端为虚地。（ ）

(3)只要是理想运放,不论它工作在线性状态还是非线性状态,其反相输入端和同相输入端之间的电位差都为零。（ ）

(4)只要是理想运放,不论它工作在线性状态还是非线性状态,其反相输入端和同相输入端均不从信号源索取电流。（ ）

(5)同相比例运算电路为电压并联负反馈,反相比例运算电路为电压串联负反馈。（ ）

(6)在实现信号运算时,线性工作状态下的实际运放,两输入端对地的直流电阻必须相等,

才能防止输入偏置电流带来运算误差。 （　　）

（7）双端输出的差分放大电路是靠两个三极管参数的对称性来抑制温漂的。 （　　）

（8）双端输入的差分放大电路与单端输入的差分放大电路的差别在于,后者的输入信号中既有差模信号又有共模信号。 （　　）

（9）反相比例运算电路的输入电阻低,同相比例运算电路的输入电阻高。 （　　）

（10）阻容耦合放大电路中各级静态工作点不互相影响,也不存在零点漂移。 （　　）

3. 选择题

（1）放大电路产生零点漂移的主要原因是（　　）。

　　A. 温度变化引起参数变化　　　　　　　B. 采用了直接耦合方式

　　C. 三极管的噪声太大　　　　　　　　　D. 外界存在干扰源

（2）差分放大电路是为（　　）而设计的。

　　A. 稳定放大倍数　　B. 提高输入电阻　　　C. 克服温漂　　　　D. 扩展通频带

（3）由于电流源中流过的电流恒定,因此等效的交流电阻（　　）。

　　A. 很大　　　　　　B. 很小　　　　　　C. 等于零

（4）差分放大电路由双端输出改为单端输出,差模电压放大倍数约（　　）。

　　A. 增加一倍　　　　B. 为双端输出时的一半　　C. 不变

（5）为了提高输入电阻,减小温漂,通用型集成运放的输入级大多采用（　　）电路。

　　A. 共射极放大电路　　B. 共集电极放大电路　　C. 差放电路　　　　D. 电流源

（6）差分放大电路中,当 $u_{i1}=300\ mV$, $u_{i2}=200\ mV$ 时,分解为共模输入信号 $u_{ic}=$（　　）,差模输入信号 $u_{id}=$（　　）。

　　A. 500 mV　　　　　B. 100 mV　　　　　C. 250 mV　　　　　D. 50 mV

（7）电流源常用于放大电路,作为有源负载,使得放大倍数（　　）。

　　A. 提高　　　　　　B. 稳定　　　　　　C. 降低

（8）在差分放大电路中,用恒流源代替 R_E 是为了（　　）。

　　A. 提高差模放大倍数　　　　　　　　　B. 提高共模放大倍数

　　C. 提高共模抑制比　　　　　　　　　　D. 提高差模输出电阻

（9）差模输入信号与两个输入信号的（　　）有关,共模输入信号与两个输入信号的（　　）有关。

　　A. 差　　　　　　　B. 和　　　　　　　C. 比值　　　　　　D. 平均值

（10）差模电压放大倍数 A_{ud} 是（　　）之比,共模电压放大倍数 A_{uc} 是（　　）之比。

　　A. 输出的变化量与输入的变化量　　　　B. 输出差模量与输入差模量

　　C. 输出共模量与输入共模量　　　　　　D. 输出直流量与输入直流量

（11）共模抑制比 K_{CMR} 是（　　）之比。

　　A. 差模输入信号与共模输入信号　　　　B. 输出量中差模成分与共模成分

　　C. 差模放大倍数与共模放大倍数　　　　D. 交流放大倍数与直流放大倍数

（12）为了减小输出电阻,通用型集成运放的输出级大多采用（　　）电路。

　　A. 共射极放大电路　　B. 互补对称　　　　C. 差放电路　　　　D. 电流源

（13）共模抑制比 K_{CMR} 越大,表明电路（　　）。

　　A. 交流电压放大倍数越大　　　　　　　B. 放大倍数越稳定

　　C. 抑制温漂能力越强　　　　　　　　　D. 输入信号中差模成分越大

(14)同相比例运算电路的反馈类型是(　　)。

  A. 电流串联负反馈   B. 电流并联负反馈

  C. 电压并联负反馈   D. 电压串联负反馈

(15)为增大电压放大倍数,集成运算放大器中间级多采用(　　)。

  A. 共射极放大电路 B. 共集电极放大电路   C. 共基极放大电路

(16)下面对"虚地"的各种描述中,正确的是(　　)。

  A. 运算放大器作同相比例放大器时,反相输入端称为虚地

  B. 运算放大器作反相比例放大器时,反相输入端称为虚地

  C. 不管在什么情况下,只要反相输入端有信号输入,则反相输入端可视为虚地

  D. 既然"虚地"端电位近似为零,所以"虚地"端可直接接地,而放大器仍能正常工作

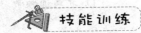 技能训练

训练项目　集成运放基本应用电路的设计与调试

一、项目概述

  集成运放是一种高放大倍数的、直接耦合的多级放大电路,它既能实现对信号的放大,也能实现各种模拟运算;既能放大直流信号,也能放大交流信号,因此有着十分广泛的应用。理想集成运放的特性是:电压增益 $A_{od}=\infty$、输入电阻 $r_{id}=\infty$、输出电阻 $r_o=0$、共模抑制比 $K_{CMR}=\infty$。根据理想集成运放的特性,能得到两个重要结论,即"虚短" $u_-\approx u_+$、"虚断" $i_-=i_+\approx 0$。这两个重要结论既为分析运算放大电路带来方便,也是分析电路的重要基础。

  集成运放的基本运算电路有:比例运算、加法运算、减法运算、积分和微分运算等。基本运算电路通常由集成运放和负反馈电路两部分组成。集成运放必须工作在线性范围内,才能保证输出与输入电压间具有一定的函数关系。由于集成运放的开环电压增益很高,必须外加深度负反馈,而不同的反馈电路,可获得不同的模拟运算。

二、训练目的

  利用集成运放可构成多种运算电路,实现对信号的放大或处理。通过本训练项目,使学生能了解集成运放的外形结构及引线功能,掌握集成运放的使用方法;能运用集成运放的理论知识,独立完成比例运算、加法与减法运算电路的组装、调试和测量工作,提高对知识的应用能力,以及分析问题和解决问题的能力。

三、训练内容与要求

1. 训练内容

  利用模拟电子技术实验装置提供的电路板(或面包板)、电源、集成运放器件、电阻、电容、连接导线等,设计和组装成各种运算放大电路。根据本项目训练要求,以及给定的各种运算形式,完成电路安装的布线图设计、元器件的选择,并完成电路的组装、调试、主要参数的测量,并撰写出项目训练报告。

2. 训练要求

(1)掌握典型集成运放的工作原理、理想特性、"虚短"和"虚断"的概念。

(2)熟悉集成运放的几种基本运算形式。

(3)学会反相比例运算电路,反相加法运算、减法运算电路的组装、调试和测量。

(4)撰写项目训练报告。

四、原理分析

1. 典型集成运放 LM324 简介

集成运放 LM324 是四运放集成芯片,它采用 14 引脚双列直插塑料封装,外形如图 4-51 所示。它的内部包含四组形式完全相同的运算放大器,除电源共用外,四组集成运放相互独立。每一组运算放大器有正、负电源端,输出端,反相输入端和同相输入端 5 个引出脚,其中 V_+ 和 V_- 表示正、负电源端,V_o 表示输出端,V_{i-} 表示反相输入端,V_{i+} 表示同相输入端。LM324 的引脚功能见表 4-3。

表 4-3　LM324 引脚功能

引脚	功　能
4	正电源端 $+V_{CC}$($+5$～$+15$ V)
11	负电源端 $-V_{CC}$(-15～ 0 V)
3、5、10、12	同相输入端 u_+
2、6、9、13	反相输入端 u_-
1、7、8、14	输出端 u_o

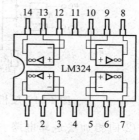

图 4-51　LM324 外形及引脚排列

使用时,可用万用表测量 LM324 的性能,将万用表置 R×1 kΩ 挡,先测两个电源引线,检查是否短路;再测各引线之间的阻值,都应足够大,一般阻值在数十千欧以上。

2. 集成运放的基本应用

(1)比例运算电路。比例运算电路有反相输入和同相输入两种,由于外部电路不同,构成的运算方式也不同。

①反相比例运算电路。反相比例运算电路如图 4-52 所示。输入信号 u_I 通过 R_1 加到集成运放反相输入端,输出信号通过反馈电阻 R_F 回送到反相输入端,构成电压并联负反馈。根据理想运放的"虚断"和"虚短"的概念:$i_+=i_-\approx0$、$u_-=u_+\approx0$,可推出输出电压与输入电压的关系为

$$u_O=-\frac{R_F}{R_1}u_I$$

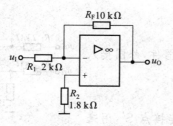

图 4-52　反相比例运算电路

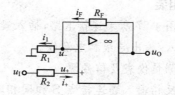

图 4-53　同相比例运算电路

②同相比例运算电路。同相比例运算电路如图 4-53 所示。输入信号 u_1 通过 R_2 加在集成运放的同相输入端,输出信号通过反馈电阻 R_F 回送到反相输入端,构成电压串联负反馈。根据理想运放的"虚短"和"虚断"的概念:$i_+=i_-\approx0$,则 $u_+=u_-=u_1$,可推出 u_O 与 u_1 的关系为

$$u_O=\frac{R_1+R_F}{R_1}u_1$$

(2)加法与减法运算电路:

①反相加法运算电路。加法运算就是对几个信号的求和。图 4-54 为反相加法运算电路,它在反相比例运算电路的基础上,增加若干输入支路。由理想运放的"虚短"和"虚断"概念:因为 $i_+=i_-\approx0$,所以 $i_1+i_2+i_3=i_F$,且 $u_-=u_+=0$,当 $R_1=R_2=R_3=R$ 时,可得

$$u_O=-(u_{I1}+u_{I2}+u_{I3})$$

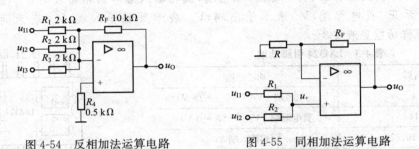

图 4-54 反相加法运算电路   图 4-55   同相加法运算电路

②同相加法运算电路。图 4-55 所示为同相加法运算电路,若在电路中取 $R_1=R_2$,$R=R_F$,由同相比例运算并利用叠加定理求得

$$u_O=u_{I1}+u_{I2}$$

③减法运算电路。图 4-56 所示为减法运算电路,它是反相比例运算和同相比例运算的组合,实质上是一种差分运算电路。利用叠加定理即可求得 u_O,当满足 $R_3/R_2=R_F/R_1$ 时,求得

$$u_O=-\frac{R_F}{R_1}(u_{I1}-u_{I2})=\frac{R_F}{R_1}(u_{I2}-u_{I1})$$

五、内容安排

1. 知识准备

(1)指导教师讲述集成运放应用电路的组成;明确训练项目的内容、要求、步骤和方法。

(2)学生做好预习,熟悉比例运算、加法与减法运算电路的结构,掌握输出电压与输入电压的运算关系。

(3)在面包板上完成电路布线图设计。

2. 电路组装

(1)按照图 4-57 所示连接电路,插入集成运放器件,外围接入电阻,连接输入/输出导线和电源线。

(2)接入测量仪表及信号源。

(3)设置反相输入端连接点 S 和同相输入端连接点 S′,用来分别测试反相比例运算、反相加法运算和减法运算。

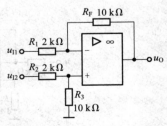

图 4-56   减法运算电路

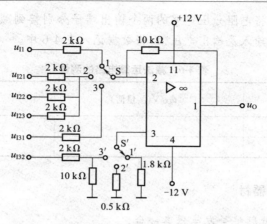

图 4-57 测量电路

3. 电路调试与测量

（1）反相比例运算电路的测量：

①将反相输入端 S 连接到"1"端，同相输入端 S′连接到"1′"端，按图 4-52 组成反相比例运算电路。

②调节低频信号发生器，使其输出电压有效值分别为 1 V 和 0.5 V，信号频率为 1 kHz 的正弦信号接到比例运算放大器电路的输入端，测出相应的输出电压有效值 u_O，并用示波器观察输出电压与输入电压波形，比较两者的相位关系及幅度。将数据记入表 4-4 中。

表 4-4 反相比例运算电路的测量

输入值	u_O/V（测量值）	u_O/V（计算值）
u_I=1 V		
u_I=0.5 V		

（2）反相加法运算电路的测量：

①将反相输入端 S 连接到"2"端，同相输入端 S′连接到"2′"端，按图 4-54 组成反相加法运算电路。

②使用一组稳压源作为信号源，输出 1.5 V。将稳压源的输出接到三个电阻组成的分压电路上，形成三个端子分别接到加法运算电路的三个输入端，然后用万用表测出此时的 u_{I1}、u_{I2}、u_{I3} 值及输出电压 u_O 值，将数据记入表 4-5 中。

表 4-5 反相加法运算电路的测量

输入值	u_O/V（测量值）	u_O/V（计算值）
u_{I1}=1.0 V		
u_{I2}=0.6 V		
u_{I3}=0.4 V		

（3）减法运算电路的测量：

①将反相输入端 S 连接到"3"端，同相输入端 S′连接到"3′"端，按图 4-56 组成减法运算电路。

②采用同样的方法,将电阻分压电路的两个输出端子分别接到减法运算电路的两个输入端,用万用表测出此时的输入及输出电压值,将数据记入表 4-6 中。

表 4-6　减法运算电路的测量

输入值	u_O/V(测量值)	u_O/V(计算值)
$u_{I1}=1.5$ V		
$u_{I2}=0.5$ V		

六、训练所用仪表与器材

(1)直流稳压电源、低频信号发生器各一台。
(2)晶体毫伏表、频率计各一台。
(3)万用表、镊子、偏口钳、尖嘴钳等。
(4)集成器件 LM324,电阻若干。

七、成绩评定

训练项目成绩评定采取百分制分段评定的方法:
(1)电路组装工艺,30 分。
(2)主要性能指标测试,50 分。
(3)总结报告,20 分。
将运算放大电路的实测值和理论估算值进行比较,总结运算放大电路输入与输出的关系。

第五章 功率放大器

如前所述,放大电路实质上都是能量转换电路。从能量控制的观点来看,功率放大电路与电压放大电路没有本质的区别,但两者所要完成的任务是不同的。电压放大电路的主要任务是使负载得到不失真的电压信号,主要性能指标有电压放大倍数、输入电阻和输出电阻等。而功率放大电路的主要任务是高效率地向负载提供不失真(或失真程度在允许范围内)的输出功率,人们关心的是它的最大不失真输出功率和效率等问题。功率放大电路通常在大信号状态下工作,与小信号电压放大电路相比具有不同的特点。

本章主要介绍功率放大器的特点和分类、互补对称功率放大器 OCL、OTL,以及几种常用的集成功率放大器及其典型应用。

第一节　功率放大器概述

在实际的电路中,一般由电压放大器构成前置级,由功率放大器构成输出级,以输出一定的功率来带动负载。能向负载提供足够功率的放大电路称为功率放大器。一般电子电路的组成框图如图 5-1 所示。

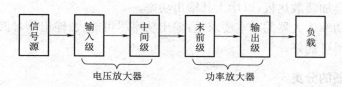

图 5-1　一般电子电路的组成框图

一、功率放大电路的特点

电压放大器工作在电压放大状态,且接收的信号较小,它的主要技术指标有电压放大倍数、输入电阻、输出电阻等,其输出功率不一定要大。而功率放大器则工作在大电压、大电流情况下,人们关心的是它的最大不失真输出功率、效率等问题。为了达到这个目的,功率放大器应具备如下特点:

1. 输出功率尽可能大

为了获得尽可能大的输出功率,功放管的输出电压和电流就必须足够大,应尽可能在接近极限的条件下工作,以满足驱动负载的需要,但不能超过极限参数,即

$$U_{CEmax} < U_{(BR)CEO}$$

$$I_{cmax} < I_{CM}$$

$$P_{cmax}<P_{CM}$$

功放管的极限工作区如图 5-2 所示。如超过极限参数,功放管容易损坏。

2. 效率要高

功率放大器输出的大功率是依靠功放管将直流电源供给的直流电能转换成交流电能而来的。在转换中,由于功放管本身存在功耗,所以总有部分能量要消耗。因此,总是希望电源供给的直流电能应尽可能多地转换成随输入信号改变而改变的交流能量,来提供给负载,即转换效率应尽可能高。

所谓效率,就是功放管提供负载的输出功率 P_o 与直流电源供给的功率 P_E 的比值。表达式为

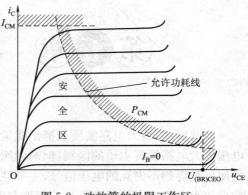

图 5-2 功放管的极限工作区

$$\eta=\frac{P_o}{P_E}\times100\%$$

上式比值越大,就意味着效率越高。

3. 失真要小

功放管要获得大的输出功率,就必须在大信号状态下工作。但由于三极管的特性曲线是非线性的,工作时超出特性曲线的线性范围是常有的事,输出功率越大,非线性失真越严重。因此,失真就成了必须考虑的问题,要设法在输出尽可能大的情况下尽量减小非线性失真。

4. 散热要好

由于功放管工作时电流较大,其集电结的温度就会有较大升高,如果散热不好,功放管就容易烧坏。因此,为了保证功放管长期稳定地工作,就必须考虑功放管的散热问题。对大功率的功放管,一般都会加装散热板,以增大其输出功率。

由此可见,对功率放大器的基本要求是:输出功率尽可能大;输出信号波形失真尽可能小;效率尽量高;散热尽可能好。

二、功率放大器的分类

1. 按功放管工作状态分

根据功放管工作状态的不同,低频功率放大器一般分为:甲类、乙类和甲乙类功率放大器三种。

甲类功率放大器的静态工作点设在交流负载线的中部。在输入信号的整个周期内,功放管均处于导通状态,其导通角为 $\theta=2\pi$。当输入信号为幅度适当的正弦波时,输出波形也为完整的正弦波。其工作波形情况见图 5-3(a)。

乙类功率放大器的静态工作点设在交流负载线与 $I_B=0$ 的输出特性曲线的交点处。在输入信号的整个周期内,功放管只有半个周期处于导通状态,而另半个周期处于截止状态,其导通角 $\theta=\pi$。当输入信号为幅度适当的正弦波时,输出波形为半个周期的正弦波形,其工作波形情况见图 5-3(b)。因此,只有采用两只功放管轮流工作,分别放大正、负半周的信号,才能在输出端得到完整的波形输出。

甲乙类功率放大器的静态工作点靠近截止区的位置,略高于乙类功率放大器。在输入信号的整个周期内,功放管的导通角为 $\pi\leq\theta\leq2\pi$。在静态时,功效管处于微导通状态,工作波形

情况见图 5-3(c)。利用两功放管轮流交替工作，可得到完整的波形输出。

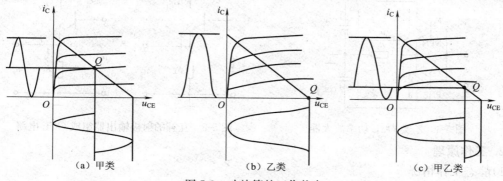

图 5-3 功放管的工作状态

甲类功率放大器具有结构简单、线性好、失真小等优点。但由于甲类功率放大器中，功放管一直处在放大状态，电源就一直有功率输出，静态时，这些功率都消耗在功放管上。因此，甲类功率放大器的管耗大、效率低，即使是在理想情况下，效率也只能达到 50%。乙类和甲乙类功率放大器一般由两只功放管组成推挽功率放大电路。静态时，电流小、管耗小、效率较高，理想效率可达到 78.5%。因此，一般功率放大电路常采用后者。但乙类和甲乙类功率放大器的波形失真问题较严重，需要在电路结构上采取措施。有时，为了追求尽可能小的失真，有的功率放大电路也采用甲类功率放大器。

2. 按电路结构来分

根据电路结构的不同，功率放大器又分为：单管功率放大器、变压器耦合功率放大器、无输出变压器的功率放大器(OTL)、无输出电容的功率放大器(OCL)和桥式推挽功率放大器(BTL)。

单管功率放大器由于输出功率和效率较低，很少使用。变压器耦合功率放大器是利用变压器的阻抗变换特性，实现放大器与负载之间的最佳阻抗匹配，从而保证放大器、负载间的最大传输效率。但变压器存在体积大、笨重、价格高、频响特性差、对电路干扰大、不容易集成等缺点，因此，这类电路多在一些特殊场合采用。目前使用较多的是互补对称功率放大电路，常见的有 OTL 电路和 OCL 电路，这两种电路具有结构简单、体积小、效率高、频响特性好、便于集成等优点，因此在集成功率放大电路中得到广泛的应用。

第二节　互补对称功率放大器

一、乙类互补对称 OCL 功率放大器

1. 电路组成

OCL(output capacitor less)功率放大器是指无输出电容的互补对称功率放大器，电路如图 5-4 所示。选用两只特性相同(两管参数一致)、型号相异(一只 NPN 型管 V_1、一只 PNP 型管 V_2)的三极管，将两管基极相连作为输入端，将两管发射极相连作为输出端，接负载 R_L，两管都无偏置电路，因而都工作在乙类状态。电路采用双电源供电，NPN 型管的集电极接正电源，PNP 型管的集电极接负电源，这样就构成了基本的互补对称 OCL 功率放大器。

OCL 电路可以看成是两个射极输出器的组合，如图 5-5 所示。由图可见，V_1、V_2 交替工作，正、负电源交替供电，输出与输入之间双向跟随，形成了"互补"工作方式。

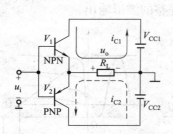

图 5-4 乙类 OCL 功率放大器

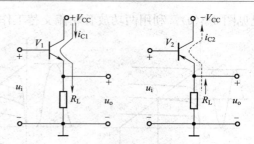

图 5-5 互补的射极输出器组成 OCL 电路

2. 工作原理

1)静态工作情况

因两个功放管均未加直流偏置电压,故 $i_{B1}=i_{B2}=0$,$i_{C1}=i_{C2}=0$,V_1、V_2 均截止,$u_o=0$,负载 R_L 中无电流流过,此时,输出端无须隔直电容 C。静态时,电路无功率输出,也无静态功率损耗。

2)动态工作情况

当输入正弦信号 u_i 处于正半周时,V_1 导通、V_2 截止,正电源 V_{CC1} 供电,电流如图 5-4 中实线箭头所示。这时 V_1 以射极输出的形式将正方向的信号传给负载,正半周的电流 i_{C1} 通过负载 R_L,使 R_L 得到输出信号 u_o 的正半周。

当输入正弦信号 u_i 处于负半周时,V_2 导通、V_1 截止,负电源 V_{CC2} 供电,电流如图 5-4 中虚线箭头所示。这时 V_2 以射极输出的形式将负方向的信号传给负载,负半周的电流 i_{C2} 通过负载 R_L,使 R_L 得到输出信号 u_o 的负半周。

由上可见,在输入信号的一个周期内,V_1、V_2 轮流工作,它们各导通半个周期,互相弥补了对方的不足,所以把这种电路称为互补对称功率放大电路。如果两管特性完全对称,就能在 R_L 上得到完整的输出波形。

3. 输出功率和效率

由于两个功放管都工作在大信号状态下,所以适宜用图解法对电路进行分析计算。又因为 V_1、V_2 两管特性相同,且交替对称地各工作半个周期,所以为分析方便起见,通常将两个功放管的输出特性曲线相互倒置画出,以形成一个周期内的完整工作波形,如图 5-6 所示。

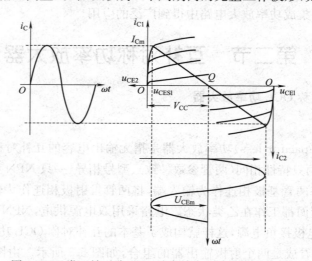

图 5-6 乙类互补对称 OCL 功率放大电路的图解分析

无输入信号时，$u_i = 0$，因 $I_{BQ1} = I_{BQ2} = 0$，$I_{CQ1} = I_{CQ2} = 0$，$U_{CEQ1} = +V_{CC}$，$U_{CEQ2} = -V_{CC}$，两管的静态工作点在横轴上重合。

当 $u_i \neq 0$ 时，过 Q 点画出一条斜率为 $-1/R_L$ 的交流负载线。当输入信号 u_i 足够大时，可求出 u_{CE} 的最大幅值为 $U_{CEm} = V_{CC} - U_{CES} \approx V_{CC}$，$i_C$ 的最大幅值为 $I_{Cm} = U_{CEm}/R_L \approx V_{CC}/R_L$。有了输出电流的最大幅值和输出电压的最大幅值，就可计算最大输出功率。

分析输出功率和效率时，可从一个功放管的工作情况推知整个放大电路的工作情况。现以 V_1 管工作的半个周期为例进行分析。

1）输出功率 P_o

根据输出功率等于输出电压有效值与输出电流有效值乘积的定义可得

$$P_o = u_o i_o = \frac{U_{CEm}}{\sqrt{2}} \times \frac{I_{Cm}}{\sqrt{2}} = \frac{1}{2} U_{CEm} I_{Cm} = \frac{1}{2} \frac{U_{CEm}^2}{R_L} \tag{5-1}$$

当输入信号足够大时，$U_{CEm} \approx V_{CC}$，可获得最大输出功率为

$$P_{om} \approx \frac{V_{CC}}{\sqrt{2}} \times \frac{V_{CC}}{\sqrt{2} R_L} = \frac{1}{2} \frac{V_{CC}^2}{R_L} \tag{5-2}$$

2）直流电源供给的功率 P_E

由于两只功放管轮流工作半个周期，每个电源只提供半个周期的电流，所以各管的集电极平均电流为

$$I_C = I_{C1} = I_{C2} = \frac{1}{2\pi} \int_0^\pi I_{Cm} \sin\omega t \, d(\omega t) = \frac{I_{Cm}}{\pi} \tag{5-3}$$

两个直流电源供给的总功率为

$$P_E = 2 I_C V_{CC} = \frac{2 I_{Cm} V_{CC}}{\pi} \tag{5-4}$$

当输出电压最大时，电源供给的总功率最大，即

$$P_{Em} = \frac{2 V_{CC}^2}{\pi R_L} \tag{5-5}$$

3）最大效率

$$\eta = \frac{P_{om}}{P_{Em}} = \frac{\frac{1}{2} \frac{V_{CC}^2}{R_L}}{\frac{2}{\pi} \frac{V_{CC}^2}{R_L}} = \frac{\pi}{4} = 78.5\% \tag{5-6}$$

4）管耗 P_V

两只功放管总的最大耗散功率 $P_V = P_E - P_o = \frac{2}{\pi} V_{CC} \cdot \frac{U_{CEm}}{R_L} - \frac{1}{2} \frac{U_{CEm}^2}{R_L}$，当 $U_{CEm} = \frac{2}{\pi} V_{CC} \approx 0.64 V_{CC}$ 时，P_V 有最大值，经计算得 $P_{Vm} = 0.4 P_{om}$，每只功放管的最大管耗 $P_{Vm1} = P_{Vm2} = 0.2 P_{om}$。

4. 非线性失真

乙类互补对称功率放大器的优点是效率高，缺点是输出波形在信号过零处有失真，这是由于电路没有设置直流偏置电路的缘故。当输入信号 u_i 幅度小于功放管的死区电压时，V_1、V_2 均截止，i_{C1}、i_{C2} 基本为零，负载 R_L 上无电流流过，$u_o = 0$。只有当输入信号 u_i 幅度大于功放管的死区电压时，基极电流 i_B 才有显著变化。这种由于功放管的死区电压使输出信号的波形在正、负半周的交界处发生失真的情况称为交越失真，如图 5-7 所示。

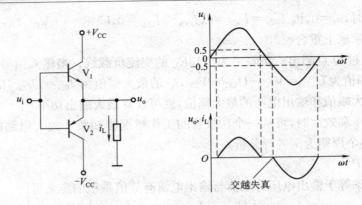

图 5-7　乙类互补对称功率放大器的交越失真

二、甲乙类互补对称 OCL 功率放大器

为了克服交越失真,就必须设置基极偏置电路,使两功放管有一个较低的静态偏置电压。通常在两功放管基极间加二极管、电阻(或加二极管、电阻组合)的方法来解决,让 V_1、V_2 静态时处于微导通状态。这样,当输入信号有微小变化时,也能使功放管正常导通放大,从而消除交越失真。

1. 电路组成

甲乙类互补对称 OCL 功率放大器如图 5-8 所示。在两功放管的基极间加上两个二极管 VD_1、VD_2,电源通过 R_1、R_2 给二极管 VD_1、VD_2 提供直流电流,使二极管两端的正向导通电压刚好等于功放管的死区电压。这样,一旦在输入端加上信号,就可以使功放管迅速进入放大区,从而消除交越失真。由于电路完全对称,静态时 VD_1、VD_2 的电流相等,负载中无电流通过,两功放管的发射极电位为零。为提高效率,在设置偏置时,应尽可能接近乙类。

当有交流信号输入时,因 VD_1、VD_2 在导通时的动态电阻很小,因而可以认为两功放管基极加的交流信号是相等的。两功放管轮流工作在过零点附近,此时两功放管导通时间要比乙类长,导通角大于 π,它们交替工作时有一定的导通重叠时间,这样就克服了交越失真。

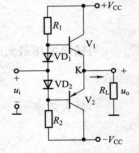

图 5-8　甲乙类互补对称
OCL 功率放大器

2. 采用复合管的 OCL 功率放大器

1)复合管

在互补对称功率放大电路中,当输出功率较大时,功放管就要采用大功率的三极管。为了使输出波形的正、负半周对称,两功放管的特性就必须一致。但要获得一对特性一致的异型大功率管是非常困难的,而获得一对特性一致的 NPN 型和 PNP 型小功率管则相对较容易。因此,通常采用一对特性一致的异型小功率管和一对特性一致的同型大功率管组成复合管,来作为异型大功率管。复合管的连接形式和等效管型如图 5-9 所示,其连接规律及特点如下:

(1)复合管的管型取决于前一只三极管。

(2)复合管的电流放大系数 β 近似为两管电流放大系数的乘积,即 $\beta = \beta_1\beta_2$。

(3)两只三极管各极电流方向应一致。

一般来说,前管的基极必须单独引出,后管的发射极必须单独引出,前管连接在后管的集电极上。复合管也可以由两只以上三极管来构成。

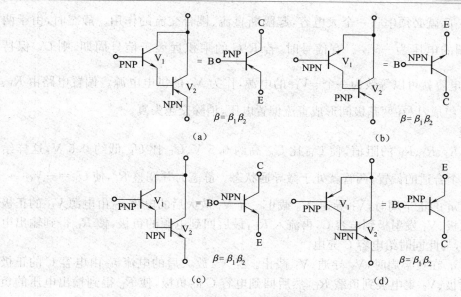

图 5-9　复合管的连接形式和等效管型

2)由复合管构成的 OCL 功率放大器

图 5-10 为由复合管构成的 OCL 功率放大器。V_1、V_3 组成 NPN 型复合管，V_2、V_4 组成 PNP 型复合管。采用复合管连接解决了大功率管的配对问题，但带来了功放管穿透电流大的问题，使稳定性变差。为此，在图 5-10 中接入 R_4、R_5，它们对 V_1、V_2 管的穿透电流起分流作用。另外，可调电阻 R_3 可调整 K 点的电压。静态时，调节 R_3 的阻值，使 K 点电压为零，即输出电压为零，保证在静态时负载中无电流，以降低静态损耗。如 K 点电压静态时不为零，说明 V_3、V_4 工作不对称，应仔细调整 R_3 的阻值。

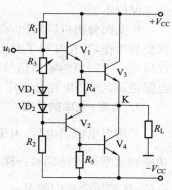

图 5-10　由复合管构成的 OCL 功率放大器

三、甲乙类互补对称 OTL 功率放大器

双电源的互补对称 OCL 功率放大器虽然电路结构简单、效率高，但却需要用两个电源来供电，给使用带来不便，且电源利用率低。在输入信号的一个周期内，每个电源的工作时间只有半个周期，既不经济，也不方便。为了提高电源的利用效率，人们又设计出了单电源的互补对称功率放大器，即无输出变压器的功率放大器 OTL(output transformer less)。

1. 电路组成

甲乙类互补对称 OTL 功率放大器如图 5-11 所示。功放电路由两个特性相同、型号相异的三极管 V_1、V_2组成。由于两管的发射极(即 K 点)静态电压不再为零，因此，在输出

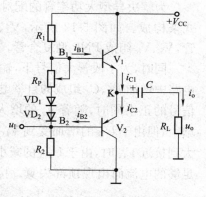

图 5-11　甲乙类互补对称 OTL 功率放大器

端与负载电阻 R_L 间就必须串联一个大电容,起隔断直流、耦合交流的作用。静态时,由于两管对称,电容两端的电压为 $\frac{1}{2}V_{CC}$。有信号时,若 R_LC 的乘积远大于信号周期,则 U_K 保持 $\frac{1}{2}V_{CC}$ 不变,这样电容就可以等效为一个 $\frac{1}{2}V_{CC}$ 的电源,作为 V_2 的供电电源。偏置电路由 R_1、R_2、R_P、VD_1、VD_2 组成,以在两基极间形成直流偏置电压,消除交越失真。

2. 工作原理

静态时调整 R_1、R_2、R_P 的阻值,使 U_{B1} 比 U_K 高约 0.5 V、U_{B2} 比 U_K 低约 0.5 V,这样给 V_1、V_2 提供了一个合适的偏置,两管就处于微导通状态。静态时并调整 R_P,使 $U_K=\frac{1}{2}V_{CC}$。

当输入信号 u_i 的正半周时,V_1 导通、V_2 截止。经 V_1 放大后的电流 i_{C1} 由电源 V_{CC} 的正极流出,经 V_1 集电极、V_1 发射极到电容 C,再流入 R_L,最后回到电源的负极,使 R_L 得到输出电压的正半周波形,与此同时给电容 C 充电。

当输入信号 u_i 在负半周时,V_2 导通、V_1 截止。经 V_2 放大后的电流 i_{C2} 由电容 C 的正极流出,经 V_2 发射极、V_2 集电极到负载 R_L,然后回到电容 C 的负极,使 R_L 得到输出电压的负半周波形。此时,电容 C 放电,且电容 C 充当了 V_2 的电源。

由于输出回路的充放电时间常数 R_LC 远大于信号周期,因此,可以认为电容两端的电压基本保持不变。

从上面分析可以看出,在输入信号的一个周期里,V_1、V_2 轮流导通,两个不同类型的功放管交替工作,互相弥补了对方的不足,在输入信号的整个周期内负载 R_L 上都有电流流过,可以得到一个完整的输出信号波形。因此,把这种电路称为单电源的互补对称功率放大电路。也就是说,OTL 电路是采用单电源供电的互补对称功率放大电路。

3. 功率、效率的计算

采用单电源供电后,由于每只功放管的工作电压不是原来的 V_{CC},而是 $\frac{1}{2}V_{CC}$,但计算输出功率和效率的方法仍然一样,只要对前面推出的计算公式进行修正即可。修正的方法就是将 $\frac{1}{2}V_{CC}$ 代替原公式中的 V_{CC}。

4. 由复合管构成的 OTL 功率放大器

为解决异型大功率管的配对问题,大功率 OTL 功率放大器的功放管也采用复合管的形式来构成。如图 5-12 所示,V_2、V_4 组成 NPN 型复合管,V_3、V_5 组成 PNP 型复合管。

同时,为了改善大信号下,输出信号正半周的波形,电路中增加 R_3、C_3 组成的自举电路。当 R_L 上得到输出信号的正半周时,随着 u_o 的增大,将使 U_{E4} 的电压逐渐增大,但由于 U_{B2} 的增加受到 V_{CC} 的限制,因此,在 u_o 增大到接近 V_{CC} 时,由于 U_{BE2} 的减小,负载上就因为得不到足够的电流而出现顶部失真。接入一个较大的电容 C_3 后,C_3 两端的电压(约为 $\frac{1}{2}V_{CC}$)可以看成是一个电源。这样,当 u_o 增大到接近 V_{CC} 时,电容上端的电位也会跟

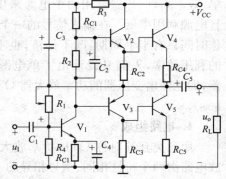

图 5-12 由复合管构成的 OTL 功率放大器

着升高到接近 $\frac{3}{2}V_{CC}$，使 U_{B2} 增大，基极电流增大，从而克服输出电压波形的顶部失真。R_3 是为了让电容 C_3 的电压与 V_{CC} 隔开，使 V_2 获得自举电压。图 5-12 中由 V_1 构成前级放大电路，向末级功放电路提供足够的激励信号，它用分压偏置使电路工作在甲类状态，偏置电源取自中点电压，目的是引入负反馈，起到稳定静态工作点和改善输出波形的作用。

四、BTL 功率放大器

OTL 功率放大器虽然使用了单电源,电源的利用效率也高了,但其最大输出电压也只有 $\frac{1}{2}V_{CC}$，这必然降低输出功率。为此,人们又设计出了 BTL 功率放大器,即桥式推挽功率放大器。

1. 电路组成

BTL 功率放大器如图 5-13 所示,它可以看成两个 OCL 电路的输出端经负载电阻 R_L 背向对接构成,并采用单电源供电。

2. 工作原理

静态时,由于四只功放管特性一致且构成了对称电路,所以 $U_A = U_B = \frac{1}{2}V_{CC}$，负载 R_L 上无静态电流,R_L 两端的输出电压为零。

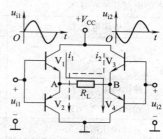

图 5-13 BTL 功率放大电路

动态时,在两输入端分别加上一对大小相等、相位相反的正弦信号 u_{i1} 和 u_{i2}。

当 u_{i1} 的正半周(u_{i2} 为负半周)到来时,V_1、V_4 导通,V_2、V_3 截止。电流 i_1 如实线所示,R_L 得到输出电压的正半周。

当 u_{i1} 的负半周(u_{i2} 为正半周)到来时,V_2、V_3 导通,V_1、V_4 截止,电流 i_2 如虚线所示,R_L 得到输出电压的负半周。

这样,在输入信号的一个周期内,负载 R_L 上可获得完整的正弦波形输出。

3. 输出功率与效率

由图 5-13 可以看出,负载 R_L 上最大输出电压幅值为 $U_{om} = V_{CC} - 2U_{CES}$，若忽略两管的饱和管压降 U_{CES}，则 $U_{om} \approx V_{CC}$。可见,其最大输出电压幅值与 OCL 功率放大电路一样。因此,其最大输出功率、电源提供的最大功率、效率都与 OCL 功率放大电路相同。

总管耗仍为 $0.4P_{om}$，每只功放管的最大管耗为 $0.1P_{om}$。

值得注意的是,虽然 BTL 电路与 OCL 电路的最大输出功率一样,但 BTL 电路使用的是单电源供电。如采用一个与 OCL 电路正、负电源等效的电源($2V_{CC}$）供电,则在相同负载时,BTL 电路的最大输出功率为 OCL 电路功率的 4 倍,即

$$P_{om} \approx \frac{2V_{CC}}{\sqrt{2}} \times \frac{2V_{CC}}{\sqrt{2}R_L} = \frac{(2V_{CC})^2}{2R_L} = 4\frac{V_{CC}^2}{2R_L} \tag{5-7}$$

第三节   集成功率放大器

随着集成电子技术的发展,电子产品、设备日趋集成化,功率放大器的发展也是如此。集成功率放大器(简称"集成功放")由集成运算放大器发展而来,它内部电路一般由前置级、中间

级、输出级和偏置电路组成。为了保证器件在大功率状态下安全工作,集成功放还设有过电压、过电流及过热保护电路。集成功放具有安装调试方便、热稳定性好、可靠性高、电源适用范围宽、价格低、适应性广等优点。

目前,集成音频功率放大器有几十种,常用的集成功放器件主要参数见表 5-1。为了能了解集成功放器件的性能,表中列出了它们的主要参数,供使用时选择比较。集成功放在收录机、扩音机、电视机等音视频设备中得到广泛应用。本节仅介绍集成功放 D2006、DG810、DG4100 的引脚功能及典型应用。

表 5-1 常用的集成功放器件主要参数

主要参数	型 号			
	D2006	DG810	DG4100	LM386
电路类型	OCL	OTL	OTL	OTL
电源电压范围/V	$\pm 6 \sim \pm 15$	$6 \sim 20$	6	$5 \sim 18$
静态电源电流 I_{CCO}/mA	40	12	15	4
输出功率 P_o	$R_L = 4\ \Omega, P_o = 12\ W;$ $R_L = 8\ \Omega, P_o = 8\ W$	$V_{CC} = 15\ V,$ $R_L = 4\ \Omega, P_o = 6\ W$	$R_L = 4\ \Omega, P_o = 1\ W;$ $R_L = 8\ \Omega, P_o = 0.6\ W$	$R_L = 32\ \Omega, P_o = 1\ W$
输出峰值电流 I_{om}/A	3	3.5		
输入阻抗 r_i/kΩ	5 000	5	20	50
开环电压增益 A_u/dB	75	80	70	$26 \sim 46$
谐波失真 T_{DH}/%	0.2	0.3	0.5	0.2

一、D2006 集成功放的应用

1. 器件外形和引脚功能

D2006 是一种我国自行生产的集成音频功率放大电路。其输出级为复合管构成的互补射极输出器电路,只需外接少量元件就可以构成各种实用电路。它具有失真小、噪声低、静态工作点无须调整、电源电压范围宽($\pm 6 \sim \pm 15$ V)等优点。可单电源供电,也可双电源供电。

D2006 采用单列直插式塑封结构,其外形及引脚如图 5-14 所示,它有五个引脚,各引脚功能如下:

1 引脚为同相输入端,信号一般从 1 引脚输入;2 引脚为反相输入端,一般用于引入负反馈;3 引脚为 $-V_{EE}$ 负电源端;4 引脚为输出端;5 引脚为 $+V_{CC}$ 正电源端。

2. 典型应用电路

D2006 在外接适量元件后,就可方便地构成各种方式的应用电路。

1)OCL 方式的应用

图 5-15 所示为 D2006 的 OCL 方式应用电路。图中采用双电源供电,输入端、输出端在静态时电位均为零,无须外接偏置电路。R_1、R_2、C_2 组成交流电压串联负反馈。R_4、C_5 用于平衡感性负载的影响,消除可能出现的高频自激。VD_1、VD_2 组成过电压保护电路,用于释放感性负载上的自感电压,避免过电压冲击损坏集成器件。输入信号在采用同相输入时,其闭环电压放大倍数为 $A_u = 1 + R_1/R_2 \approx 33$。

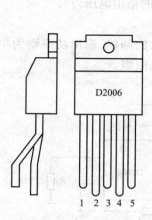

图 5-14　D2006 外形及引脚

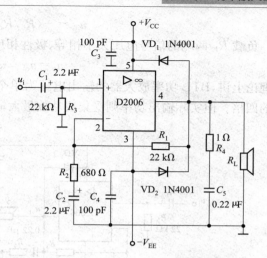

图 5-15　D2006 的 OCL 方式应用电路

2)OTL 方式的应用

图 5-16 所示为 D2006 的 OTL 方式应用电路。它采用单电源供电,因此需要 R_1、R_2、R_3 构成分压偏置电路,静态时 1、4 引脚的工作电压均为 $\frac{1}{2}V_{CC}$。信号通过 C_3 从同相输入端引入, C_7 为 OTL 的输出电容。R_4、R_5、C_5 组成交流电压串联负反馈。C_1 用于电源滤波,C_2 用于消除高频自激。其他元件的作用与 OCL 电路相同,这里不再赘述。

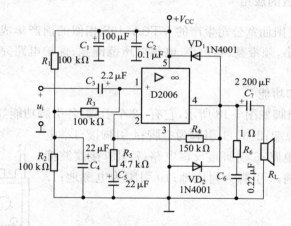

图 5-16　D2006 的 OTL 方式应用电路

3)BTL 方式的应用

图 5-17 所示为 D2006 的 BTL 方式应用电路。它采用两块 D2006 构成,负载 R_L 接在两个输出端之间。其每块集成电路的基本连接形式与 OCL 电路相同,元器件的作用也相似。

由图 5-17 可见,左边的 D2006 构成同相比例放大器,其输出电压为

$$u_{o1} = (1 + R_3/R_2)u_i$$

右边的 D2006 构成反相比例放大器,经过 R_7 将 u_{o1} 的输出信号引入到输入端,其输出电压为

$$u_{o2} = -(R_6/R_7)u_{o1} = -u_{o1}$$

负载 R_L 两端的信号电压大小相等、极性相反,使合成的输出电压为

$$u_o = u_{o1} - u_{o2} = 2u_{o1}$$

即理论上讲,BTL 功率放大器的输出电压为单个集成功放的两倍,输出功率则为单个集成功放的四倍。但实际输出功率则受集成功放最大输出功率的限制。

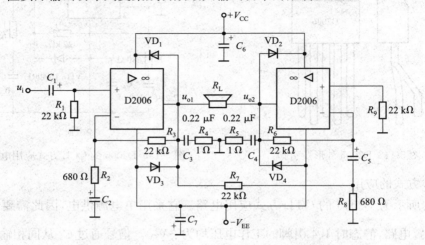

图 5-17 D2006 的 BTL 方式应用电路

二、DG810 集成功放的应用

DG810 是一种与美国仙童公司生产的 VTBA810S 相似的国产集成音频功率放大器。它具有输出功率大、失真小、频带宽、噪声小、电源电压范围宽、保护电路完善等优点。广泛应用于各种音响电路中。

1. 器件外形和引脚功能

DG810 的外形及引脚如图 5-18 所示,它有 12 个引脚,各引脚功能如下:

1 引脚为 $+V_{CC}$ 电源端;2、3、11 引脚为空脚;4 引脚接自举电路;5 引脚接频率补偿电路;6 引脚接反馈电路;7 引脚接纹波抑制电容;8 引脚为输入端;9 引脚为衬底地;10 引脚为电源地;12 引脚为输出端。

2. 应用电路

图 5-19 为 DG810 的典型应用电路。图中输入信号从 8 引脚引入,C_1 为耦合电容,R_1 为输入管的偏置电阻,以提供基极电流;6 引脚接的 C_2、R_2 为交流负反馈电路,选用不同阻值的 R_2,

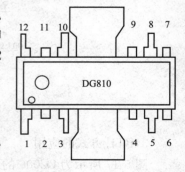

图 5-18 DG810 的外形及引脚

可得到不同的闭环增益;输出信号由 12 引脚引出,C_{10} 为输出电容,用以构成 OTL 电路;输出端接的 R_4、C_4 为频率补偿电路,以改善电路的高频特性;7 引脚的 C_5 用以旁路偏置电路的纹波电压,消除高频自激;5 引脚接的 C_3、C_7 用以频率补偿,改善电路的频率特性,也能抑制高频自激;4 引脚与 12 引脚之间接的 C_8 为自举电容;1 引脚接的 C_6、C_9 为滤波电容,用以减小电源的纹波电压,使电路的供电更加稳定。

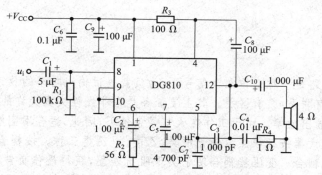

图 5-19　DG810 的典型应用电路

三、DG4100 集成功放的应用

DG4100 系列低频功率放大器是单片集成电路,特别适合在低压下工作。在收音机、录音机、对讲机等设备的功放级中有广泛应用。

1. 器件外形和引脚功能

DG4100 结构外形图如图 5-20(a)所示,它采用双列直插式塑封结构,带散热片。有 14 个引脚,引脚编号从外壳底部按逆时针编号。图 5-20(b)为它的图形符号。各引脚功能如下:

1 引脚为输出端;3 引脚接地;4、5 引脚接补偿电容;6 引脚为反相输入端,接入反馈;9 引脚为同相输入端;10 引脚接旁路电容;12 引脚供前级电源;13 引脚接自举电容;14 引脚接电源电压;2(使用时,可与 3 引脚互通接地)、7、8、11 引脚为空脚。

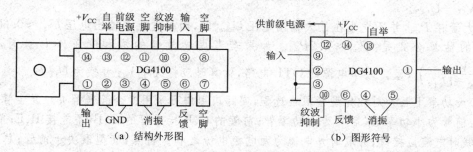

图 5-20　DG4100 结构外形图及图形符号

2. 应用电路

图 5-21 所示为集成功放 DG4100 组成的 OTL 功率放大器。输入信号从 9 引脚引入,C_1 是输入耦合电容,C_5 为输出耦合电容,用以构成 OTL 功率放大器;C_3、C_7 为消振电容,用来抑制高频振荡;C_4 引入交流负反馈,也有消振作用;C_6 为自举电容,用于改善输出信号正半周的波形;C_8、C_9 为电源退耦电路中的滤波电容,用以消除电源干扰。R_1、C_2 构成电路的交流负反馈电路,改变 R_1 可改变反馈深度,从而改变整个电路的闭环增益。

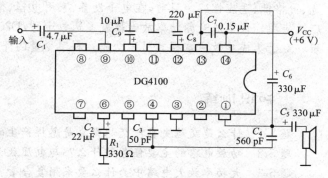

图 5-21　集成功放 DG4100 组成的 OTL 功率放大器

知识归纳

(1)功率放大电路是一种工作在大信号下,为负载提供输出功率的放大电路。它与小信号下的电压放大器既有联系,又有区别。其主要任务是在非线性失真允许的范围内,高效率地向负载提供足够大的输出功率。由于工作在大信号条件下,因此,适合用图解法分析。

(2)低频功率放大器按工作点设置分甲类、乙类、甲乙类三种。按耦合方式分为变压器耦合、直接耦合和电容耦合。变压器耦合便于实现阻抗匹配,获得最佳负载。在理想情况下,甲类功率放大器的最大效率可以达到50%;乙类功率放大器的最大效率可以达到78.5%,但存在交越失真。消除交越失真的办法是给功放管提供一定的直流偏置,即构成甲乙类电路。

(3)互补对称功率放大器最常见的形式有OCL电路和OTL电路。它们利用一对互补的NPN型、PNP型功放管,实质上是由两个射极输出器组成的,以推挽的方式轮流工作。OCL电路采用双电源供电,输出端无电容耦合;OTL电路采用单电源供电,输出端必须采用电容耦合。对于甲乙类互补对称功率放大器,由于静态电流很小,因此可以近似用乙类互补对称电路进行计算,电路性能参数计算公式如下:

$$P_{o}=\frac{1}{2}\frac{U_{om}^2}{R_L}, P_E=\frac{2}{\pi}V_{CC}\frac{U_{om}}{R_L}, \eta=\frac{\pi}{4}\frac{U_{om}}{V_{CC}}, P_C=\frac{1}{\pi}V_{CC}\frac{U_{om}}{R_L}-\frac{1}{4}\frac{U_{om}^2}{R_L}$$

以上各式是输出电压为任意大小时的计算公式。求最大值P_{om}、P_{Em}和η_m时,上述公式用最大峰值U_{omax}代替U_{om}即可,不考虑功放管的饱和管压降U_{CES}时,$U_{omax}=V_{CC}$;考虑U_{CES}时,$U_{omax}=V_{CC}-U_{CES}$。

最大管耗P_{cm},并不发生在最大输出电压U_{omax}时,而是发生在输出电压$U_{om}\approx0.6U_{omax}$左右,P_{cm}的估算公式是:$P_{cm}\approx0.2P_{om}$。如果若考虑功放管的饱和管压降U_{CES}时,$P_{cm}=0.2\left(\frac{V_{CC}}{V_{CC}-U_{CES}}\right)^2P_{om}$。对单电源的OTL电路,计算时应将式中$V_{CC}$替换为$U_{CC}/2$。

(4)大功率下互补对称异型管很难选配,实际应用中可采用复合管来解决。复合管复合的原则是:前管为小功率管,后管为大功率管;前管的C、E接后管的C、B,不能接B、E;前、后管电极串联时电流应接续,并联时外电流为两电极电流之和。特点:管型取决于前管;总电流放大系数$\beta\approx\beta_1\beta_2$;复合后总穿透电流增大。

(5)集成功率放大器是当前功率放大器的发展方向,也是目前应用的主流产品。它具有体积小、质量小、输出功率大、失真小、效率高、安装调试简单、使用方便的特点,且电源适用范围宽、价格低、适应性广。目前,在电子设备、家用电器、微机接口、测量仪表、控制电路中得到了广泛应用。仅集成音频功率放大器就多达数十种,D2006、DG810、DG4100仅是其中的部分代表。对于集成功放应掌握其引脚功能。利用少量的外围元件,即可灵活地接成各种实用电路。

 知识训练

题5-1 什么是交越失真?交越失真是怎样产生的?如何消除交越失真?

题5-2 功放电路的主要任务是什么?与电压放大电路相比有哪些主要特点?

题5-3 大功率放大电路中为什么要采用复合管?

题5-4 与甲类相比,乙类互补对称功放电路的主要优点是什么?功放电路采用甲乙类工作状态的目的是什么？

题 5-5 画出简单的 OCL 电路和 OTL 电路,分析其工作原理,并写出理想条件下输出功率、效率表达式。

题 5-6 试比较 OCL 电路和 OTL 电路的优缺点。

题 5-7 乙类功放的输出功率最大时,功放管消耗的功率是否最大？

题 5-8 采用复合管组成的互补对称功放电路有什么优点？两个功效管复合后总的电流放大倍数及管型是如何决定的？

题 5-9 什么是三极管的甲类、乙类和甲乙类工作状态？

题 5-10 集成功放内部主要由哪几级电路组成？每级的主要作用是什么？

题 5-11 在图 5-22 所示电路中,已知 $V_{CC}=18$ V,$R_L=4$ Ω,C_2 容量足够大,三极管 V_1、V_2 对称,$U_{CES}=1$ V,试求:

(1)最大不失真输出功率 P_{om}。

(2)每个三极管承受的最大反向电压。

(3)输入电压有效值 $U_i=5$ V 时的输出功率 P_o。(U_{BEQ} 忽略)。

题 5-12 某 OCL 功放电路如图 5-23 所示,三极管 V_1、V_2 均为硅管,负载电流 $i_o=1.8\cos\omega t$ A,试求:

(1)输出功率 P_o 和最大输出功率 P_{om}。

(2)电源供给的功率 P_E。

(3)效率 η 和最大效率 η_m。

(4)分析二极管 VD_1、VD_2 有何作用？

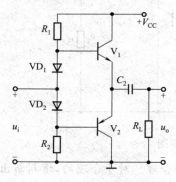

图 5-22 题 5-11 图

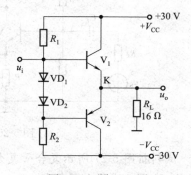

图 5-23 题 5-12 图

题 5-13 OTL 电路如图 5-24 所示,功放管的饱和管压降可忽略不计,$R_L=8$ Ω,试计算要求最大不失真输出功率为 9 W 时,电源电压 V_{CC} 至少为多少伏？

题 5-14 电路如图 5-25 所示,设三极管在 u_i 作用下,一周期内 V_1、V_2 各导通半个周期,电源 $V_{CC1}=V_{CC2}=V_{CC}=20$ V,负载 $R_L=8$ Ω,试求:

(1)输入电压 $u_i=10$ V(有效值)时,电路输出功率、电源供给功率、效率。

(2)输入信号 u_i 的幅值 $U_{im}=V_{CC}=20$ V 时,电路输出功率、电源供给功率、效率。(提示:射极输出器的 $A_u=1$。)

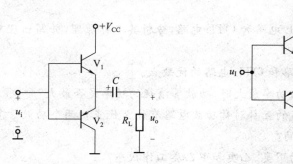

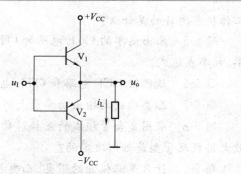

图 5-24 题 5-13 图   图 5-25 题 5-14 图

题 5-15 OTL 电路如图 5-26 所示,设其最大不失真功率为 6.25 W,三极管饱和管压降及静态功耗可忽略不计。

(1)电源电压 V_{CC} 至少应取多少?

(2)V_1、V_2 的 P_{cm} 至少应选多大?

(3)若输出波形出现交越失真,应调哪个电阻?

(4)若输出波形出现一边削峰失真,应调哪个电阻?

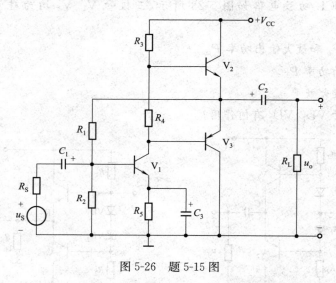

图 5-26 题 5-15 图

题 5-16 试判断图 5-27 所示复合管复合的是否合理。对于合理的,请判断出复合后的管型;对不合理的,请改正使其合理复合。

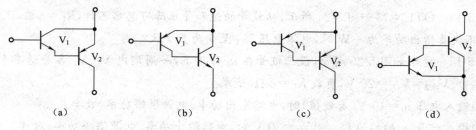

(a)   (b)   (c)   (d)

图 5-27 题 5-16 图

题5-17 OTL准互补对称电路如图5-28所示。

(1)说明电路为何称为OTL准互补式,并在图中标明三极管$V_1 \sim V_4$类型。

(2)静态时输出电容C两侧的电压应为多大?调整哪个元件可达到此目的?

(3)电阻R_2的调节主要解决什么问题?

(4)电路中电阻R_4、R_5的作用是什么?

(5)电阻R_6、R_7有哪些作用?

题5-18 OTL准互补电路如图5-28所示。已知V_3、V_4的饱和管压降$U_{CES}=2$ V,$R_L=4$ Ω,$R_6=R_7=0.5$ Ω。

(1)试计算当$V_{CC}=18$ V时,负载R_L上最大的输出功率。

(2)若在R_L上要得到8 W的输出功率,则电源电压V_{CC}应为多少伏?

题5-19 在图5-29所示电路中,已知$V_{CC}=16$ V,$R_L=4$ Ω,V_1和V_2的饱和管压降$|U_{CES}|=2$ V,输入电压足够大。试求:

(1)最大输出功率P_{om}和效率η各为多少?

(2)三极管的最大功耗P_{cm}为多少?

(3)为了使输出功率达到P_{om},输入电压的有效值约为多少?

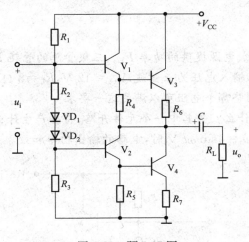

图5-28 题5-17图

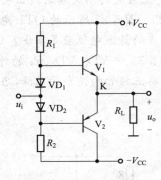

图5-29 题5-18图

题5-20 OCL电路如图5-30所示。

(1)调整电路静态工作点应调整电路中的哪个元件?如何确定静态工作点是否调好?

(2)动态时,若输出u_o出现正、负半周衔接不上的现象,为何失真?应调整电路中的哪个元件,怎样调才能消除失真?

(3)当$V_{CC}=15$ V,$R_L=8$ Ω,$U_{CES}=2$ V时,求最大不失真输出功率P_{om}。

题5-21 功率放大电路如图5-31所示,已知电源电压$V_{CC}=6$ V,负载$R_L=4$ Ω,C_2的容量足够大,三极管V_1、V_2对称,$U_{CES}=1$ V。

(1)说明电路类型。

(2)求理想情况下负载获得的最大不失真输出功率；若 $U_{CES}=2$ V，求电路的最大不失真输出功率。

(3)选择功率管的参数 I_{CM}、P_{CM} 和 $U_{(BR)CEO}$。

(4)求输入电压有效值 $U_i=4$ V 时的输出功率 P_o（忽略 U_{BEQ}）。

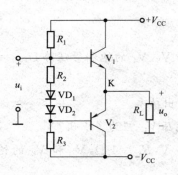

图 5-30　题 5-20 图

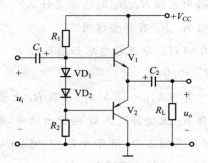

图 5-31　题 5-21 图

题 5-22　OCL 互补功放电路如图 5-32 所示。已知 $u_i=10\sqrt{2}\sin\omega t$ V，V_1、V_2 管饱和管压降 $U_{CES}\approx 0$ V，$R_L=16$ Ω。试求：

(1)负载 R_L 上的输出功率 P_o。

(2)电源提供的功率 P_E。

(3)三极管的总管耗 P_c。

(4)R_L 上最大的不失真的输出功率 P_{om}、电源提供的功率 P_{Em}、三极管总的管耗 P_{cm}。

题 5-23　图 5-33 所示的 OTL 电路中，输入电压为正弦波，$V_{CC}=12$ V，$R_L=8$ Ω。

(1)K 点的静态电位应是多少？通过调整哪个电阻可以满足这一要求？

(2)图 5-33 中 VD_1、VD_2、R_2 的作用是什么？若其中一个元件开路，将会产生什么后果？

(3)忽略三极管的饱和管压降，当输入 $u_i=4\sin\omega t$ V 时，电路的输出功率和效率是多少？

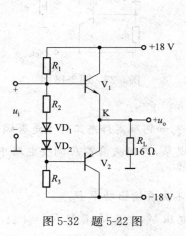

图 5-32　题 5-22 图

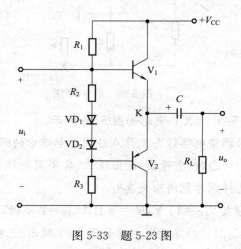

图 5-33　题 5-23 图

题 5-24　电路如图 5-34 所示，已知三极管为互补对称管，$U_{CES}=1$ V。试求：

(1)电路的电压放大倍数。

184

(2)最大不失真输出功率 P_{om}。

(3)每个三极管的最大管耗 P_{cm}。

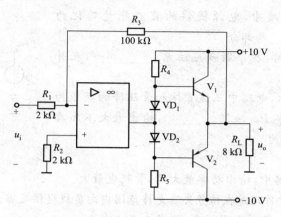

图 5-34 题 5-24 图

题 5-25 一个理想的 OCL 电路的 $V_{CC1}=V_{CC2}=V_{CC}=10$ V,另一个理想的 OTL 电路的也是电源电压 $V_{CC}=10$ V。它们的 $R_L=4$ Ω,功放管的饱和管压降均可忽略不计,则 OCL 电路的输出功率是 OTL 电路输出功率的几倍?

题 5-26 在电源电压及负载相同的情况下,BTL 功率放大器的输出功率是 OCL 功率放大器输出功率的几倍?

题 5-27 简述图 5-17 中由 D2006 组成的 BTL 电路的工作原理。

题 5-28 简述图 5-21 中由 DG4100 组成的应用电路各主要元器件的作用。

知识自测

1. 填空题

(1)功率放大电路按三极管静态工作点的位置不同可分为_____类、_____类、_____类。

(2)乙类互补对称功率放大电路的效率较高,在理想情况下可达_____,但这种电路会产生_____失真。为了消除这种失真,应使功率管工作在_____状态。

(3)功率放大电路的任务是_____,三个主要性能指标是_____、_____、_____。

(4)复合管的类型取决于_____,复合管的电流放大系数等于_____。

(5)为了保证功放电路中功率管的使用安全,功率管的极限参数_____、_____、_____应足够大,且应注意_____。

(6)采用乙类互补对称功放电路,设计一个 10 W 的扩音机电路,则应选择至少为_____ W 的功放管两个。

(7)采用单电源供电的互补对称功率放大器是_____电路,该电路的输出端必须采用_____元件耦合。

(8)在功率放大电路中,电源提供的直流能量转化为_____和_____两部分。

(9)复合管在连接时,在串联点应注意_____,在并联点应注意_____。

(10)如图5-35所示,电路中三极管饱和管压降的数值为 $|U_{CES}|$,则最大输出功率 $P_{om}=$_____,输出最大不失真功率时电路的转换效率为_____。

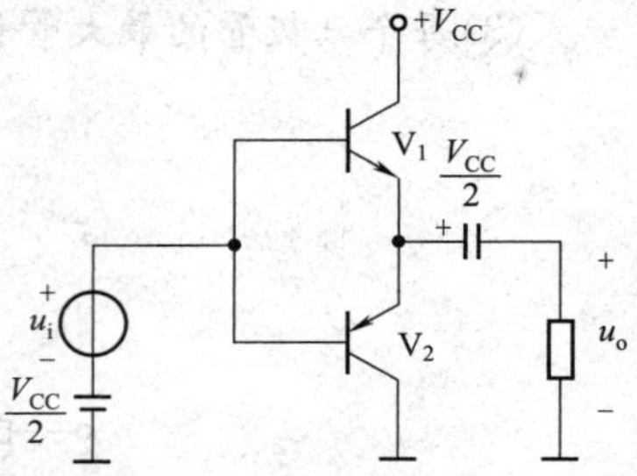

图 5-35　题(10)图

2. 判断题

(1)在乙类功放电路中,输出功率最大时,管耗也最大。　　　　　　　　　　(　　)

(2)功放电路的主要作用是在信号失真允许范围内向负载提供足够大的功率信号。(　　)

(3)在OCL电路中,输入信号越大,交越失真也越大。　　　　　　　　　　(　　)

(4)由于OCL电路的最大输出功率为 $P_{om}=V_{CC}^2/2R_L$,可见其输出功率只与电源电压及负载有关,而与功率管的参数无关。　　　　　　　　　　　　　　　　　(　　)

(5)在推挽功放电路中,由于总有一只三极管是截止的,故输出波形必然失真。(　　)

(6)实际的甲乙类功放电路,效率可达78.5%。　　　　　　　　　　　　(　　)

(7)在输入电压为零时,甲乙类互补对称电路中的电源所消耗的功率也是零。(　　)

(8)顾名思义,功率放大电路有功率放大作用,电压放大电路只有电压放大作用而没有功率放大作用。　　　　　　　　　　　　　　　　　　　　　　　(　　)

(9)由于功率放大电路中的三极管处于大信号工作状态,所以小信号等效电路已不再适用。　　　　　　　　　　　　　　　　　　　　　　　　　　　(　　)

(10)在OTL功放电路中,若在负载8Ω的扬声器两端并联一个同样的8Ω扬声器,则总的输出功率不变,只是每个扬声器得到的功率比原来少一半。　　　　　　(　　)

3. 选择题

(1)在下列三种功率放大电路中,效率最高的是(　　)。

　　A. 甲类　　　　　　B. 乙类　　　　　　C. 甲乙类

(2)OCL互补对称功放电路是指(　　)。

　　A. 无输出变压器功放电路　　B. 无输出电容功放电路　　C. 无输出负载功放电路

(3)电路如图5-36所示,V_1和V_2管的饱和管压降$U_{CES}=3$ V,$V_{CC}=15$ V,$R_L=8$ Ω,则最大输出功率P_{om}(　　)。

　　A. ≈28 W　　　　B. =18 W　　　　C. =9 W

(4)图5-36电路中VD_1和VD_2管的作用是消除(　　)。

　　A. 饱和失真　　　B. 截止失真　　　C. 交越失真

(5)图5-36静态时,三极管发射极电位U_{EQ}(　　)。

　　A. >0 V　　　　B. =0 V　　　　C. <0 V

(6)图5-36电路输入正弦波时,若R_1虚焊,即开路,输出电压(　　)。

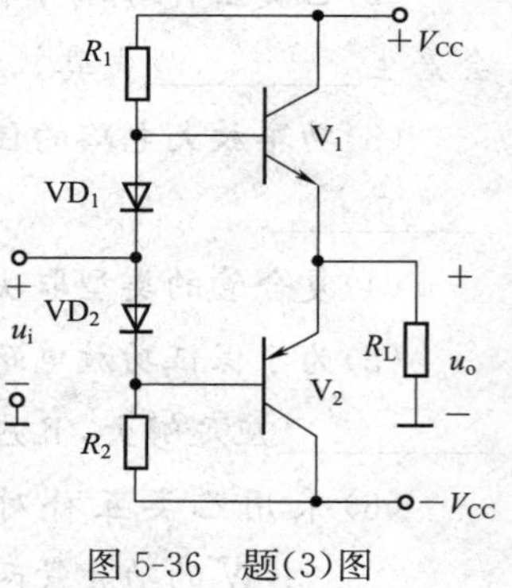

图 5-36　题(3)图

　　A. 为正弦波　　　　　　　B. 仅有正半波　　　　C. 仅有负半波

（7）图 5-36 中，若 VD_1 虚焊，则 V_1 管（　　）。

　　A. 可能因功耗过大而烧坏　　　　　　　　　B. 始终饱和

　　C. 始终截止

（8）功率放大电路的转换效率是指（　　）。

　　A. 输出功率与三极管所消耗的功率之比

　　B. 输出功率与电源提供的平均功率之比

　　C. 三极管所消耗的功率与电源提供的平均功率之比

（9）在 OCL 乙类功放电路中，若最大输出功率为 12 W，则电路中功放管的集电极最大功耗约为（　　）。

　　A. 1.2 W　　　　　　　　B. 2.4 W　　　　　　　C. 0.6 W

（10）甲类功放效率低是因为（　　）。

　　A. 只有一个功放管　　　　B. 静态电流过大　　　C. 管压降过大

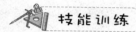 **技能训练**

训练项目　OTL 功率放大器的设计与调试

一、项目概述

　　功率放大电路的主要任务是向负载提供不失真的输出功率，以带动负载工作。功率放大器按工作状态分为甲类、乙类和甲乙类三种；按电路结构分为单管功率放大器，变压器耦合功率放大器、无输出变压器的功率放大器（OTL）、无输出电容的功率放大器（OCL）和桥式推挽功率放大器（BTL）。OTL 与 OCL 是功率放大器中使用最多用的，这两种电路具有结构简单、体积小、效率高、频响特性好、便于集成等优点，因此在集成功率放大电路中得到广泛的应用，具有较好的现实意义。

二、训练目的

　　通过本训练项目，使学生加深对互补对称推挽功率放大器原理和特性的理解，学会对功率放大器性能指标的测量方法；能运用功率放大器的理论知识；能独立完成甲乙类互补对称 OTL 功率放大器的组装、调试和测量工作，增强实际操作的能力，提高分析问题和解决问题的能力。

三、训练内容与要求

1. 训练内容

　　利用模拟电子技术实验装置提供的电路板（或面包板）、电源、三极管、电阻、电容、连接导线等，设计和组装成甲乙类互补对称 OTL 功率放大器。根据本项目训练要求，以及给定的电路图，完成电路安装的布线图设计、元器件的选择，并完成电路的组装、调试、性能指标的测量，并撰写出项目训练报告。

2. 训练要求

(1)掌握甲乙类互补对称 OTL 功率放大器的工作原理。

(2)学会功率放大器的组装、调试和测量。

(3)撰写项目训练报告。

四、原理分析

甲乙类互补对称 OTL 功率放大器电路如图 5-37 所示。功放电路由两个特性相同、型号相异的三极管 V_1、V_2 组成。由于两管的发射极(即 A 点)静态电压不为零,因此,在输出端与负载电阻 R_L 间就必须串联一个大电容,起隔断直流、耦合交流的作用。静态时,由于两管对称,电容两端的电压为 $(1/2)V_{CC}$。有信号时,若 $R_L C$ 的乘积远大于信号周期,则 V_A 保持 $(1/2)V_{CC}$ 不变,这样电容就可以等效为一个 $(1/2)V_{CC}$ 的电源,作为 V_2 的供电电源。偏置电路由 R_{C1}、R_{W2}、VD 组成,以在两基极间形成直流偏置电压,消除交越失真。

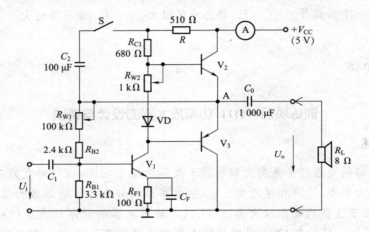

图 5-37　甲乙类互补对称 OTL 功率放大器电路

在输入信号的一个周期内,V_1、V_2 轮流导通,两个不同类型的三极管交替工作,互相弥补了对方的不足,在输入信号的整个周期内,负载 R_L 上都有电流流过,可以得到一个完整的输出信号波形。因此,把这种电路称为单电源的互补对称功率放大电路。也就是说 OTL 电路是采用单电源供电的互补对称功率放大电路。

五、内容安排

1. 知识准备

(1)指导教师讲述互补对称 OTL 功率放大器的结构与工作原理;明确训练项目的内容、要求、步骤和方法。

(2)学生做好预习,熟悉 OTL 功率放大器的组成、工作原理,功率与效率的计算方法,自举电路的作用,为电路组装与调试打下基础。

(3)在面包板上完成电路布线图设计。

2. 电路组装

(1)按照图 5-37 组装功率放大器,选择好三极管、电阻、电容、连接输入/输出导线和电源线。

(2)接入测量仪表及信号源。

(3)设置控制开关 S,当 S 断开时,电路无自举;当 S 闭合时,电路接入自举电容 C_2,以便动态测量时,分别测量两种情况下的性能指标。

3. 电路调试与测量

(1)静态调试与测量。将放大器接通直流电源,先调 A 点电位,用直流电压表测 A 点电位,调节电位器 R_{W1},使 $U_A = V_{CC}/2 = 2.5$ V,再调整推挽管静态电流,防止产生交越失真,调节电位器 R_{W2} 使推挽管电流 $I_{c1} = I_{c2} \geqslant 5$ mA。然后,用直流电压表分别测量三个三极管各极电位,将测量数据填入表 5-2 中。

表 5-2 放大器各极电位测试

各极电位	三 极 管 名 称		
	V_1 管	V_2 管	V_3 管
U_B/V			
U_C/V			
U_E/V			

(2)动态调试与测量。通过开关 S 的控制,可以实现自举电路,当 S 断开时,电路无自举;当 S 闭合时,电路接入自举电容 C_2。动态测量时,分别测量两种情况下的电路性能指标。

在输入端输入正弦电压信号,调节低频信号发生器,使 $f = 1$ kHz,u_i 逐步增大,用示波器观察输出电压波形,直至达到最大不失真输出。用晶体毫伏表测量输出电压 U_{om} 数值,在直流电流表中读出直流电源平均电流值 I_{dc},填入表 5-3 中。

表 5-3 放大器性能指标测试

有否自举	性 能 指 标				
	U_{om}/V	I_{dc}/mA	P_{om}	P_E	η
无自举					
有自举					

六、训练所用仪表与器材

(1)直流稳压电源、低频信号发生器各一台。

(2)晶体毫伏表、示波器各一台。

(3)万用表、镊子、偏口钳、尖嘴钳等。

(4)三极管、电阻、电容若干。

七、成绩评定

训练项目成绩评定采取百分制分段评定的方法:

(1)电路组装工艺,30 分。

(2)主要性能指标测试,40 分。

(3)总结报告,30 分。

将实测值和理论估算值进行比较,总结 OTL 功率放大器的效率和自举电路的作用。

第六章 正弦波振荡电路

正弦波振荡电路是用来产生一定频率和幅度的正弦交流信号的电子电路,它在无线电技术、工业生产以及日常生活中都有广泛的应用。在通信、广播系统中,用它作为高频信号源;在工业生产中,除了经常用于测量、自动控制技术方面外,还应用在一些加工设备中作为高频能源,例如,金属冶炼用的高频加热炉,金属淬火用的高频感应炉以及焊接用的超声波压焊机等。

本章将在反馈放大电路的基础上,先分析振荡电路的自激振荡条件,然后介绍 RC 和 LC 正弦波振荡电路并简要介绍石英晶体正弦波振荡电路。

第一节 自激振荡的基本工作原理

正弦波振荡电路不需要外加信号激励,可通过自激振荡来产生正弦波交流电压。它实质上是一种能量转换电路,将直流电能转变为交流电能,也是一种特殊的放大电路。

通过前面对负反馈放大电路的分析讨论,可以了解到在放大电路中引入负反馈时,可能因为电路中电抗元件的存在而产生 $180°$ 的附加相移,从而由负反馈变成正反馈引发自激振荡。

由此可见,要想人为使一个电路产生振荡,又没有外加输入信号,必须通过引入正反馈来实现,这种电路即为反馈式自激振荡电路。反馈式自激振荡电路一般由基本放大电路和反馈网络所组成,在基本放大电路或反馈网络中还应包含有一个具有选频特性的网络,以确定振荡频率。其原理框图如图 6-1 所示。

反馈式自激振荡电路根据选频网络的形式不同,还可分为 RC 正弦波振荡电路、LC 正弦波振荡电路、石英晶体正弦波振荡电路等。

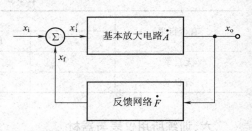

图 6-1 正弦波振荡电路的原理框图

一、自激振荡的条件

由图 6-1 可见,基本放大电路的开环增益 $\dot{A}=\dfrac{x_o}{x_i}$,反馈网络的反馈系数 $\dot{F}=\dfrac{x_f}{x_o}$,为使电路产生振荡,电路中应引入正反馈,用反馈信号取代输入信号,即有 $x_f=x_i'$,这时 $x_o=\dot{A}x_i'=\dot{A}x_f=\dot{A}\dot{F}x_o$,由此可得自激振荡的条件:

$$\dot{A}\dot{F}=1 \tag{6-1}$$

式(6-1)包含了两方面的含义,即自激振荡的条件应包括振幅平衡条件和相位平衡条件。

1. 振幅平衡条件

$$|\dot{A}\dot{F}| = AF = 1 \tag{6-2}$$

即基本放大电路的放大倍数与反馈网络的反馈系数的乘积的模等于 1，使 x_f 和 x'_i 的大小相等。

2. 相位平衡条件

$$\varphi_A + \varphi_F = 2n\pi \tag{6-3}$$

即基本放大电路的相移 φ_A 和反馈网络的相移 φ_F 之和等于 $2n\pi$，其中 n 为整数，使 x_f 和 x'_i 的相位相等，以保证电路能构成正反馈。

二、自激振荡的建立与稳定

1. 自激振荡的建立过程

实际的振荡电路在合上电源的瞬间会有一个电流冲击，同时电路中还存在噪声等，这些因素会使放大电路的输入端产生一个扰动信号，它可作为放大电路的初始输入信号。这些电扰动信号中含有丰富的各种频率成分，其中只有某一频率（f_0）成分能满足上述振荡条件，于是该频率（f_0）分量的电压经过放大、正反馈、再放大、正反馈……不断地增大电压幅度，保证每次反馈回送到输入端的信号 x_f 总是大于原输入信号 x'_i，即 $x_f > x'_i$，这就是振荡电路自激振荡的建立过程。

2. 起振条件

从上面的起振过程可知，振荡电路起振的必要条件是

$$|\dot{A}\dot{F}| > 1 \tag{6-4}$$

即起振的振幅条件为 $AF > 1$，起振的相位条件为 $\varphi_A + \varphi_F = 2n\pi$。

3. 自激振荡的稳定过程

满足上述振荡条件的某一频率（f_0）分量，经过放大、正反馈、再放大、正反馈……不断地增大电压幅度，那么其输出幅度是否会无限制地增大呢？从前面所学过的内容可知，由于组成振荡电路的基本放大电路中的三极管具有饱和与截止的非线性特性，因此振荡器的输出信号幅度最终是不会无限制地增大，但输出波形却严重失真。为此，振荡电路中需要有稳定输出幅度的环节，以使振荡电路起振后，能自动地逐渐由起振条件过渡到平衡条件，使振荡电路的输出波形既稳定又基本不失真。振荡电路中除了利用三极管的非线性失真来限制振幅外，通常还引入负反馈电路来稳幅。

综上所述，正弦波振荡电路一般由以下几个基本电路和环节组成：

（1）放大电路。能放大电压信号，并提供振荡电路能量。

（2）反馈电路。在振荡电路中形成正反馈满足相位平衡条件和振幅平衡条件。

（3）选频网络。使振荡电路在各种频率的信号中，选择所需的频率信号进行放大、反馈，并使之满足振荡的条件，最终使振荡电路输出为单一频率的正弦信号。

（4）稳幅环节。保证振荡电路输出的正弦波稳定且基本不失真。

第二节　RC 正弦波振荡电路

采用电阻和电容作为选频网络的振荡电路称为 RC 正弦波振荡电路。RC 正弦波振荡电

路由于阻容元件的组合方式不同可分为多种形式,其中应用较为广泛的是 RC 桥式正弦波振荡电路,其选频网络和反馈网络是由 RC 串并联网络构成的。RC 正弦波振荡电路常用来产生几赫至几百千赫的低频信号。

一、RC 串并联选频网络的选频特性

图 6-2 是 RC 串并联选频网络,Z_1 为 RC 串联电路阻抗,Z_2 为 RC 并联电路阻抗,它们在正弦波振荡电路中既作选频网络又作正反馈网络。下面对该电路的选频特性进行定性分析。由图 6-2 有

$$Z_1 = R + \frac{1}{j\omega C} = \frac{1 + j\omega RC}{j\omega C}$$

$$Z_2 = \frac{R \times \frac{1}{j\omega C}}{R + \frac{1}{j\omega C}} = \frac{R}{1 + j\omega RC}$$

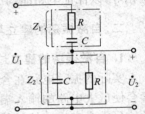

图 6-2 RC 串并联选频网络

RC 串并联选频网络的传递函数 $\dot{F}$ 为

$$\dot{F} = \frac{Z_2}{Z_1 + Z_2} = \frac{\frac{R}{1 + j\omega RC}}{\frac{1 + j\omega RC}{j\omega C} + \frac{R}{1 + j\omega RC}}$$

$$= \frac{R}{3R + j\left(\omega R^2 C - \frac{1}{\omega C}\right)} = \frac{1}{3 + j\left(\omega RC - \frac{1}{\omega RC}\right)} \tag{6-5}$$

如令 $\omega_0 = \frac{1}{RC}$,则式(6-5)变为

$$\dot{F} = \frac{1}{3 + j\left(\frac{\omega}{\omega_0} - \frac{\omega_0}{\omega}\right)} \tag{6-6}$$

由此可得 RC 串并联选频网络的幅频响应和相频响应

$$|\dot{F}| = F = \frac{1}{\sqrt{3^2 + \left(\frac{\omega}{\omega_0} - \frac{\omega_0}{\omega}\right)^2}} \tag{6-7}$$

$$\varphi_F = -\arctan\frac{\left(\frac{\omega}{\omega_0} - \frac{\omega_0}{\omega}\right)}{3} \tag{6-8}$$

由式(6-7)和式(6-8)可知,当 $\omega = \omega_0 = \frac{1}{RC}$ 或 $f = f_0 = \frac{1}{2\pi RC}$ 时,幅频响应的幅值为最大值,即

$$|\dot{F}|_{max} = \frac{1}{3} \tag{6-9}$$

而相频响应的相位角为零,即

$$\varphi_F = 0 \tag{6-10}$$

这就是说,在输入电压的幅值一定而频率可调时,若有 $\omega = \omega_0 = \frac{1}{RC}$ 时,输出电压的幅值最大,且输出电压是输入电压的 $\frac{1}{3}$,同时输出电压与输入电压同相位,所以 RC 串并联电路具有选

频特性。根据式(6-7)和式(6-8)可画出串并联选频网络的幅频响应及相频响应,如图 6-3 所示。

二、RC 桥式正弦波振荡电路

图 6-4 是 RC 桥式正弦波振荡电路,它由同相输入的比例运算放大电路和 RC 串并联选频网络两部分组成。放大电路的输出电压作为 RC 串并联选频网络的输入电压,其输出电阻相当于 RC 串并联选频网络的信号源的内阻,其值越小对 RC 串并联选频网络的选频特性影响越小;而放大电路的输入端与 RC 串并联选频网络的输出端连接,即放大电路的输入电阻相当于 RC 串并联选频网络的负载电阻,其输入电阻越高对 RC 串并联选频网络的选频特性影响越小。因此,为减小放大电路对 RC 串并联选频网络的影响,要求放大电路具有较高的输入电阻和较低的输出电阻。

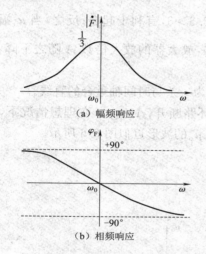

(a) 幅频响应

(b) 相频响应

图 6-3 RC 串并联选频网络的频率响应

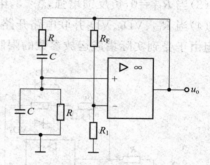

图 6-4 RC 桥式正弦波振荡电路

其工作原理分析如下:

从前面分析 RC 串并联选频网络的选频特性可知:当 $f = f_0$ 时,RC 串并联选频网络的相移为零,即 $\varphi_F = 0$;放大电路是由具有电压串联负反馈的同相运算放大电路组成的,即有 $\varphi_A = 0$,因此,$\varphi_F + \varphi_A = 0$,满足振荡的相位平衡条件,而对于其他频率的信号,RC 串并联选频网络的相移不为零,不满足相位平衡条件。同时,由于 RC 串并联选频网络在 $f = f_0$ 时的电压传输系数 $|\dot{F}|_{\max} = \frac{1}{3}$,只要满足振幅条件 $|\dot{A}\dot{F}| > 1$,电路就能产生正弦振荡,因此要求放大电路的电压放大倍数 $A > 3$,这对于集成运放组成的同相输入比例运算电路来说很容易满足。由图 6-4 分析可得放大电路的电压放大倍数为

$$A = 1 + \frac{R_F}{R_1}$$

只要适当选择 R_F 与 R_1 的值(使 $R_F \geqslant 2R_1$),就能实现 $A > 3$ 的要求。

由集成运放构成的 RC 桥式正弦波振荡电路,具有性能稳定、电路简单等优点。其振荡频率由 RC 串并联正反馈选频网络的参数决定,即

$$f_0 = \frac{1}{2\pi RC} \tag{6-11}$$

【例 6-1】 图 6-5 所示为实用 RC 桥式正弦波振荡电路,已知集成运放的最大输出电压为 ± 14 V。

(1)计算电路的振荡频率 f_0。

(2)图中用二极管 VD_1、VD_2 作为自动稳幅元件,试分析它的稳幅原理。

(3)试定性说明因不慎使 R_{F1} 短路时,输出电压 u_0 的波形。(1.1 kΩ<R_{F2}<10.2 kΩ)

(4)试定性画出当 R_{F2}、VD_1、VD_2 并联电路不慎开路时,输出电压 u_0 的波形(并标明振幅)。

解:(1)由式(6-11)可求得振荡频率 f_0 为

$$f_0 = \frac{1}{2\pi RC} = \frac{1}{2\pi \times 10 \times 10^3 \times 0.01 \times 10^{-6}} \text{ Hz} = 1.6 \text{ kHz}$$

(2)稳幅原理。图 6-5 中 VD_1、VD_2 的作用是:当 u_0 幅值很小时,二极管 VD_1、VD_2 接近于开路,对电路不起作用,此时 $A = 1 + \dfrac{(R_{F1}+R_{F2})}{R_1} \approx 3.3 > 3$,有利于起振;反之,当 u_0 幅值较大时,VD_1 或 VD_2 导通,此时将由 R_{F2} 短路,负反馈加强,放大器的放大倍数 A 随之下降,u_0 幅值趋于稳定。

(3)当 $R_{F1} = 0$,负反馈增强,$A < 3$,电路停振,u_0 为一条与时间轴重合的直线。

(4)当 R_{F2}、VD_1、VD_2 并联电路开路时,负反馈环路断开,$A \to \infty$。在理想情况下,u_0 为方波,但由于受到实际集成运放参数的限制,输出电压 u_0 的波形近似图 6-6 所示。

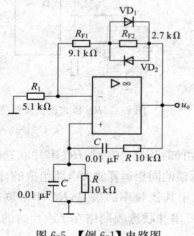

图 6-5 【例 6-1】电路图

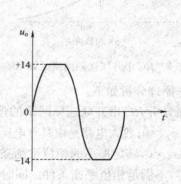

图 6-6 输出电压 u_0 波形

第三节 LC 正弦波振荡电路

采用 LC 谐振回路作为选频网络的振荡电路称为 LC 正弦波振荡电路。LC 正弦波振荡电路一般分为变压器反馈式 LC 正弦波振荡电路、电感三点式 LC 正弦波振荡电路、电容三点式 LC 正弦波振荡电路,常用来产生几兆赫以上的中、高频信号。LC 正弦波振荡电路和 RC 正弦波振荡电路的原理基本相同,它们在电路结构上的主要区别在于:RC 正弦波振荡电路的选频网络由电阻和电容组成,而 LC 正弦波振荡电路的选频网络由电感和电容组成。LC 正弦波振荡电路的选频作用主要通过 LC 并联谐振回路来实现。

这类振荡电路常用来产生高频正弦信号，一般在数百千赫以上，例如收音机和电视机中所需要的本机振荡、高频淬火炉中的加热源，也常用在一些工业控制设备中。

一、变压器反馈式 *LC* 正弦波振荡电路

1. 电路组成

变压器反馈式 *LC* 正弦波振荡电路如图 6-7 所示。R_{B1}、R_{B2} 组成放大电路的基极偏置电路，发射极电阻 R_E 具有直流负反馈作用，R_E 与 R_{B1}、R_{B2} 给三极管提供一个稳定的静态工作点，保证三极管工作在放大状态，由图 6-7 可见，放大器为共射极放大电路。L_1 和 *C* 组成 *LC* 谐振回路，它既是选频电路，又是三极管集电极的负载，且 L_1 为集电极直流电流提供通路。L_2 是振荡电路的反馈线圈，反馈信号是通过变压器线圈的互感作用，由 L_2 将反馈信号送回输入端的。C_B 是基极耦合电容，C_E 为发射极旁路电容。

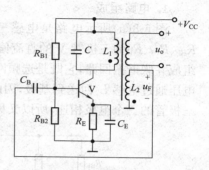

图 6-7　变压器反馈式 *LC*
正弦波振荡电路

2. 振荡条件

1）相位平衡条件

为满足相位平衡条件，变压器的一、二次侧之间的同名端必须正确连接。如图 6-7 所示电路，由瞬时极性法可以判断由 L_2 构成的反馈网络的反馈极性。假设某一瞬间基极对地信号电压极性为"＋"，由于共射极放大电路具有反相的作用，因此集电极的瞬时极性为"－"，即 $\varphi_A = 180°$。

当频率 $f = f_0$ 时，*LC* 谐振回路的谐振阻抗为纯电阻，由图 6-7 中变压器的同名端可知，反馈信号与放大器输出电压极性相反，即 $\varphi_F = 180°$。于是有 $\varphi_A + \varphi_F = 360°$，可见 L_2 线圈形成了正反馈，满足振荡的相位条件。

当频率 $f \neq f_0$ 时，*LC* 谐振回路的谐振阻抗不是纯电阻，而是呈感性或容性，此时 *LC* 谐振回路对信号会产生附加相移，致使 $\varphi_A \neq 180°$，那么 $\varphi_A + \varphi_F \neq 360°$，不满足相位平衡条件，电路就不可能产生振荡。由此可见，*LC* 谐振回路只有在 $f = f_0$ 时，才有可能产生振荡。

2）振幅平衡条件

为了满足振幅平衡条件 $AF \geqslant 1$，对三极管的 β 值有一定的要求。一般只要 β 值较大，就能满足振幅平衡条件，反馈线圈匝数越多，耦合越强，电路越易起振。

3. 振荡频率

振荡频率由 *LC* 谐振回路的固有谐振频率来确定，即

$$f_0 = \frac{1}{2\pi\sqrt{LC}} \tag{6-12}$$

4. 电路的优缺点

（1）该电路易于起振，输出电压大。由于采用变压器耦合，易满足阻抗匹配的要求。

（2）调频方便。一般在 *LC* 谐振回路中采用接入可调电容的方法来实现，调频范围较宽，工作频率通常在几兆赫左右，一般常在收音机中作为本机振荡用。但因其频率稳定性较差，分布电容影响大，在高频段用得很少。

(3)输出波形不够理想。由于反馈电压取自线圈两端,它对高次谐波的阻抗大,反馈也强,因此在输出波形中含有较多的高次谐波成分。

二、电感三点式 *LC* 正弦波振荡电路

1. 电路组成

图 6-8(a)所示电路是电感三点式 *LC* 正弦波振荡电路,又称哈特莱振荡电路。电路中 R_{B1}、R_{B2}、R_E 为三极管 V 的直流偏置电阻,C_1、C_2 为耦合电容,C_E 为发射极旁路电容。L_1、L_2、C 组成并联谐振回路,它既是选频网络又是反馈网络,其交流通路如图 6-8(b)所示。由于反馈电压通过电感 L_2 回送到基极,因此称为电感反馈式振荡电路。又由于电感的三个端子分别与三极管的三个电极相连,所以又称电感三点式 *LC* 正弦波振荡电路。

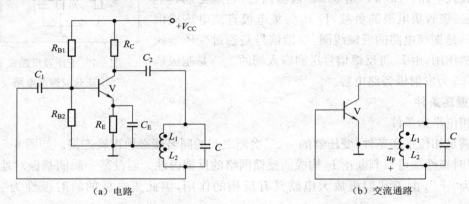

（a）电路 　　　　　　　　　　　　　　（b）交流通路

图 6-8　电感三点式 *LC* 正弦波振荡电路及其交流通路

2. 振荡条件

1)相位平衡条件

在图 6-8(b)中,设基极输入信号的瞬间极性为正,由于共射极放大电路的反相作用,集电极电压极性与基极相反,在 L_1 上的电压极性为上负下正,按照同名端极性,则从电感 L_2 两端获得的反馈信号也为上负下正,这使电路构成正反馈,满足相位平衡条件。

2)振幅平衡条件

从图 6-8(b)中可以看出,反馈电压取自电感 L_2 两端,并通过 C_1 耦合到三极管基极,所以改变线圈抽头的位置,即改变 L_2 的大小,当满足振幅条件 $AF>1$ 时,电路便可以起振。通常 L_2 的匝数为电感线圈总匝数的 1/8～1/4,就能满足振幅起振条件,线圈抽头的位置可通过调试决定。

3. 振荡频率

$$f_0 = \frac{1}{2\pi\sqrt{LC}} = \frac{1}{2\pi\sqrt{(L_1+L_2+2M)C}}$$
　(6-13)

式中,L_1+L_2+2M 为 *LC* 谐振回路的总电感,M 为 L_1、L_2 的互感系数。

4. 电路的优缺点

(1)因电感 L_1、L_2 之间的耦合很紧,反馈较强,故电路易于起振,输出幅度大。

(2)调频方便,电容 C 若采用可调电容,就能获得较大的频率调节范围。

(3)因反馈电压取自电感 L_2 的两端,它对高次谐波的阻抗大,反馈也强,因此在输出波形

中含有较多的高次谐波成分,输出波形较差。

三、电容三点式 *LC* 正弦波振荡电路

1. 电路组成

电容三点式 *LC* 正弦波振荡电路又称考毕兹振荡电路,它也是应用十分广泛的一种正弦波振荡电路。电路的基本组成与电感三点式 *LC* 正弦波振荡电路类似,只要将电感三点式 *LC* 正弦波振荡电路的电感 L_1、L_2 分别用电容代替,而在电容的位置接入电感 *L*,就构成了电容三点式 *LC* 正弦波振荡电路,具体电路如图 6-9(a)所示。

从电路图中可以看出,R_{B1}、R_{B2}、R_E 为三极管 V 的直流偏置电阻,C_3、C_4 为耦合电容,C_E 为发射极旁路电容。C_1、C_2、*L* 组成并联谐振回路,它既是选频网络又是反馈网络,其交流通路如图 6-9(b)所示。由于反馈电压由电容 C_2 回送到基极,因此称为电容反馈式振荡电路。又由于电容的三个端子分别与三极管的三个电极相连,所以又称电容三点式 *LC* 正弦波振荡电路。

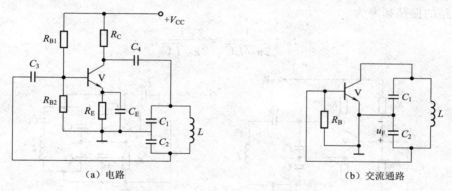

(a)电路　　　　　　　　　　　　　　　(b)交流通路

图 6-9　电容三点式 *LC* 正弦波振荡电路及其交流通路

2. 振荡条件

1)相位平衡条件

其分析方法与电感三点式 *LC* 正弦波振荡电路的相位分析相同,该电路也满足相位平衡条件。

2)振幅平衡条件

从图 6-9(b)中可以看出,反馈电压取自电容 C_2 两端,并通过 C_3 耦合到三极管基极,所以适当地选择 C_1、C_2 的数值,并使放大器有足够的放大倍数,电路便可以起振。

3. 振荡频率

$$f_0 = \frac{1}{2\pi\sqrt{LC}} = \frac{1}{2\pi\sqrt{L\dfrac{C_1 C_2}{C_1 + C_2}}} \tag{6-14}$$

4. 电路的优缺点

(1)该电路容易起振,振荡频率高,一般可以达到 100 MHz 以上。

(2)输出波形好。这是由于电路的反馈电压取自电容 C_2 两端,而电容 C_2 对高次谐波的阻抗小,反馈电路中的谐波成分少,故振荡波形较好。

(3)调节频率不方便。因为 C_1、C_2 的大小既与振荡频率有关,也与反馈量有关,改变 C_1

（或 C_2）时会影响反馈系数，从而影响反馈电压的大小，造成工作性能不稳定。

5. 改进型电容三点式LC正弦波振荡电路

改进型电容三点式LC正弦波振荡电路具有电容三点式LC正弦波振荡电路的优点，同时又弥补了频率调节不便的缺点。

1）串联改进型振荡电路

如图 6-10（a）所示，该电路的特点是在电感支路中串联一个容量较小的电容 C_3，此电路又称克莱普振荡电路。其交流通路如图 6-10（b）所示。在满足 $C_3 \ll C_1$、$C_3 \ll C_2$ 时，回路总电容 C 主要取决于电容 C_3。在图中，不稳定电容主要是三极管极间电容 C_{ce}、C_{be}、C_{cb}，在接入 C_3 后不稳定电容对振荡频率的影响将减小，而且 C_3 越小，极间电容影响越小，频率的稳定性就越高。回路总电容 C 为

$$\frac{1}{C} = \frac{1}{C_1} + \frac{1}{C_2} + \frac{1}{C_3} \approx \frac{1}{C_3}$$

该振荡电路的振荡频率为

$$f_0 = \frac{1}{2\pi\sqrt{LC}} \approx \frac{1}{2\pi\sqrt{LC_3}} \tag{6-15}$$

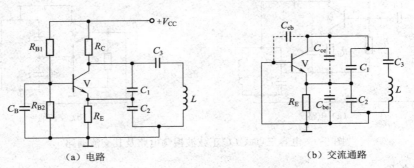

（a）电路   （b）交流通路

图 6-10　克莱普振荡电路及其交流通路

值得注意的是，减小 C_3 来提高回路的稳定性是以牺牲环路增益为代价的。如果 C_3 取值过小，振荡就会不满足振幅起振条件而停振。

2）并联改进型振荡电路

该电路又称西勒振荡电路，如图 6-11（a）所示。其交流通路如图 6-11（b）所示。

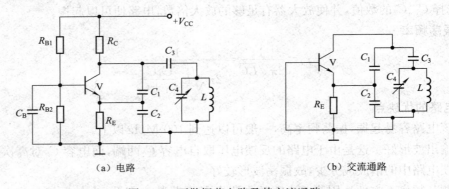

（a）电路   （b）交流通路

图 6-11　西勒振荡电路及其交流通路

　　该电路与克莱普振荡电路的差别仅在于电感 L 上又并联了一个调节振荡频率的可调电容 C_4。C_1、C_2、C_3 均为固定电容,且满足 $C_3 \ll C_1$,$C_3 \ll C_2$。通常,C_3、C_4 为同一数量级的电容,故回路总电容 $C \approx C_3 + C_4$。该振荡电路的振荡频率为

$$f_0 = \frac{1}{2\pi\sqrt{LC}} \approx \frac{1}{2\pi\sqrt{L(C_3+C_4)}} \tag{6-16}$$

　　与克莱普振荡电路相比,西勒振荡电路不仅频率稳定性高,输出幅度稳定,频率调节方便,而且振荡频率范围宽,振荡频率高,因此,是目前应用较广泛的一种三点式振荡电路。

四、应用举例

　　LC 正弦波振荡电路应用十分广泛,这里介绍的接近开关是 LC 正弦波振荡电路的应用实例。接近开关是一种不需要机械接触,而是通过感应引起作用的开关。它具有寿命长、工作可靠、反应灵敏、定位准确、防爆性能好等优点,广泛应用于机械设备的定位、自动控制、检测等领域。目前接近开关的种类很多,其中最常用的有高频振荡式和光电式两大类。图 6-12 所示为高频振荡式接近开关振荡电路。

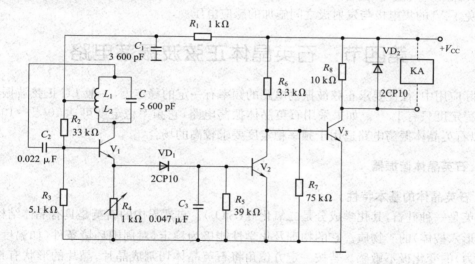

图 6-12　高频振荡式接近开关振荡电路

　　该接近开关振荡电路由三部分组成:V_1、L_1、L_2 及 C 组成电感三点式 LC 正弦波振荡电路,V_2 构成开关控制电路,V_3 为功率输出级。

　　振荡线圈 L 是用高强度漆包线绕在罐形高频磁芯上,中间有一中心抽头,正反馈电压由线圈 L_1 取出,再送回 V_1 的输入端,高频振荡电压从 V_1 的发射极输出。高频振荡式接近开关振荡电路的交流通路如图 6-13 所示。

　　接近开关的工作过程:当设备机件运动时,带动金属片移动,当金属片接近振荡线圈时,如图 6-14 所示,金属片在线圈磁场的作用下感应高频涡流,使振荡电路的 LC 回路损耗增加,品质因数 Q 值下降,振荡减弱,反馈线圈 L_1 上的反馈电压减弱,从而破坏了振荡电路的振幅平衡条件,导致振荡电路停振。V_1 的发射极无高频电压输出,V_2 的基极电压为零,因而 V_2 截止,其集电极电位升高,于是 V_3 导通,继电器开关 KA 得电而吸合,其触点带动执行机构动作。

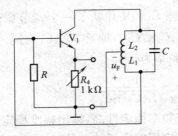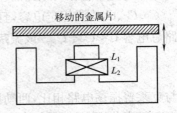

图 6-13　高频振荡式接近开关振荡电路的交流通路　　　图 6-14　罐形磁芯断面图

当金属片离开振荡线圈后,振荡电路起振,V_1 的发射极有高频电压输出,经过整流滤波(整流滤波电路由 VD_1 与 C_1 构成)后,V_2 的基极获得一直流偏置电压,因而 V_2 导通并进入饱和工作状态,其集电极电位下降到接近于零,于是 V_3 截止,继电器开关 KA 释放,执行机构返回原状态。

图 6-12 中的 R_1、C_1 组成滤波电路,消除纹波,防止直流电源受高频干扰。VD_2 为续流二极管,用来防止 V_3 截止时,继电器线圈产生的自感电动势击穿 V_3;通过 VD_2 将自感电动势短接,从而避免了 V_3 的集电极与发射极之间施加的感应电压。

第四节　石英晶体正弦波振荡电路

实际应用中,往往要求正弦波振荡电路的频率有一定的稳定度,一般 LC 正弦波振荡电路的频率稳定度只有 10^{-5}。如果采用石英晶体振荡电路,它频率稳定度可达 $10^{-11}\sim10^{-9}$ 数量级,所以石英晶体振荡电路适用于频率稳定度要求较高的场合。

一、石英晶体谐振器

1. 石英晶体的基本特性

石英是一种硅石,其化学成分是二氧化硅(SiO_2)。自然界中的石英是具有晶体结构(外形呈角锥形六棱体)的矿物质。它的物理及化学性能极为稳定,对周围环境条件(如温度、湿度、大气压力)的变化极不敏感。若按一定方位角将石英晶体切割成晶片,晶片的形状有正方形、矩形或圆形等。切片的尺寸和厚度直接影响其工作频率,若选择合适形状的晶片,就可获得所需的频率。在石英晶片的两对应表面上涂敷银层作为电极,再用金属或玻璃外壳封装,就构成了石英晶体产品。

石英晶片具有压电效应和反压电效应。由物理学知识可知,若在晶片两侧极板上施加机械力,就会在相应的方向上产生电场,电场的强弱与晶片的变形量成正比,这种现象称为压电效应;反之,若在晶片的两极板间加一电场,会使晶体产生机械变形,变形的大小与外加电压成正比,这便是反压电效应。如果在极板间所加的电压是交变电压,石英晶片就会按交变电压的频率产生机械振动,同时机械振动又会产生交变电场。但当外加交变电压的频率与晶片的固有机械振动频率(决定于晶片的尺寸)相等时,晶片发生共振,机械振动的幅度将急剧增加且最大,同时在晶片的两极板间产生的电场也最强,通过石英晶体的电流幅度达到最大,这种现象称为压电谐振。由于它与 LC 谐振回路的谐振现象十分相似,因此石英晶体又称石英晶体谐振器。石英晶体谐振器就是利用石英晶体的压电效应而制成的一种谐振元件。

2. 石英晶体的等效电路

石英晶体的图形符号和等效电路如图 6-15 所示。

在等效电路 6-15(b)中，C_0 等效为晶片不振动时两极板间的静态电容；L 为晶片振动时的动态电感，等效为机械振动的惯性；C 为晶片振动时的动态电容，等效为晶片的弹性；R 等效为晶片在振动中的损耗。L 一般为几十毫亨至上千毫亨，C 为 $0.005 \sim 0.1\ \text{pF}$，$R$ 约为几欧到几百欧，C_0 为几皮法至几十皮法，$C \ll C_0$。由于 L 很大，C 和 R 都很小，所以它的品质因数 $\left(Q_0 = \dfrac{1}{R}\sqrt{\dfrac{L}{C}}\right)$ 极高，可达 $10^4 \sim 10^6$。

图 6-16 所示为石英晶体谐振器在忽略 R 以后的电抗频率特性。由电抗频率特性可知，石英晶体有两个谐振频率，一个是 R、L、C 串联支路发生谐振时的串联谐振频率 f_s，另一个是 R、L、C 串联支路与 C_0 支路发生并联谐振时的并联谐振频率 f_p，即

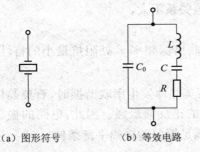

（a）图形符号　　　（b）等效电路

图 6-15　石英晶体的图形符号和等效电路

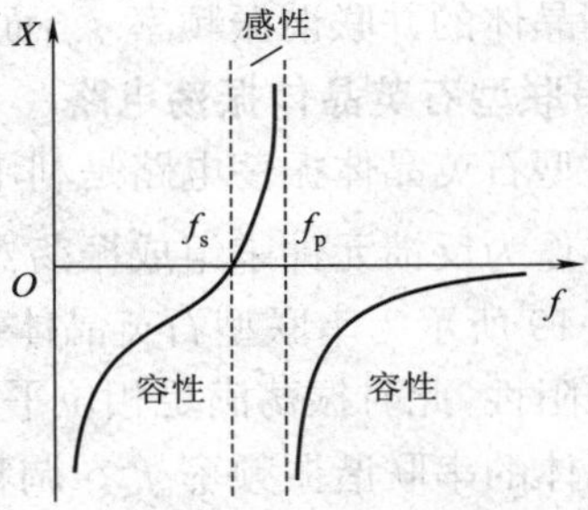

图 6-16　石英晶体电抗频率特性

（1）当 R、L、C 串联支路发生谐振时，其串联谐振频率为

$$f_s = \frac{1}{2\pi\sqrt{LC}} \tag{6-17}$$

串联谐振时该支路的等效电抗呈纯阻性，等效电阻为 R，其阻值很小。在谐振频率下，整个电路的电抗等于 R 和 C_0 容抗的并联，由于 C_0 很小，它的容抗比 R 大得多，因此，近似认为石英晶体也呈纯阻性，等效电阻为 R。

当工作频率小于串联谐振频率时，即 $f < f_s$ 时，电容容抗为主导，石英晶体呈容性。

当 $f > f_s$ 时，R、L、C 串联支路呈感性。

（2）当 R、L、C 串联支路呈感性且与 C_0 发生并联谐振时，石英晶体呈纯阻性，其振荡频率为

$$f_p = \frac{1}{2\pi\sqrt{L\dfrac{CC_0}{C+C_0}}} = f_s\sqrt{1+\frac{C}{C_0}} \tag{6-18}$$

由于 $C \ll C_0$，因此 f_s 与 f_p 很接近。当 $f > f_p$ 时，电抗又取决于 C_0，石英晶体呈容性。

综上所述，频率在 $f_s \sim f_p$ 的窄小范围内，石英晶体呈感性；当频率为 f_s、f_p 时，石英晶体呈阻性；频率在此之外，石英晶体呈容性。

通常石英晶体产品所给出的标称频率既不是 f_s 也不是 f_p，而是外接一个小电容 C_L（又称负载电容）时校正的振荡频率，如图 6-17 所示。利用 C_L 可以使石英晶体的谐振频率在一个小范围内调整。实际使用时，C_L 是一微

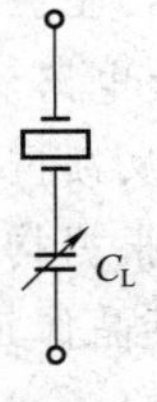

图 6-17　石英晶体谐振频率的调整

调电容，C_L 的值应选择得比 C 大，使得串联 C_L 后新的谐振频率在 f_s 与 f_p 之间的一个狭窄范围内变动。

二、石英晶体正弦波振荡电路

石英晶体正弦波振荡电路的形式有许多，但其基本电路只有两类，即并联型石英晶体振荡电路和串联型石英晶体振荡电路。前者石英晶体是以并联谐振的形式出现，而后者则是以串联谐振的形式出现。

1. 并联型石英晶体振荡电路

并联型石英晶体振荡电路如图 6-18 所示。由上述分析可知，频率在 $f_s \sim f_p$ 的范围内，石英晶体呈感性，因此在图 6-18 中石英晶体作为电感取代了电容三点式 LC 正弦波振荡电路中的 L。图 6-18 中 C_1 和 C_2 串联后与石英晶体中的 C_0 并联，且 $C_0 \ll C_1$、C_2，故电路的振荡频率约等于石英晶体的并联谐振频率 f_p，而与 C_1、C_2 的数值关系不大。

2. 串联型石英晶体振荡电路

串联型石英晶体振荡电路是利用石英晶体在串联谐振频率 f_s 处阻抗最小的特性工作的。石英晶体作为反馈元件来组成振荡器。

图 6-19 所示为串联型石英晶体振荡电路。当石英晶体发生串联谐振时，石英晶体才呈现很小的纯阻性，此时振荡满足相位平衡条件，且电路的正反馈最强。因此，电路的振荡频率等于石英晶体的串联谐振频率 f_s。调整 R_P 的阻值可满足振荡的振幅平衡条件。

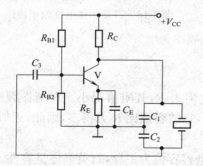

图 6-18　并联型石英晶体振荡电路

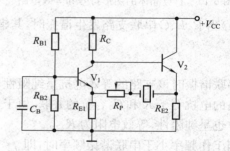

图 6-19　串联型石英晶体振荡电路

 知识归纳

（1）正弦波振荡电路实际上是一种特殊形式的正反馈放大电路。它由两大部分组成，即基本放大电路和反馈网络。基本放大电路完成放大作用，并将直流电源的能量转换成交流信号输出；反馈网络提供能满足振荡的相位平衡条件。基本放大电路或反馈网络还必须具有选频网络，根据构成选频网络的形式不同，振荡电路分为 RC 正弦波振荡电路、LC 正弦波振荡电路和石英晶体正弦波振荡电路。

正弦波振荡电路正常工作时必须满足振荡的平衡条件是：$\dot{A}\dot{F}=1$，即振幅平衡条件 $|\dot{A}\dot{F}|=1$ 和相位平衡条件 $\varphi_A + \varphi_F = 2n\pi$。相位平衡条件是判别电路能否振荡的主要依据，而振幅平衡条

件一般电路中比较容易满足。

（2）RC 正弦波振荡电路是用 RC 串并联网络作为选频网络，同时又作为反馈电路。RC 正弦波振荡电路产生的频率一般在几百千赫以下，常用作低频信号源。RC 桥式正弦波振荡电路的输出频率由 RC 串并联网络的元件参数决定。

（3）LC 正弦波振荡电路的种类较多，分为变压器反馈式、电感三点式和电容三点式。由于电容三点式具有波形好、工作频率较高、频率易于调节等特点，因而应用较为广泛。为了克服电容三点式 LC 正弦波振荡电路的缺点，进一步提高频率的稳定度，实用的电容三点式 LC 正弦波振荡电路都是改进型的克莱普振荡电路和西勒振荡电路。

（4）石英晶体正弦波振荡电路是利用石英晶体的压电效应来选频的。它具有很高的品质因数和温度稳定性。一般用在频率稳定度要求很高的场合，适合于产生高频振荡信号。石英晶体正弦波振荡电路按照谐振频率分为并联型石英晶体振荡电路和串联型石英晶体振荡电路。

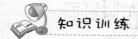 知识训练

题 6-1　正弦波振荡器一般由哪几部分组成？各部分的作用是什么？

题 6-2　试用相位平衡条件判断图 6-20 所示电路中，哪些电路可能振荡，并简述理由。

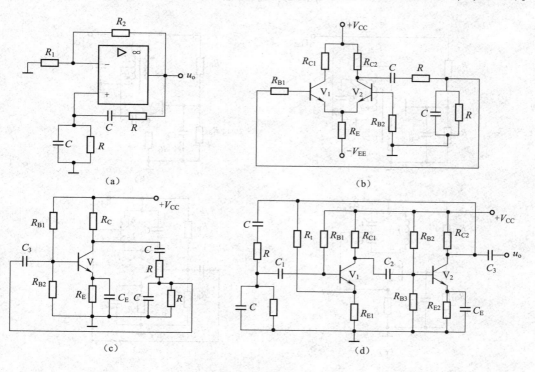

图 6-20　题 6-2 图

题 6-3　在图 6-21 所示的 RC 桥式正弦波振荡电路中，$R=100\text{ k}\Omega$，$C=0.01\text{ }\mu\text{F}$，$R_1=1\text{ k}\Omega$。试求：

(1)电路的振荡频率。

(2)R_1的阻值。

(3)如果将R_1改成热敏电阻R_t,R_t应采用正温度系数还是负温度系数?并说明理由。

题 6-4　试标出图 6-22 所示电路中各变压器的同名端,使之满足产生振荡的相位条件。

题 6-5　试用相位平衡条件判断图 6-23 所示电路中,哪些电路可能振荡,哪些不能,并简述理由。

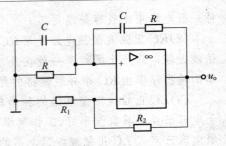

图 6-21　题 6-3 图

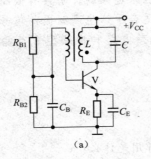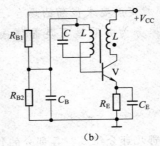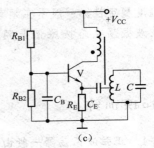

（a）　　　　　　　　（b）　　　　　　　　（c）

图 6-22　题 6-4 图

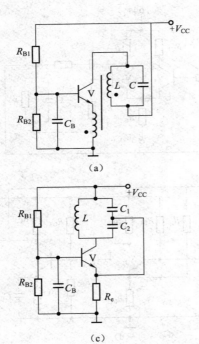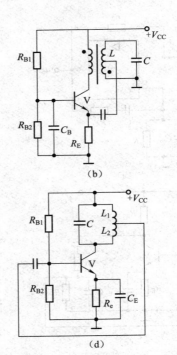

（a）　　　　　　　　　　　　（b）

（c）　　　　　　　　　　　　（d）

图 6-23　题 6-5 图

题 6-6　图 6-24 所示为集成运放组成的 LC 振荡电路的交流通路,试分析:

(1)用相位平衡条件判断哪些电路可能振荡,哪些不能。

(2)指出可能振荡的电路属于什么类型。

(3)写出可能振荡电路的振荡频率。

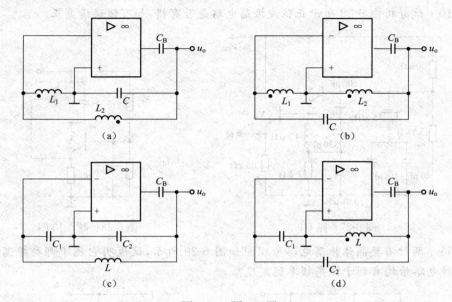

图 6-24 题 6-6 图

题 6-7 图 6-25 所示为一电视接收机的本机振荡电路。

(1)试分析电路的工作原理,指出属于何种振荡电路。

(2)写出振荡频率的表达式。

题 6-8 图 6-26 所示为某超外差式收音机中的本机振荡电路,其中,$R_{B1} = 30\ k\Omega$、$R_{B2} = 5.1\ k\Omega$、$R_E = 1\ k\Omega$、$V_{CC} = 6\ V$、$C_B = 0.022\ \mu F$、$C_E = 0.01\ \mu F$、$C_1 = 300\ pF$、C_2 的变化范围为 $4 \sim 20\ pF$,C_3 的变化范围为 $7 \sim 270\ pF$。

(1)在图中标出振荡线圈一、二次绕组的同名端。

(2)改变抽头 2 的位置(总匝数不变)使 2、3 间的电感量 L_{23} 增加,对振荡电路有什么影响。

(3)画出其交流等效电路,说明它属于什么类型的振荡电路。

(4)计算当 $C_2 = 10\ pF$,$L_{13} = 170\ \mu H$ 时,在可调电容 C_3 的变化范围内其振荡频率的可调范围。

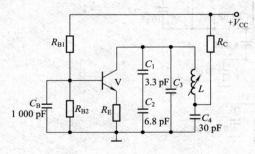

图 6-25 题 6-7 图

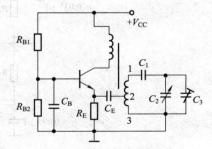

图 6-26 题 6-8 图

※题 6-9 图 6-27 所示为某数字频率计的晶体振荡电路。

(1)计算 $4.7\ \mu H$ 电感和 $330\ pF$ 电容的并联回路的固有谐振频率,将它和石英晶体的振荡频率比较,说明该回路在振荡电路中的作用。

(2)试分析其工作原理,指出它是什么形式的振荡电路。

题 6-10 试分析图 6-28 所示正弦波振荡电路是否有错,如有错误请更正。

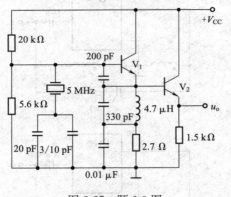

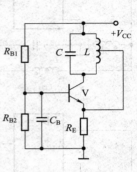

图 6-27 题 6-9 图   图 6-28 题 6-10 图

题 6-11 两种石英晶体振荡电路原理图如图 6-29 所示,试说明它属于哪类振荡电路,为什么说这种电路结构有利于提高频率稳定度?

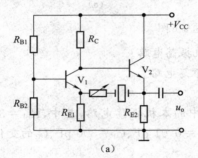

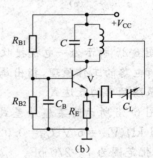

(a)   (b)

图 6-29 题 6-11 图

题 6-12 分析图 6-30 所示电路的工作原理,试说明它属于哪种类型的振荡电路。

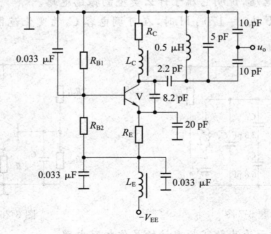

图 6-30 题 6-12 图

知识自测

一、填空题

(1)正弦波振荡电路的振幅平衡条件是_____,相位平衡条件是_____。

(2)在 RC 桥式正弦波振荡电路中,通过 RC 串并联网络引入的反馈是_____反馈。

(3)采用_____作为选频网络构成的振荡电路称为 RC 振荡正弦波电路,它一般用于产生_____频正弦波。

(4)采用_____作为选频网络构成的振荡电路称为 LC 振荡正弦波电路,它主要用于产生_____频正弦波。

(5) LC 谐振回路发生谐振时,等效为_____。LC 正弦波振荡电路的_____决定于 LC 谐振回路的谐振频率。

(6)电容三点式和电感三点式两种振荡电路相比,容易调节频率的是_____三点式电路,输出波形较好的是_____三点式电路。

(7)对于电压比较器,当同相输入端电压大于反相输入端电压时,输出_____电平;当反相输入端电压大于同相输入端电压时输出_____电平。

(8)一电压比较器,输入信号大于 6 V 时,输出低电平;输入信号小于 6 V 时,输出高电平。由此判断,输入信号从集成运放的_____相输入端输入,为_____限电压比较器,门限电压为_____。

(9)一单门限电压比较器,其饱和输出电压为 ±12 V,若反相输入端输入电压为 3 V,则当同相输入端输入电压为 4 V 时,输出为_____V;当同相输入端输入电压为 2 V 时,输出为_____V。

(10)并联型晶体振荡电路中,石英晶体用作高 Q 值的_____元件。和普通 LC 正弦波振荡电路相比,石英晶体振荡电路的主要优点是_____。

(11)根据反馈形式的不同,LC 正弦波振荡电路可分为_____反馈式和三点式两类,其中三点式振荡电路又分为_____三点式和_____三点式两种。

二、判断题

(1)只要电路引入了正反馈,就一定会产生正弦波振荡。　　　　　　　（　　）

(2)负反馈放大电路不可能产生自激振荡。　　　　　　　　　　　　（　　）

(3)凡是振荡电路中的集成运放均工作在线性区。　　　　　　　　　（　　）

(4)非正弦波振荡电路与正弦波振荡电路的振荡条件完全相同。　　　（　　）

(5)电路只要满足 $|\dot{A}\dot{F}|=1$ 就一定会产生正弦波振荡。　　　　　　（　　）

(6)在 RC 桥式正弦波振荡电路中,若 RC 串并联选频网络中的电阻均为 R,电容均为 C,则其振荡频率 $f_0=1/RC$。　　　　　　　　　　　　　　　（　　）

(7)在 LC 正弦波振荡电路中,不用通用型集成运放作放大电路的原因是其上限截止频率太低。　　　　　　　　　　　　　　　　　　　　　　　（　　）

三、选择题

(1)振荡电路的振荡频率取决于（　　）。

A. 供电电源　　　　　　B. 选频网络　　　　　　C. 三极管的参数　　　D. 外界环境

(2) 一个振荡电路要能够产生正弦波振荡,电路的组成必须包含(　　)。

A. 放大电路、负反馈电路　　　　　　　　　B. 负反馈电路、选频电路

C. 放大电路、正反馈电路、选频电路

(3) 一个正弦波振荡电路的开环电压放大倍数为 A_u,反馈系数为 F,该振荡电路能自行建立振荡,其幅值条件必须满足(　　)。

A. $|A_uF|=1$　　　　　B. $|A_uF|<1$　　　　　C. $|A_uF|>1$

(4) 为提高振荡频率的稳定度,高频正弦波振荡电路一般选用(　　)。

A. LC 正弦波振荡电路　　B. 石英晶体振荡电路

C. RC 正弦波振荡电路

(5) 设计一个振荡频率可调的高频、高稳定度的振荡电路,可采用(　　)。

A. RC 正弦波振荡电路　　　　　　　　　B. 石英晶体振荡电路

C. 互感耦合振荡电路　　　　　　　　　　D. 并联改进型电容三点式振荡电路

(6) 串联型石英晶体振荡电路中,石英晶体在电路中的作用等效于(　　)。

A. 电容元件　　　　　　B. 电感元件　　　　　　C. 大电阻元件　　　D. 短路线

(7) 振荡电路是根据_____ 反馈原理来实现的,_____ 反馈振荡电路的波形相对较好。(　　)

A. 正、电感　　　　　　B. 正、电容　　　　　　C. 负、电感　　　D. 负、电容

(8) 石英晶体振荡电路的频率稳定度很高是因为(　　)。

A. 低的 Q 值　　　　　B. 高的 Q 值　　　　　C. 小的接入系数　　D. 大的电阻

(9) 并联型石英晶体振荡电路中,石英晶体在电路中的作用等效于(　　)。

A. 电容元件　　　　　　B. 电感元件　　　　　　C. 电阻元件　　　D. 短路线

(10) 克莱普振荡电路属于(　　)振荡电路。

A. RC 正弦波　　　　　B. 电感三点式　　　　　C. 互感耦合　　　D. 电容三点式

(11) 振荡电路与放大电路的区别是(　　)。

A. 振荡电路比放大电路电源电压高

B. 振荡电路比放大电路失真小

C. 振荡电路无须外加激励信号,放大电路需要外加激励信号

D. 振荡电路需要外加激励信号,放大电路无须外加激励信号

(12) 利用正反馈产生正弦波振荡的电路,其组成主要是(　　)。

A. 放大电路、反馈网络　　　　　　　　　B. 放大电路、反馈网络、选频网络

C. 放大电路、反馈网络、稳频网络

(13) 改进型电容三点式振荡电路的主要优点是(　　)。

A. 容易起振　　　　　　　　　　　　　　B. 振幅稳定

C. 频率稳定度较高　　　　　　　　　　　D. 减小谐波分量

(14) 在自激振荡电路中,下列说法正确的是(　　)。

A. LC 振荡电路、RC 振荡电路一定产生正弦波

B. 石英晶体振荡电路不能产生正弦波

C. 电感三点式振荡电路产生的正弦波失真较大

D. 电容三点式振荡电路的振荡频率做不高

(15) 利用石英晶体的电抗频率特性构成的振荡电路是（　　　）。

A. $f=f_s$ 时,石英晶体呈感性,可构成串联型石英晶体振荡电路

B. $f=f_s$ 时,石英晶体呈阻性,可构成串联型石英晶体振荡电路

C. $f_s<f<f_p$ 时,石英晶体呈阻性,可构成串联型石英晶体振荡电路

D. $f_s<f<f_p$ 时,石英晶体呈感性,可构成串联型石英晶体振荡电路

(16) 电路如图 6-31 所示,参数选择合理,若要满足振荡的相应条件,其正确的接法是（　　　）。

A. 1 与 3 相接,2 与 4 相接　　　　　　　　B. 1 与 4 相接,2 与 3 相接

C. 1 与 3 相接,2 与 5 相接

(17) 图 6-32 所示为正弦波振荡电路的原理图,它属于（　　　）振荡电路。

A. 互感耦合　　　　　B. 西勒　　　　　C. 哈特莱　　　　　D. 克莱普

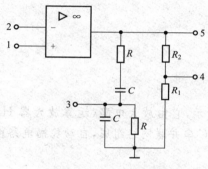

图 6-31　题(16)图

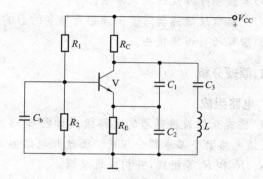

图 6-32　题(17)图

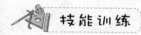

训练项目　RC 桥式正弦波振荡器的设计与调试

一、项目概述

在电子电路中,常需要正弦波信号作为信号源。正弦波振荡电路就是不需要外加信号激励,通过自激振荡来产生正弦波交流电压。它实质上是一种能量转换电路,将直流电能转变为交流电能,是一种特殊的放大电路。在放大电路中引入适当的正反馈时,就能引发自激振荡。因此,自激振荡电路一般由基本放大电路和反馈网络组成,另外,还应包含选频网络。正弦波振荡电路在无线电技术、工业生产以及日常生活中都有广泛的应用。在通信、广播系统中,用它作为高频信号源。在工业生产中,除了用于测量、自动控制技术外,还可用作高频加热炉、高频感应炉以及超声波压焊机等。

二、训练目的

本训练项目旨在提高学生对 RC 桥式正弦波振荡器的认识,加深对所学知识的理解,学会对 RC 桥式正弦波振荡器的应用。能独立完成 RC 桥式正弦波振荡器的组装、调试和测量,增

强实际的操作技能。

三、训练内容与要求

1. 训练内容

利用模拟电子技术实验装置提供的电路板（或面包板）、电源、集成运放、电阻、电容、连接导线等，设计和组装成 RC 桥式正弦波振荡器。根据本项目训练要求，以及给定的电路图，完成电路安装的布线图设计、元器件的选择，并完成电路的组装、调试、主要参数的测量等工作，并撰写出项目训练报告。

2. 训练要求

(1)掌握 RC 桥式正弦波振荡器的构成和工作原理。

(2)掌握用李沙肓图形法测量振荡频率的方法。

(3)掌握幅频特性的测试方法。

(4)观察负反馈强弱对输出波形及幅度的影响。

(5)撰写项目训练报告。

四、原理分析

1. 电路组成

RC 桥式正弦波振荡器的电路组成如图 6-33 所示，它由放大电路（运算放大器 HA1774）和正反馈电路两个基本部分组成。而选频电路由 RC 串并联网络组成，自动稳幅电路由 VD_1、VD_2、R_1、R_P 和 R_2 等组成，并构成负反馈。

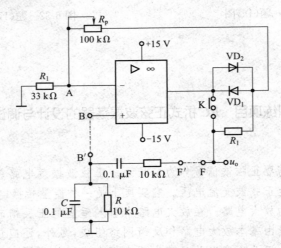

图 6-33　RC 桥式正弦波振荡器电路组成

2. 工作原理

运算放大器的作用是实现对信号的放大，正反馈电路的作用是保证电路能满足振荡条件，由 RC 串并联电路组成的选频电路附属于正反馈电路，其振荡频率为 $f_0 = 1/2\pi RC$。负反馈电路用于改善振荡器的性能，使振荡频率 f_0 和输出波形得以稳定，它采用了自动稳幅措施，稳幅电路由二极管 VD_1、VD_2 正反并联再和电阻 R_1 并联，然后与 R_P 串联，构成负反馈。在输出信号的负半周,若输出负向电压加大,二极管 VD_1 导通,从而使负反馈深度加大,达到负向稳幅的目的。同理,当输出正向电压加大时,VD_2 导通,使负反馈加深,使集成运放的闭环增益下降,从而实现正向稳幅。调节电位器 R_P 可改变输出幅度的大小和改善失真情况。

为了使振荡器能自激振荡,除了满足相位平衡条件($\varphi_A + \varphi_F = 2n\pi$)外,还必须满足振幅平衡条件,即 $AF \geq 1$,式中 $A = u_o/u_i$、$F = u_{F+}/u_o$。调节 R_P 的大小,可调节 u_F 的值。而正反馈系数在振荡条件下为 $F = 1/3$,因此,只要 $A \geq 3$ 就能满足振幅平衡条件。

五、内容安排

1. 知识准备

(1)指导教师讲述 RC 桥式正弦波振荡器的构成和工作原理;明确训练项目的内容、要求、步骤和方法。

(2)学生做好预习,熟悉 RC 桥式正弦波振荡器的构成和工作原理,振荡频率的计算方法。

(3)在面包板上完成电路布线图设计。

2. 电路组装

(1)按照图 6-33 组装 RC 桥式正弦波振荡器,选择集成运放、电阻、电容、连接导线和电源线。确认无误后,接通集成运放器的 ± 15 V电源。

(2)接入测量仪表。

(3)设置控制开关 K、节点 B、B′ 和 F、F′,以便组成反馈电路。

3. 电路调试与测量

(1)用示波器观察振荡器的输出电压 u_o 的波形,并调节 R_P 使 u_o 为一个不失真的正弦波。

(2)用李沙育图形法测量 f_0。将振荡器的输出电压 u_o 接到示波器的输入通道 H_1,低频信号发生器输出的正弦信号接于输入通道 H_2,示波器的 t/div 微调拨至 x 外接,将幅度调至适当位置。改变信号发生器的频率,直至示波器的荧光屏上出现一个椭圆,此时信号发生器指示的频率即为振荡器的振荡频率 f_0。并将测试数据填入表 6-1 中,并与理论计算值比较,计算出相对误差。

表 6-1　频率测试

测试值 f_0/Hz	计算值 f_0'/Hz	相对误差 $\Delta f = (f_0' - f_0)/f_0' \times 100\%$

(3)在 u_o 不失真的条件下,调节 R_P 使 u_o 变化,用毫伏表测出 u_o 的最大值、最小值和中间值。填入表 6-2 中,并分析 u_o 的大小与负反馈深度的关系。

表 6-2　负反馈强弱与 u_o 的关系

R_P阻值	负反馈深度	u_o/V
大		
中		
小		

(4)振幅平衡条件测试：

①调节 R_P 使 u_o 为一不失真电压，断开 B-B′和 F-F′的连线。

②从 B-0(0 为接地点)间加入一个与振荡频率相同的正弦信号 u_i，调节 u_i 使输出电压幅值与振荡时相同，用晶体毫伏表测出 u_i、u_o 及 u_F 的值，填入表 6-3 中。(u_F 是 A-0 间的电压)。

③仍维持上述电路，再用与振荡时相同频率和相同输出电压幅值的信号(u_i)加于 RC 串并联网络的 F′-0 两端，用毫伏表测 B′-0 间的电压 u_{F+}，填入表 6-3 中。

表 6-3 A、F₋ 和 F₊ 的测试

测试值				计算值		
u_i/V	u_o/V	u_F/V	u_{F+}/V	$A=u_o/u_i$	$F_-=u_F/u_o$	$F_+=u_{F+}/u_o$

六、训练所用仪表与器材

(1)直流稳压电源、低频信号发生器各一台。

(2)晶体毫伏表、频率计、示波器各一台。

(3)万用表、镊子、偏口钳、尖嘴钳等。

(4)集成运放 HA1774，电阻、电容、二极管等若干。

七、成绩评定

训练项目成绩评定采取百分制分段评定的方法：

(1)电路组装工艺，30 分。

(2)主要性能指标测试，40 分。

(3)总结报告，30 分。

将实测值和理论计算值进行比较，分析误差原因。

第七章  直流稳压电源

在电子设备和计算机电路中都需要稳定的直流电源供电才能工作,为了得到直流电,除了采用直流发电机、干电池等直流电源外,大多数情况下小功率直流电源是通过电网提供的单相工频正弦交流电转换而来的。直流稳压电源由电源变压器、整流电路、滤波电路和稳压电路四大部分组成。

本章主要介绍整流、滤波和稳压电路的工作原理,以及常用集成稳压器的使用。

第一节 直流稳压电源的组成及性能指标

一、直流稳压电源的组成

单相工频正弦交流电经电源变压器、整流电路、滤波电路和稳压电路转换成稳定的直流电压。直流稳压电源的一般框图如图 7-1 所示,框图中各部分的作用介绍如下:

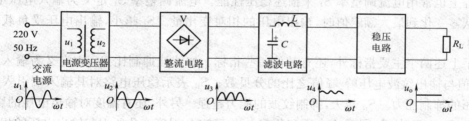

图 7-1　直流稳压电源的一般框图

1. 电源变压器

电网上提供的单相正弦交流电为 220 V,频率为 50 Hz,而直流稳压电源所需的电压较低,电源变压器就是将交流电源电压 u_1 变换为整流电路所需要的二次交流电压 u_2。

2. 整流电路

利用整流二极管的单向导电性将二次交流电 u_2 变换为单一方向的脉动直流电。在电路分析时,常将二极管视为理想二极管,即正向导通时压降为零,反向截止时电流为零。

3. 滤波电路

由波形图可见,整流后的电压仍含有较大的交流成分。滤波电路能进一步滤除单向脉动直流电中的交流成分,保留直流成分,使电压波形变得平滑,从而提高直流电源的质量。常用滤波器件有电容和电感。

4. 稳压电路

稳压电路能在电网电压波动或负载发生变化(负载电流变化)时,通过电路内部的自动调

节,维持稳压电源直流输出电压基本不变,即保证输出直流电压得以稳定。稳压器件有稳压二极管,或用三极管作为电压调整管,以及各种集成稳压器件。

二、直流稳压电路的性能指标

为衡量直流稳压电路的工作性能,一般引入以下参数作为其性能指标。

1. 稳压系数 S_r

S_r 定义为负载一定时,直流稳压电路输出电压相对变化量与输入电压相对变化量之比,即

$$S_r = \frac{\Delta U_O/U_O}{\Delta U_I/U_I}\bigg|_{R_L=\text{常数}} \tag{7-1}$$

式中,U_I 为整流滤波后的直流电压。

它反映电网电压波动对输出电压的影响,S_r 越小,稳压性能越好。

工程上也常用电压调整率 S_U 来描述稳压性能。电压调整率 S_U 是指负载一定时,电网电压波动±10%时,输出电压的相对变化量。S_U 越小,稳压性能越好。

2. 输出电阻 r_o

r_o 定义为输入电压一定时稳压电路输出电压变化量与输出电流变化量之比,即

$$r_o = \frac{\Delta U_O}{\Delta I_O}\bigg|_{U_I=\text{常数}} \tag{7-2}$$

r_o 反映了负载电流变化所引起输出电压的变化,r_o 越小,带负载能力越强。

工程上也常用电流调整率 S_I 来描述稳压性能。电流调整率 S_I 定义为输入电压不变,输出电流从零变化到最大额定值时,输出电压的相对变化量。S_I 越小,输出电压受负载电流的影响越小。

除了上述两个主要指标外,还有其他一些指标。如纹波抑制比 S_R,它定义为输入纹波电压峰-峰值与输出纹波电压峰-峰值之比的分贝数。S_R 表示稳压电路对其输入端引入的交流纹波电压的抑制能力。S_R 越大,抑制纹波的能力越强。另外,还有温度对输出电压的影响,用温度系数 S_T 来反映,S_T 是输入电压和负载电流不变时,温度变化所引起输出电压的相对变化量,S_T 越小,稳压性能越好。

第二节　整　流　电　路

在小功率直流稳压电源中,常用单相半波整流电路和单相桥式整流电路来实现整流,单相桥式整流电路用得最为普遍。为了简单起见,分析计算整流电路时把二极管当作理想元件来处理,即认为二极管的正向导通电阻为零,反向电阻为无穷大。

一、单相半波整流电路

1. 电路组成与工作原理

1)电路组成

图 7-2 为单相半波整流电路,其中 T 为电源变压器,二极管 VD 与负载电阻 R_L 串联接在二次交流电压 u_2 上(电路中忽略了电源变压器 T 和二极管 VD 构成的等效总内阻)。

2）工作原理

设变压器二次交流电压为

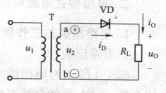

图7-2 单相半波整流电路

$$u_2 = \sqrt{2}U_2 \sin\omega t$$

式中,U_2为电源变压器二次交流电压有效值;ω为交流电压角频率。

$\omega = 2\pi f$,工频 $f = 50\ \text{Hz}$。

当 u_2 正半周时,即 a 为正、b 为负,二极管因承受正向电压而导通,电流 i_D 从 a 流出,经二极管 VD 和负载电阻 R_L,回到 b 点。忽略二极管的正向压降,则负载输出电压 u_O 等于 u_2,即

$$u_O = u_2 = \sqrt{2}U_2 \sin\omega t \quad (0 \leqslant \omega t \leqslant \pi)$$

当 u_2 负半周时,即 a 为负、b 为正,二极管反向截止,忽略二极管的反向饱和电流,电路中没有电流流过。此时负载输出电压 $u_O = 0$,变压器二次交流电压 u_2 全加在二极管两端,二极管承受的反向电压为

$$u_D = u_2 = \sqrt{2}U_2 \sin\omega t \quad (\pi \leqslant \omega t \leqslant 2\pi)$$

整流后的电压、电流波形如图7-3所示,在 u_2 的一个周期内,因二极管的单向导电性,负载电阻 R_L 上得到的是半个周期的整流输出电压 u_O,故称这种电路为半波整流电路。

2. 直流输出电压和输出电流

如图7-3所示,负载上得到的是大小变化的单向脉动直流输出电压,可用一个周期内的电压平均值来表示。单相半波整流电路的输出电压平均值 U_O 为

$$U_O = \frac{1}{2\pi} \int_0^\pi \sqrt{2}U_2 \sin\omega t \, \mathrm{d}(\omega t) = \frac{\sqrt{2}U_2}{\pi} \approx 0.45U_2 \quad (7\text{-}3)$$

输出电流平均值 I_O 为

$$I_O = \frac{U_O}{R_L} = \frac{0.45U_2}{R_L} \quad (7\text{-}4)$$

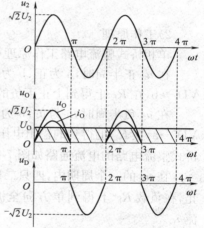

图7-3 单相半波整流后
电压、电流波形

3. 整流元件的选择

1）最大整流电流 I_{FM}

二极管与 R_L 串联,流经二极管的电流 I_D 与负载电流 I_O 相等,即

$$I_D = I_O \quad (7\text{-}5)$$

可查阅有关半导体器件手册,实际选 I_{FM} 应大于 I_D 的一倍左右,并取标称值。

2）最大反向工作电压 U_{RM}

二极管截止时承受的最大反向工作电压就是 u_2 的最大值 $\sqrt{2}U_2$,即

$$U_{RM} = \sqrt{2}U_2 \quad (7\text{-}6)$$

实际选 U_{RM} 大于 $\sqrt{2}U_2$ 的一倍左右,并取标称值。

单相半波整流电路的优点是电路简单,只需一只二极管,其缺点是输出电压脉动大,电源利用效率低。这种电路仅适用于整流电流较小,对脉动要求不高的场合。

二、单相桥式整流电路

1. 电路组成与工作原理

1）电路组成

图 7-4 所示为单相桥式整流电路，在图中四只二极管接成桥式。u_2 和 R_L 的连接位置不能互换，否则 u_2 就会被二极管 VD_1—VD_4 或 VD_3—VD_2 支路短路。图 7-4 给出了单相桥式整流电路的两种不同画法。通常将四只二极管组合在一起做成四线封装的桥式整流器（或称"桥堆"），四条外引线中有两条交流输入引线（有交流标志），两条直流输出引线（有＋、一标志）。

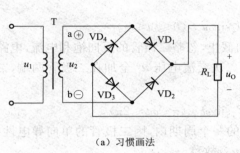

（a）习惯画法　　　　　　　　　　（b）常用画法

图 7-4　单相桥式整流电路

2）工作原理

单相桥式整流电路工作原理可结合波形（见图 7-5）来分析。

在 u_2 正半周时，a 为正、b 为负，二极管 VD_1、VD_3 正偏导通，电流 i_{D1} 经 a→VD_1→R_L→VD_3→b，在 R_L 上得到上正下负的输出电压；同时 VD_2、VD_4 反向截止。

在 u_2 负半周时，a 为负、b 为正，二极管 VD_2、VD_4 正偏导通，电流 i_{D2} 经 b→VD_2→R_L→VD_4→a，在 R_L 上得到的输出电压的方向与 u_2 正半周时相同；同时 VD_1、VD_3 反向截止。单相桥式整流电路的电流通路如图 7-6 所示。

在 u_2 的一个周期内，四只二极管分两组轮流导通或截止，在负载 R_L 上得到单方向全波脉动直流电压 u_O 和电流 i_O。

2. 直流输出电压和输出电流

直流输出电压和输出电流的波形如图 7-5 所示，与半波整流比较，单相桥式整流电路的输出电压 U_O 要大一倍：

$$U_O = 2\frac{\sqrt{2}U_2}{\pi} \approx 0.9U_2 \qquad (7-7)$$

输出电流平均值 I_O 为

$$I_O = \frac{U_O}{R_L} = \frac{0.9U_2}{R_L} \qquad (7-8)$$

3. 整流元件的选择

1）最大整流电流 I_{FM}

由图 7-6 可见，流经每只二极管的电流 I_D 是负载电流 I_O 的一半，即

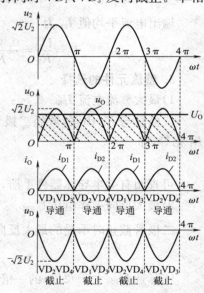

图 7-5　单相桥式整流后
电压、电流波形

$$I_D = \frac{1}{2} I_O \tag{7-9}$$

实际选 I_{FM} 大于 I_D 的一倍左右,并取标称值。

2)最大反向工作电压 U_{RM}

由图 7-6 可见,加在截止二极管上的最大反向工作电压就是 u_2 的最大值 $\sqrt{2}U_2$,即

$$U_{RM} = \sqrt{2}U_2 \tag{7-10}$$

实际选 U_{RM} 大于 $\sqrt{2}U_2$ 一倍左右,并取标称值。

单相桥式整流电路的优点是输出电压脉动小、输出电压高、电源变压器利用率高,因此单相桥式整流电路得到广泛的应用。

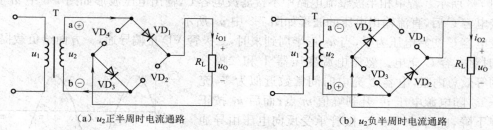

（a）u_2 正半周时电流通路　　　　　　　　　（b）u_2 负半周时电流通路

图 7-6　单相桥式整流电路的电流通路

【例 7-1】　在单相桥式整流电路中,已知负载电阻 $R_L = 50\ \Omega$,用直流电压表测得输出电压 $U_O = 110\ V$。试求电源变压器二次电压有效值 U_2,并合理选择二极管的型号。

解:由式(7-8)求得直流输出电流

$$I_O = \frac{U_O}{R_L} = \frac{110}{50}\ A = 2.2\ A$$

由式(7-9)求得二极管流过的平均电流

$$I_D = \frac{1}{2} I_O = 1.1\ A$$

由式(7-7)求得电源变压器二次电压有效值

$$U_2 = \frac{U_O}{0.9} = \frac{110}{0.9}\ V = 122\ V$$

由式(7-10)求得

$$U_{RM} = \sqrt{2}U_2 = \sqrt{2} \times 122\ V = 172.5\ V$$

查半导体器件手册可选择 2CZ56F(3 A,400 V)二极管。

第三节　滤波电路

单相桥式整流电路的直流输出电压中仍含有较大的交流分量,用来作为电镀、电解等对脉动要求不高的场合的供电电源还可以,但作为电子仪表、电视机、计算机、自动控制设备等场合的电源,就会出现问题,这些设备都需要脉动相当小的平滑直流电源。因此,必须在整流电路与负载之间加接滤波器,如电感或电容元件构成的滤波电路,利用它们对不同频率的交流量具有不同电抗的特点,使负载上的输出直流分量尽可能大,交流分量尽可能小,能对输出电压起到平滑作用。

一、电容滤波电路

1. 单相半波整流电容滤波电路

1)电路组成

单相半波整流电容滤波电路如图 7-7 所示。由图可见，该电路与单相半波整流电路比较，就是在负载两端并联了一只较大的电容 C（几百至几千微法的电解电容）。

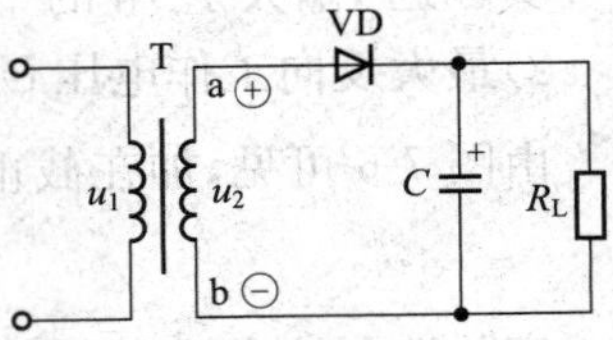

2)工作原理

电容滤波的工作原理可用电容 C 的充放电过程来说明，波形如图 7-8 所示。若单相半波整流电路中不接滤波电容 C，输出电压波形如图 7-8 中 u_O' 所示；当加接电容 C 后，直流输出电压的波形如图 7-8 中 u_O 所示。

设电容 C 初始电压为零，当 u_2 正半周到来时，二极管 VD 正偏导通，一方面给负载提供电流，同时对电容 C 充电。忽略电源变压器 T 和二极管构成的等效总内阻，电容 C 充电时间常数近似为零，充电电压 u_C 随电源电压 u_2 升到峰值 m 点；而后 u_2 按正弦规律下降，此时 $u_2 < u_C$，二极管承受反向电压由导通变为截止，电容 C 对负载 R_L 放电。

在 u_2 负半周时，二极管截止，电容 C 继续对负载 R_L 放电，u_C 按放电时的指数规律下降，放电时间常数 $\tau = R_L C$ 一般较大，u_C 下降较慢，负载中仍有电流流过。当 u_C 下降到图 7-8 中的 n 点后，交流电源已进入下一个周期的正半周，当 u_2 上升且 $u_2 > u_C$ 时，二极管再次导通，电容 C 再次充电，电路重复上述过程。

由于电容 C 与负载 R_L 直接并联，输出电压 u_O 就是电容电压 u_C，则加电容滤波后不仅输出电压脉动减小、波形趋于平滑、纹波电压减少，而且输出直流电压平均值 U_O 升高。

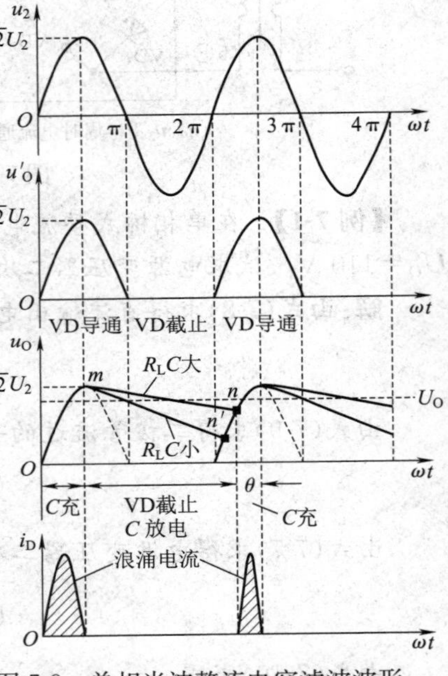

3)直流输出电压和输出电流

图 7-7 单相半波整流电容
滤波电路

图 7-8 单相半波整流电容滤波波形

由滤波后的输出电压波形可见，当电容 C 一定时，负载 R_L 越大，放电时间常数 $\tau = R_L C$ 越大，放电越慢，直流输出电压越平滑，U_O 值越大。在负载开路时（即 $R_L = \infty$，$I_O = 0$），如 $u_2 < u_C$，二极管处在截止状态，则电容 C 无处可放电，所以 $U_O = \sqrt{2} U_2 \approx 1.41 U_2$。负载增大时（即 R_L 减小，I_O 增大），τ 减小，放电加快，U_O 值减小，U_O 的最小值为 $0.45 u_2$。

单相半波整流电容滤波电路输出外特性如图 7-9 所示，与无电容滤波时相比，该种电路的外特性较软，带负载能力差。所以，单相半波整流电容滤波电路只用于负载电流 I_O 较小且变化不大的场合。

为取得良好的滤波效果，工程上一般取：

$$R_L C = (3 \sim 5) T \tag{7-11}$$

式中，T 为二次交流电源 u_2 的周期（$T = \dfrac{1}{f} = \dfrac{1}{50\ \text{Hz}} = 0.02\ \text{s}$）。

可认为放电时间常数 τ 足够大,这时直流输出电压平均值可按经验公式估算,即

$$U_O \approx 1.0 U_2 \tag{7-12}$$

输出电流平均值 I_O 为

$$I_O = \frac{U_O}{R_L} = \frac{U_2}{R_L} \tag{7-13}$$

4)元件的选择

(1)整流二极管的选择:

①最大整流电流 I_{FM}:流经二极管的平均电流 I_D 等于负载电流 I_O。因加接电容 C 后,二极管的导通时间缩短(即导通角 $\theta < \pi$),且放电时间常数 τ 越大,θ 越小。又因电容滤波后输出电压增大,使负载电流 I_O 增大,则 I_D 增大,但 θ 却减小,所以流过二极管的最大电流要远大于平均电流 I_D,二极管电流在很短时间内形成浪涌现象,易损坏二极管,如图 7-8 所示。实际选用二极管时应选:

$$I_{FM} = (2 \sim 3) I_D = (2 \sim 3) I_O \tag{7-14}$$

②最大反向工作电压 U_{RM}:如图 7-7 所示,加在截止二极管上的最大反向工作电压为

$$U_{RM} = 2\sqrt{2} U_2 \tag{7-15}$$

实际选 U_{RM} 大于 $2\sqrt{2}U_2$ 一倍左右,并取标称值。

(2)滤波电容的选择:

①滤波电容的容量:由式(7-11)可得

$$C = (3 \sim 5) \frac{T}{R_L} \tag{7-16}$$

②电容耐压:
$$U_C = 2\sqrt{2} U_2 \tag{7-17}$$

实际选 U_C 大于 $2\sqrt{2}U_2$ 一倍左右,并取标称值。

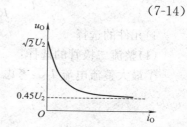

图 7-9　单相半波整流电容滤波
电路输出外特性

2. 单相桥式整流电容滤波电路

1)电路组成

单相桥式整流电容滤波电路如图 7-10(a)所示。

2)工作原理

工作原理可通过波形图 7-10(b)来分析。

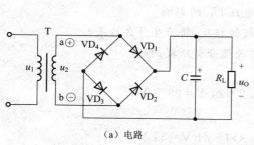

（a）电路

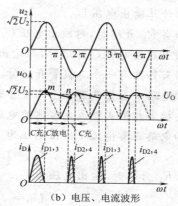

（b）电压、电流波形

图 7-10　单相桥式整流电容滤波电路及电压、电流波形

单相桥式整流电容滤波电路的工作原理与单相半波整流电容滤波电路类似。所不同的是,在 u_2 正、负半周内单相桥式整流电容滤波电路中的电容 C 各充放电一次,输出波形更显平滑,输出电压也更大,二极管的浪涌电流却减小。

3)直流输出电压和输出电流

单相桥式整流电容滤波电路输出外特性如图 7-11 所示,与无电容滤波时相比,特性较软,带负载能力较差。所以,单相桥式整流电容滤波电路也只用于 I_O 较小的场合。

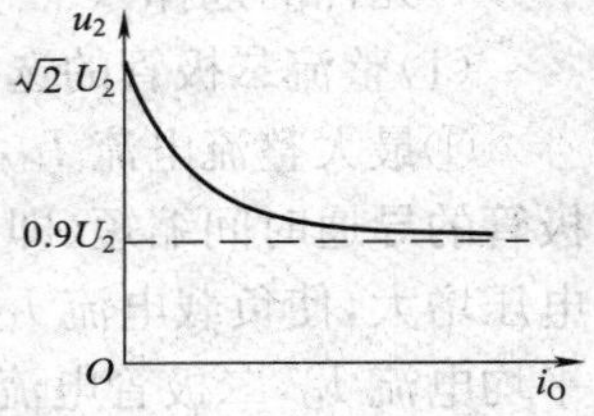

当 $R_L C \geqslant (3\sim 5)T/2$ 时,直流输出电压的平均值仍按式(7-18)计算,即

$$U_O \approx 1.2U_2 \tag{7-18}$$

输出电流平均值 I_O 为

$$I_O = \frac{U_O}{R_L} = 1.2\frac{U_2}{R_L} \tag{7-19}$$

图 7-11 单相桥式整流电容
滤波电路输出外特性

4)元件的选择

(1)整流二极管的选择:

①最大整流电流 I_{FM}:考虑二极管电流的浪涌现象,实际选

$$I_{FM} = (2\sim 3)I_D \tag{7-20}$$

$$I_D = \frac{1}{2}I_O$$

②最大反向工作电压 U_{RM}:加在截止二极管上的最大反向电压为

$$U_{RM} = \sqrt{2}U_2 \tag{7-21}$$

实际选 U_{RM} 大于 $\sqrt{2}U_2$ 一倍左右,并取标称值。

(2)滤波电容的选择:

①滤波电容的容量:由 $C = (3\sim 5)\dfrac{T}{2R_L}$ 计算。

②电容耐压: $$U_C = \sqrt{2}U_2 \tag{7-22}$$

实际选 U_C 大于 $\sqrt{2}U_2$ 一倍左右,并取标称值。

【例 7-2】 单相桥式整流电容滤波电路中,$f = 50$ Hz,$u_2 = 24\sqrt{2}\sin\omega t$ V。试问:

(1)计算输出电压 U_O。

(2)当 R_L 开路时,对输出电压 U_O 的影响。

(3)当滤波电容 C 开路时,对输出电压 U_O 的影响。

(4)若任意有一个二极管开路时,对输出电压 U_O 的影响。

(5)电路中若任意有一个二极管的正、负极性接反,将产生什么后果?

解:按单相桥式整流电容滤波电路的工作原理分析所提问题。

(1)电路正常情况下输出电压为

$$U_O = 1.2U_2 = 1.2\times 24 \text{ V} = 28.8 \text{ V}$$

(2)R_L 开路时,输出电压为

$$U_O = \sqrt{2}U_2 = 1.414\times 24 \text{ V} = 34 \text{ V}$$

(3)滤波电容 C 开路时,输出电压等于单相桥式整流输出电压

$$U_O = 0.9U_2 = 0.9 \times 24 \text{ V} = 22 \text{ V}$$

（4）当电路中有任意一个二极管开路时，电路将变成半波整流电路。

①若电容也开路，则为半波整流电路，输出电压为

$$U_O = 0.45U_2 = 0.45 \times 24 \text{ V} = 11 \text{ V}$$

②若电容不开路，则为半波整流电容滤波电路，输出电压为

$$U_O = 1.0U_2 = 24 \text{ V}$$

（5）当电路中有任意一个二极管的正、负极性接反，都会造成电源变压器二次绕组和两只二极管串联形成短路状态，使变压器烧坏，相串联的二极管也烧坏。

【例 7-3】 设计一单相桥式整流电容滤波电路，要求输出电压 $U_O = 48 \text{ V}$，已知负载电阻 $R_L = 100 \text{ }\Omega$，交流电源频率 $f = 50 \text{ Hz}$，试选择整流二极管和滤波电容。

解：（1）选择整流二极管

流过二极管的平均电流为

$$I_D = \frac{1}{2}I_O = \frac{U_O}{2R_L} = 0.24 \text{ A} = 240 \text{ mA}$$

变压器二次电压有效值为

$$U_2 = \frac{U_O}{1.2} = 40 \text{ V}$$

整流二极管承受的最高反向电压为

$$U_{RM} = \sqrt{2}U_2 = 1.41 \times 40 \text{ V} = 56.4 \text{ V}$$

因此可选择 2CZ11B 作为整流二极管，其最大整流电流为 1 A，最高反向工作电压为 200 V。

（2）选择滤波电容

放电时间常数为

$$\tau = R_L C = 5 \times T/2 = 0.05 \text{ s}$$

则

$$C = \frac{\tau}{R_L} = 500 \text{ }\mu\text{F}$$

选 $C = 1\ 000 \text{ }\mu\text{F}$、耐压为 100 V 的电解电容。

二、电感滤波电路

电感滤波电路及电压波形如图 7-12 所示，电感滤波电路中电感 L 与 R_L 串联。利用线圈中的自感电动势总是阻碍电流"变化"原理，来抑制脉动直流电流中的交流成分，其直流分量则由于电感近似短路而全部加到 R_L 上，输出变得平滑。电感 L 越大，滤波效果越好。

若忽略电感线圈的电阻，即电感线圈无直流压降，则输出电压平均值为

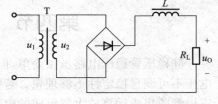

$$U_O = 0.45U_2 \quad \text{（半波）} \qquad (7\text{-}23)$$

$$U_O = 0.9U_2 \quad \text{（全波）} \qquad (7\text{-}24)$$

电感滤波的优点是 I_O 增大时，U_O 减小较少，具有硬的外特性。电感滤波主要用于电容滤波难以胜任的负载电流大且负载经常变动的场合。如电力机车滤波电路中的电抗器。电感滤波因体积大、笨重，在小功率电子设备

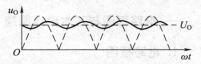

图 7-12 电感滤波电路及电压波形

中不常用(常用电阻 R 替代)。

三、复式滤波电路

滤波的目的是将整流后电压中脉动成分滤掉,使输出波形更平滑。电容滤波和电感滤波各有优点,两者配合使用组成复式滤波电路,滤波效果会更好。构成复式滤波电路的原则是:和负载串联的电感或电阻承担的脉动压降要大,而直流压降要小;和负载并联的电容分担的脉动电流要大,而直流电流要小。图 7-13 所示为常见的几种复式滤波电路。

1. Γ 型滤波电路

电路如图 7-13(a)所示,将电容和电感两者组合,先由电感进行滤波,再经电容滤波。其特点是输出电流大,负载能力强,滤波效果好,适用于负载电流大且负载变动大的场合。

2. LC—π 型滤波电路

电路如图 7-13(b)所示,在 Γ 型滤波电路前再并联一个电容,因电容 C_1、C_2 对交流的容抗很小,而电感对交流阻抗很大,所以负载上纹波很小。设计时应使电感的感抗比 C_2 的容抗大得多,使交流成分绝大多数降在电感 L 上,负载上的交流成分很少。而电感对直流近似为短路,输出直流电压平均值为

$$U_O = 1.2U_2 \tag{7-25}$$

这种电路输出电压高,滤波效果好,主要适用于负载电流较大而又要求电压脉动小的场合。

3. 阻容 π 型滤波电路

电路如图 7-13(c)所示,它相当于在电容滤波电路 C_1 后再加上一级 RC_2 低通滤波电路。R 对交、直流均有降压作用,与电容配合后,脉动交流分量主要降在电阻上,使输出脉动较小。而直流分量因 $R_L \gg R$,主要降在 R_L 上。R、C_2 越大,滤波效果越好。但 R 太大将使直流成分损失太大,输出电压将降低。所以,要选择合适的电阻。

这种电路结构简单,主要适用于负载电流较小而又要求输出电压脉动很小的场合。

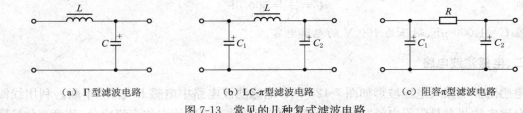

| (a) Γ型滤波电路 | (b) LC-π型滤波电路 | (c) 阻容π型滤波电路 |

图 7-13　常见的几种复式滤波电路

第四节　串联型直流稳压电路

硅稳压管稳压电路虽很简单,但受稳压管最大稳定电流的限制,负载电流不能太大,输出电压不可调且稳定性不够理想。若要获得稳定性高且连续可调的输出直流电压,就必须采用三极管或集成运算放大器组成的串联型直流稳压电路。

一、电路框图与基本稳压原理

1. 电路框图

串联型稳压电路框图如图 7-14 所示,主要由调整管、采样电路、基准电压和比较放大环节

组成。因调整管与负载串联,故称为串联型稳压电路。

2. 基本稳压原理

串联型稳压电路基本稳压原理可用图 7-15 说明,当输入电压 U_I 波动或是负载电流变化引起输出电压 U_O 增大时,可增大 R_P 的阻值,使 U_I 增大的值落在 R_P 上,维持 U_O 不变;当 U_O 减小时,立即调小 R_P,使 R_P 上的直流压降减小,维持 U_O 不变。因为 U_I 变化和负载变化的快速性与复杂性,手动改变 R_P 是不现实的,所以用三极管(射极输出器)取代可变电阻。当基极电流 I_B 变大时,三极管呈现的电阻变小,U_{CE} 减小,U_O 增大;当基极电流 I_B 变小时,三极管呈现的电阻变大,U_{CE} 增大,U_O 减小。

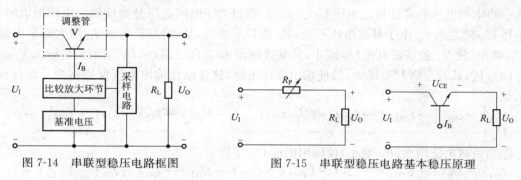

图 7-14　串联型稳压电路框图　　　　图 7-15　串联型稳压电路基本稳压原理

二、串联型直流稳压电路的工作原理及稳压电源电路的保护措施

1. 串联型直流稳压电路的工作原理

(1)具有放大环节的串联型直流稳压电路如图 7-16 所示,下面结合电路各个部分说明其工作原理。

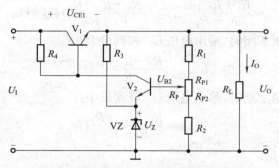

图 7-16　具有放大环节的串联型直流稳压电路

①调整管。调整管由三极管 V_1 组成,其集-射极电压 U_{CE1} 与输出电压 U_O 串联,即 $U_O = U_I - U_{CE1}$。三极管必须处于线性放大状态,相当于可调电阻的作用。调整管的基极电流接受放大环节的控制,以使调整管实现自动调节。

②采样电路。采样电路为电阻 R_1、R_P 和 R_2 组成的分压器。它对输出电压分压、采样,并将反映输出电压 U_O 大小的采样信号送到比较放大电路。

若忽略 I_{B2},则采样电压 U_{B2} 为

$$U_{B2} = \frac{R_2 + R_{P2}}{R_1 + R_2 + R_P} U_O \tag{7-26}$$

改变 R_P 滑动端位置,可调节采样电压的大小,同时也调整了输出电压 U_O 的大小。

③基准电压。基准电压由稳压二极管 VZ 和限流电阻 R_3 组成。稳压二极管 VZ 上的稳定电压 U_Z 作为比较放大环节中的基准电压。

④比较放大环节。三极管 V_2 接成共射极电压放大电路,将采样信号 U_{B2} 和基准电压 U_Z 加以比较放大后,再控制调整管 V_1 的基极电位,以改变基极电流 I_{B1} 的大小,从而改变调整管的 U_{CE1}。R_4 是 V_1 的基极电阻,也是 V_2 的集电极电阻。

(2)稳压过程。当电网电压波动和负载电阻变动时,输出电压会随之改变,经稳压电路内部的反馈控制,可使输出电压保持不变。

①当电网电压升高使输出电压 U_O 升高时:假设由于电网电压升高使输出电压增大时,采样电压 U_{B2} 随之增大,由于基准电压不变,V_2 的 U_{BE2} 增大,V_2 的基极电流 I_{B2} 增大而集电极电位 U_{C2} 减小,使 V_1 的基极电位 U_{B1} 减小,其基极电流 I_{B1} 也随之减小,I_{C1} 也因此而减小,V_1 向截止方向运行,其管压降 U_{CE1} 增大,致使输出电压下降,这样就使输出电压保持不变。该过程可表示如下:

$$U_O \uparrow \rightarrow U_{B2} \uparrow \rightarrow U_{BE2} \uparrow \rightarrow I_{B2} \uparrow \rightarrow U_{CE2} \downarrow \rightarrow U_{C2} \downarrow \rightarrow U_{B1} \downarrow \rightarrow I_{B1} \downarrow \rightarrow I_{C1} \downarrow \rightarrow U_{CE1} \uparrow$$
$$U_O \downarrow$$

②当负载电流增大(R_L 变小)使输出电压 U_O 下降时:

$$U_O \downarrow \rightarrow U_{B2} \downarrow \rightarrow U_{BE2} \downarrow \rightarrow I_{B2} \downarrow \rightarrow U_{CE2} \uparrow \rightarrow U_{C2} \uparrow \rightarrow U_{B1} \uparrow \rightarrow I_{B1} \uparrow \rightarrow I_{C1} \uparrow \rightarrow U_{CE1} \downarrow$$
$$U_O \uparrow$$

由上述分析可见,电路能实现自动调整输出电压的关键是电路中引入了电压串联负反馈,使电压调整过程成为一个闭环控制。

(3)输出电压的调节范围。改变 R_P 滑动端位置,可调整输出电压 U_O 的大小。由式(7-26)可得输出电压为

$$U_O = \frac{R_1 + R_2 + R_P}{R_2 + R_{P2}} U_{B2} = \frac{R_1 + R_2 + R_P}{R_2 + R_{P2}} (U_Z + U_{BE2}) \tag{7-27}$$

当 R_P 滑动端调到最下端时,输出电压 U_O 调到最大:

$$U_{Omax} \approx \frac{R_1 + R_2 + R_P}{R_2} U_Z \tag{7-28}$$

当 R_P 滑动端调到最上端时,输出电压 U_O 降到最小:

$$U_{Omin} \approx \frac{R_1 + R_2 + R_P}{R_2 + R_P} U_Z \tag{7-29}$$

此电路存在的不足是:

①输入电压 U_I 通过 R_4 与调整管基极相接,易影响稳压精度。

②流过稳压管的电流受 U_O 波动的影响,U_Z 不够稳定。

③温度变化时,放大环节的输出有一定的温漂。

④调整管的负担过大。

实际应用中,常用稳压管构成的辅助电源给放大环节供电;用复合管作为调整管;用差分放大电路或集成运放作为比较放大环节可克服上述的不足。

2. 实用串联型直流稳压电路

目前多采用复合管作为调整管,用集成运放作为比较放大环节。其优点是:

①复合管的 β 大,所需的驱动电流小,既能减轻放大环节的负担,又能减小电路的输出电阻。

②集成运放的 A_u 大、共模抑制比高。

实用串联型直流稳压电路如图 7-17 所示。图中 V_1、V_2 组成复合管，R_3 为集成运放的输出限流电阻，R_5 与稳压管 VZ_2 组成辅助电源，为集成运放和稳压电路 VZ_1 供电，比较放大环节由集成运放 A 组成，其反相输入端接采样信号，同相输入端接基准电压，利用它们的差值作比较，放大后再控制调整管。电路的稳压原理和稳压调节过程基本同上述电路相同，不再赘述。

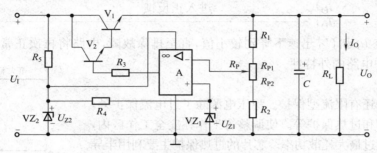

图 7-17　实用串联型直流稳压电路

【例 7-4】　如图 7-17 所示，基准电压 $U_{Z1}=6$ V，集成运放输出电流 $I_{B2}=2$ mA，$\beta_1\beta_2=900$，$R_1=R_P=R_2=500$ Ω，$U_I=15$ V，试求：

(1) 输出电压 U_O 的范围。

(2) 最大输出电流。

(3) 若调整管的饱和管压降为 3 V，电路正常工作时输入电压 U_I 最小应为多少？

解： (1) 由式(7-27)可得

$$U_{Omax} \approx \frac{R_1+R_2+R_P}{R_2}U_{Z1} = \frac{500+500+500}{500}\times 6 \text{ V} = 18 \text{ V}$$

$$U_{Omin} \approx \frac{R_1+R_2+R_P}{R_2+R_P}U_{Z1} = \frac{500+500+500}{500+500}\times 6 \text{ V} = 9 \text{ V}$$

则输出电压 U_O 的范围为 9～18 V。

(2) 最大输出电流为

$$I_{Omax} = I_{B2}\times\beta_1\beta_2 = 2\times 900 = 1.8 \text{ A}$$

(3) 输入电压的最小值为

$$U_{Imin} = U_{Omax}+3 = (18+3) \text{ V} = 21 \text{ V}$$

考虑电网电压波动 10%，最小输入电压按经验公式应取 $U_{Imin}=21\times(1+10\%)$ V $=23$ V。

3. 稳压电源电路的保护措施

1) 过电流保护

稳压电源工作时，如果负载端短路或过载，流过调整管的电流要比额定值大很多，调整管将烧坏，因此必须在电路中加过载和短路保护措施。下面简单介绍三极管截流型保护电路。

较大功率的稳压电源都希望一旦出现过载或短路时，输出电压和输出电流都能下降到一个较小值，以保护调整管。三极管截流型保护电路能实现这一要求。

三极管截流型保护电路如图 7-18 所示，保护电路由电流采样电阻 R_0 和 R_1、R_2、V_2 组成。图中

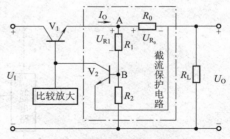

图 7-18　三极管截流型保护电路

$$U_{BE2} = U_{R_0} - U_{R_1} \tag{7-30}$$

稳压电源电路正常工作时，U_{R_0} 很小，U_{BE2} 很小，三极管 V_2 处于截止状态，保护电路不影响正常工作。当过载或短路时，I_O 急剧增大，U_{R_0} 随之增大，使 U_{BE2} 增大，三极管 V_2 导通，对调整管基极电流 I_{B1} 分流，并立即进入下面的正反馈过程：

$$I_O \uparrow \to I_{C1} \uparrow \to U_{R_0} \uparrow \to U_{BE2} \uparrow \to I_{B1} \downarrow \to U_{CE1} \uparrow \to U_O \downarrow \to U_{R_1} \downarrow \to U_{BE2} \uparrow \to U_{B1} \uparrow \to$$

$$\searrow I_O \downarrow \qquad\qquad \text{进入正反馈}$$

$$I_O \downarrow \longleftarrow$$

反馈过程使 I_O 和 U_O 迅速下降到较小值，直至排除故障，电路将再次正常工作。图 7-19 所示为截流保护电路的外特性。

2）其他保护

过电流保护还有限流型保护。稳压电源除了过电流保护外，还有过电压保护和过热保护等。使调整管工作在安全工作区内，保证调整管不超过最大耗散功率。芯片的过热保护主要利用半导体测温元件，让它们靠近调整管，当芯片温度上升到一定值时，启动一个保护电路，自动减小输出电流，让芯片温度下降到安全值。

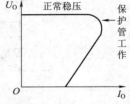

图 7-19　截流保护电路的外特性

第五节　线性集成稳压器

随着半导体集成技术的发展，集成稳压器的应用已十分普遍。它具有外接元件少、体积小、质量小、性能稳定、使用调整方便、价格便宜等优点。

线性集成稳压器种类很多。按工作方式分有串联、并联和开关型调整方式；按输出电压分有固定式、可调式集成稳压器。本节主要介绍三端固定输出集成稳压器 W7800、W7900 系列和三端可调输出集成稳压器 W317、W337 系列。

一、W7800、W7900 系列三端固定输出集成稳压器

1. W7800、W7900 内部电路框图和系列型号

所谓线性集成稳压器就是把调整管、采样电路、基准电压、比较放大器、保护电路、启动电路等全部制作在一块半导体芯片上。W7800 系列三端固定输出集成稳压器内部电路框图如图 7-20 所示，它属于串联型稳压电路。与典型的串联型直流稳压电路相比，除了增加了启动电路和保护电路外，其余部分与前述的电路一样。启动电路能帮助稳压器快速建立输出电压；它的保护电路比较完善，有过电流保护、过电压保护和过热保护等。

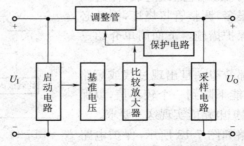

图 7-20　W7800 系列三端固定输出集成稳压器内部电路框图

图 7-21 所示为 W7800、W7900 系列三端固定输出集成稳压器的外形和框图。封装形式有金属、塑料封装两种形式。集成稳压器一般有输入端、输出端和公共端三个接线端,故又称三端集成稳压器。

三端固定输出集成稳压器通用产品有 W7800(正电压输出)和 W7900(负电压输出)两个系列,它们的输出电压有 5 V、6 V、9 V、12 V、15 V、18 V、24 V 七个挡,型号后面的两个数字表示输出电压的值。输出电流分三挡,以 78(或 79)后的字母来区分,用 M 表示 0.5 A、用 L 表示 0.1 A、无字母表示 1.5 A。例如,W7805 表示输出电压为 5 V、最大输出电流为 1.5 A; W78M15 表示输出电压为 15 V、最大输出电流为 0.5 A;W79L06,表示输出电压为 -6 V,最大输出电流为 0.1 A。

图 7-21　W7800、W7900 系列三端固定输出集成稳压器的外形和框图

使用时要注意引脚作用及编号,不能接错。集成稳压器接在整流滤波电路之后,最高输入电压为 35 V,一般输入电压 U_I 比输出电压 U_O 大 1/3~2/3,稳压器的输入、输出间的电压差最小在 2~3 V。

2. 固定输出集成稳压器应用

1)固定输出电压的稳压电路

图 7-22(a)所示为固定正电压输出电路,图 7-22(b)所示为固定负电压输出电路。电路输出电压 U_O 和输出电流 I_O 的大小决定于所选的稳压器型号。图中 C_I 用于抵消输入接线较长时的电感效应,防止电路产生自激振荡,同时还可消除电源输入端的高频干扰,通常取 0.33 μF。C_O 用于消除输出电压的高频噪声,改善负载的瞬态响应,即在负载电流变化时不致引起输出电压的较大波动,通常取 0.1 μF。

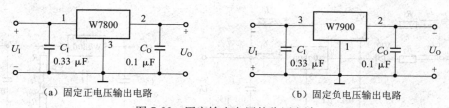

（a）固定正电压输出电路　　　　　　　　（b）固定负电压输出电路

图 7-22　固定输出电压的稳压电路

2)固定输出正、负电压的稳压电路

将 W7900 与 W7800 相配合,可以得到正、负电压输出的稳压电路,如图 7-23 所示。图中电源变压器二次电压 u_{21} 与 u_{22} 对称,均为 24 V,中点接地。VD_5、VD_6 为保护二极管,用来防止稳压器输入端短路时输出电容向稳压器放电而损坏稳压器。VD_7、VD_8 也是保护二极管,正常工作时处于截止状态,若 W7900 的输入端未接入输入电压,W7800 的输出电压通过负载 R_L 接到 W7900 的输出端,使 VD_8 导通,从而使 W7900 的输出电压钳位在 0.7 V,避免其损坏。VD_7 的作用同理。电路中采用 W78M15 和 W79M15,使输出获得正、负 15 V 的电压。

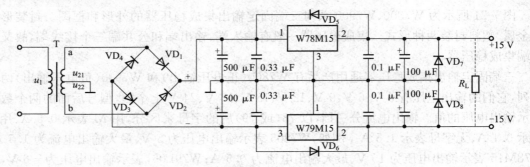

图 7-23　正、负电压输出的稳压电路

3）扩大输出电流的稳压电路

当负载所需的电流大于集成稳压器的输出电流时，可采用外接功率管 V 的方法来扩大输出电流，如图 7-24 所示。图中 V_1 和 VD_2 同为硅管，它们的管压降相等，则 $I_E R_1 = I_{D2} R_2$。在忽略 V_1 的基极电流时，$I_C \approx I_E$，$I'_O \approx I_{D2}$，这时可得

$$I_O = I'_O + I_C = I'_O + I_E = I'_O + \frac{R_2}{R_1} I_{D2} = \left(1 + \frac{R_2}{R_1}\right) I'_O \qquad (7\text{-}31)$$

可见，只要适当选择 R_2 与 R_1 的比值，就可使电路的输出电流 I_O 比集成稳压器的输出电流 I'_O 大 $\left(1 + \dfrac{R_2}{R_1}\right)$ 倍。

4）提高输出电压的稳压电路

当负载所需的电压大于集成稳压器的输出电压时，可采用外接元件的方法来提高输出电压，如图 7-25 所示。图中 U'_O 为集成稳压器的输出电压，I_W 是集成稳压器的静态电流，约几毫安。R_1 上的电压即 U'_O，此时输出电压可表示为

$$U_O = U'_O + (I_W + I_{R_1}) R_2 = U'_O + \left(I_W + \frac{U'_O}{R_1}\right) R_2 = \left(1 + \frac{R_2}{R_1}\right) U'_O + I_W R_2 \approx \left(1 + \frac{R_2}{R_1}\right) U'_O \qquad (7\text{-}32)$$

可见只要适当选择 R_2 与 R_1 的比值，就可提高输出电压。据原理将 R_2 改成可调电阻，电路还可变成输出电压可调的稳压电路。

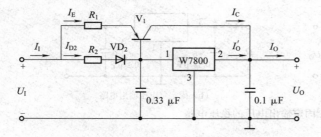

图 7-24　扩大输出电流的稳压电路

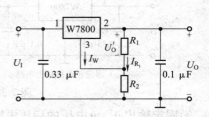

图 7-25　提高输出电压的稳压电路

二、W317、W337 系列三端可调输出集成稳压器

三端可调输出集成稳压器是在 W7800、W7900 的基础上发展而来的。它有输入端、输出端和电压调整端（ADJ）三个接线端子。图 7-26 为 W317、W337 系列三端可调输出集成稳压器的外形和框图。三端可调输出集成稳压器典型产品有 W117、W217 和 W317 系列，它们为

正电压输出;负电压输出的有 W137、W237 和 W337 系列。W117、W217 和 W317 系列的内部电路基本相同,仅是工作温度不同。第一个数为 1 表示军品级,金属外壳或陶瓷封装,工作温度范围为 −55~+150 ℃;第一个数为 2 表示工业品级,封装形式同 1,工作温度范围为 −25~+150 ℃;第一个数为 3 表示工业品级,多为塑料封装,工作温度范围为 0~125 ℃。输出电流也分三挡,L 系列为 0.1 A,M 系列为 0.5 A、无字母表示 1.5 A。

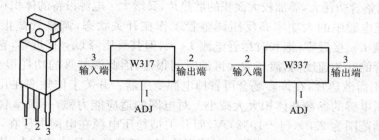

图 7-26　W317、W337 系列三端可调输出集成稳压器的外形和框图

三端可调输出集成稳压器的输入电压在 2~40 V 范围内变化时,电路均能正常工作。集成稳压器设有专门的电压调整端,静态工作电流 I_{ADJ} 很小,约几毫安,输入电流几乎全部流入输出端,所以器件没有接地端。输出端与调整端之间的电压等于基准电压 1.25 V,如果将调整端直接接地,输出电压就为固定的 1.25 V。在电压调整端外接电阻 R_1 和电位器 R_P,就能使输出电压在一定范围内连续可调。

图 7-27 所示为 W317 的典型应用电路。图中 R_1 和 R_P 组成采样电路;C_2 为交流旁路电容,用以减少 R_P 采样电压的纹波分量;C_4 为输出端的滤波电容;VD_2 是保护二极管,用于防止输出端短路时 C_2 放电而损坏稳压器。VD_1、C_1、C_3 的作用与固定输出集成稳压器相同。R_1 一般选取 120~240 Ω,以保证稳压器空载时也能正常工作。R_P 的选取应根据对 U_O 的要求来定。在忽略 I_{ADJ} 的情况下:

$$U_O = 1.25 + 1.25 \times \frac{R_P}{R_1} = 1.25\left(1 + \frac{R_P}{R_1}\right) \tag{7-33}$$

调节 R_P 就可调节输出电压大小。当调整端直接接地时,即 $R_P = 0$ 时,$U_O = 1.25$ V;当 $R_P = 2.2$ kΩ 时,$U_O = 24$ V。

图 7-28 所示为可控输出电压的稳压电路,可作为集成 TTL 门电路供电的电源。当控制信号为高电平时,三极管 V 饱和,R_2 被短接,W317 输出低电压 1.25 V;当控制信号为低电平时,三极管 V 截止,W317 正常工作,输出电压 5 V。若增加控制端,还可组成程序控制的稳压电源。

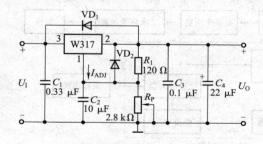

图 7-27　W317 的典型应用电路

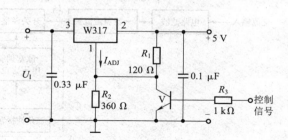

图 7-28　可控输出电压的稳压电路

第六节　开关型稳压电源

线性稳压电源电路结构简单、输出电压稳定,但因其功率调整管总是处于线性放大状态,管压降大,负载电流全部经过调整管,调整管消耗的功率较大,故电源工作效率低(一般为 40% 左右)。另外,因调整管功耗大,需加较大面积的散热片,又增大了电源设备的体积和质量。

开关型稳压电源中的大功率高反压调整管工作在开关状态,调整管截止时尽管管压降 U_{CE} 大,但其电流 I_{CEO} 接近零;饱和时尽管电流 I_{CS} 大,但其管压降 U_{CES} 接近零,它的管耗始终很小。再者调整管的开关速度高,渡越放大区的时间很短,因此调整管的功耗很小,电源效率可达 80%。同时不需散热片,在许多场合可省掉电源变压器。开关工作频率在几十千赫至几兆赫,使滤波电容、电感的参数和体积大大减小。对电网的适应能力强,一般串联型稳压电源允许电网电压波动范围为 $220\times(1+10\%)$ V,而开关型稳压电源在电网电压在 $110\sim260$ V 范围内变化时,都可获得稳定的输出电压。开关型稳压电源的缺点是纹波较大,用于小信号放大电路还需采取二次稳压。随着开关电源的不断改进和集成化,这种新型电源以其功耗小、质量小、体积小为特点,已在计算机、电视机和其他电子设备中广为应用。

开关型稳压电源的种类很多,按调整管的连接方式分有串联型和并联型;按稳压电源的启动方式分有自激型和他激型;按调整管的控制方式分有脉冲宽度调制方式(PWM)和脉冲频率调制方式(PFM)。脉冲宽度调制方式(简称"脉宽调制式")是指调整管的开关周期 $T(T=t_{on}+t_{off})$ 不变,通过改变调整管的导通时间 t_{on} 来调节脉冲的高电平宽度,以改变脉冲的占空比来调整输出电压;脉冲频率调制方式(简称"脉频调制式")是指调整管的导通时间 t_{on} 或截止时间 t_{off} 保持不变,而改变其工作频率 f 来控制输出电压。比较常用的是串联型脉宽调制式。

一、电路框图与工作原理

1. 电路框图

开关型稳压电源电路框图如图 7-29 所示。电网交流电压进入输入电路后,经电路滤波电路、浪涌电流控制电路,以削弱由电网进入的噪声及浪涌电流,再经一次整流滤波电路,变换成直流电压 U_I。该直流电压加到开关调整管,它将直流电压 U_I 变换成高频矩形脉冲电压 U_p,再由高频变压器将二次方波电压 U_p 经过高频整流滤波电路变换成单向脉动直流,最后经平滑滤波器(二次整流滤波)变为直流输出电压 U_O,供给负载使用。

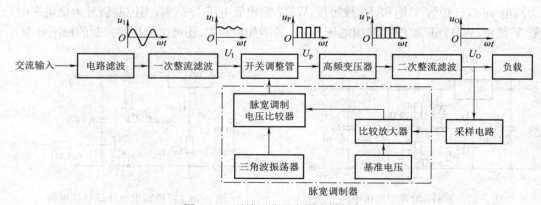

图 7-29　开关型稳压电源电路框图

　　电路的关键部件为脉宽调制器,开关调整管根据脉宽调制器的控制脉冲信号自动调整输出电压。脉宽调制器由比较放大器、基准电压、三角波振荡器和脉宽调制电压比较器组成。

　　脉宽调制式开关型串联稳压电源基本原理图如图 7-30 所示。V_1 为与负载 R_L 串联的开关功率调整管;L、C 组成滤波器,V_2 为续流二极管;R_1、R_2 组成采样电路;A_1 为比较放大器,将基准电压 U_{REF} 与采样电压 U_F 进行比较放大;A_2 为脉宽调制电压比较器,同相输入端接 A_1 的输出端 u_{o1},反相输入端接三角波振荡器输出 u_T,u_{o1} 与 u_T 的电压比较决定 A_2 的输出 u_{o2},而 u_{o2} 就是控制调整管开关状态的脉冲信号;三角波振荡器产生的三角波电压 u_T 频率决定了调整管的开、关工作频率。

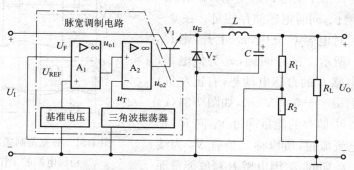

图 7-30　脉宽调制式开关型串联稳压电源基本原理图

2. 工作原理

　　当输入电压波动和负载电流变化时,输出电压随之变化。如在输出电压 U_O 增大时减少占空比,而在 U_O 减少时增大占空比,那么输出电压就能得以稳定。将 U_O 的采样电压通过反馈来调节 u_{o2} 的占空比,即可达到稳压的目的。在忽略调整管的饱和管压降和滤波器的直流压降时,输出电压与输入电压的关系为

$$U_O \approx \frac{t_{on}}{T}U_I = qU_I \tag{7-34}$$

　　当输出电压 U_O 升高时,采样电压 U_F 同时增大,与基准电压 U_{REF} 进行比较放大,使比较放大器 A_1 的输出端 u_{o1} 减小,经电压比较器 A_2,使 u_{o2} 减小,调整管的导通时间 t_{on} 变小,占空比 q 变小,输出电压 U_O 下降,调节结果使 U_O 基本不变。闭环反馈的工作过程可表示如下:

$$U_O \uparrow \rightarrow U_F \uparrow \rightarrow u_{o1} \downarrow \rightarrow u_{o2} \downarrow \rightarrow q \downarrow$$
$$U_O \downarrow \longleftarrow$$

　　当输出电压 U_O 降低时,与上述过程相反,即

$$U_O \downarrow \rightarrow U_F \downarrow \rightarrow u_{o1} \uparrow \rightarrow u_{o2} \uparrow \rightarrow q \uparrow$$
$$U_O \uparrow \longleftarrow$$

　　由上述分析可见,电路正常工作时,输出电压处于稳定状态。采样电压 $U_F = U_{REF}$,比较放大器 A_1 输出 $u_{o1} = 0$,A_2 的输出 u_{o2} 的占空比 $q = 50\%$,这时的输出电压 U_O 称为标称值。当输出电压变动时,如 $U_F < U_{REF}$,则 $q > 50\%$;如 $U_F > U_{REF}$,则 $q < 50\%$,因而改变 R_1 与 R_2 比值,可以改变输出电压的数值。

3. 波形分析

　　脉宽调制式开关型串联稳压电源的工作波形如图 7-31 所示。整个稳压电源的工作波形转换过程:输入的直流电压先转换成脉冲电压,再将脉冲电压经 LC 滤波转换成直流电压。下

面结合波形进行分析。

由电压比较器原理可知,当 $u_{o1} > u_T$ 时,A_2 的输出电压 u_{o2} 为高电平,调整管 V_1 饱和导通;当 $u_{o1} < u_T$ 时,u_{o2} 为低电平,调整管 V_1 截止,u_{o1}、u_T、u_{o2} 波形如图 7-31(a)、(b)所示。

在 u_{o2} 为高电平时,因为调整管 V_1 导通,输入电压 U_I 经 L 加在滤波电容 C 和负载 R_L 上。如忽略 V_1 的饱和管压降 U_{CES},则 $u_E \approx U_I$,二极管 V_2 承受反向电压而截止。由于电感自感电动势的作用,电感电流 i_L 线性增长,同时电感储存能量。在 $0 \sim t_1$ 期间,$i_L > I_O$,i_L 对电容 C 充电,u_C 上升,则 U_O 上升,如图 7-31(e)所示。在 t_1 时刻,u_{o2} 为低电平,调整管 V_1 截止,电感 L 的自感电动势(右正左负)使二极管 V_2 导通,$u_E = -0.7 \text{ V} \approx 0$,如图 7-31(c)所示。这时电感 L 中储存的能量通过 V_2 向 R_L 释放,R_L 中继续有电流流过,所以称二极管 V_2 为续流二极管。在 $t_1 \sim t_2$ 期间,i_L 因电感 L 释放能量而

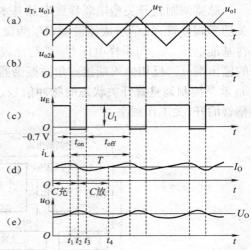

图 7-31　脉宽调制式开关型串联
稳压电源的工作波形

线性下降,但仍大于 I_O,电容 C 仍处于充电状态,U_O 继续上升。$t_2 \sim t_3$ 期间,$i_L < I_O$,电容 C 开始放电,则 U_O 下降。t_3 以后重复上述过程。

由此可见,尽管调整管工作在开关状态,但在二极管 V_2 的续流作用和 LC 的滤波作用下,输出电压 U_O 仍能得到平滑的直流电压输出,如图 7-31(e)所示。

三、开关电源电路举例

目前集成开关型稳压器已广泛应用于计算机、电视机、航天设备、通信设备、数字电路系统等装置中。常用的集成开关型稳压器通常分两类:一类是单片脉宽调制器,如 SG3524;另一类是将脉宽调制器和开关功率调整管制作在同一芯片上的单片集成开关稳压器,如美国动力(Power)公司推出的高效、小功率、低价格四端单片开关电源 TinySwitch。单片脉宽调制器需外接开关功率管,电路复杂,但应用灵活;单片集成开关稳压器具有高集成度、高性价比、最简外围电路、最佳性能指标、能构成高效率无工频变压器的隔离式开关电源等优点。

SG3524 是一个典型的性能优良的开关电源控制器,其内部结构框图和外引脚如图 7-32 所示。它的内部电路包括基准电压源、误差放大器、限流保护环节、比较器、振荡器、触发器、输出逻辑控制电路和输出三极管等环节,采用直插式 16 引脚封装。6、7 引脚分别为振荡器外接定时电阻和定时电容端,$R_T C_T$ 决定振荡频率。

图 7-33 所示为由 SG3524 构成的开关型降压稳压电源。为扩大输出电流,采用外接开关调整管 V_1、V_2,将芯片内部的输出管 V_A、V_B 并联使用,作为外接复合调整管 V_1、V_2 的驱动级。6、7 引脚外接 R_5、C_2,故振荡器的振荡频率为 $f_0 = 1.15/R_5 C_2 \approx 20 \text{ kHz}$。由 16 引脚输出的 5 V 基准电压经 R_3、R_4 分压得 $U_{REF} = 2.5 \text{ V}$,送误差放大器同相输入端 2 引脚,而输出电压经采样电阻 R_1、R_2 分压后送 1 引脚。根据正常工作时 $U_F = U_{REF}$,则可求出输出电压为

$$U_F = U_O \frac{R_2}{R_2 + R_1} = U_{REF}$$

$$U_O = U_{REF} \frac{R_2 + R_1}{R_2} = 2.5 \frac{5+5}{5} \text{ V} = 5 \text{ V}$$

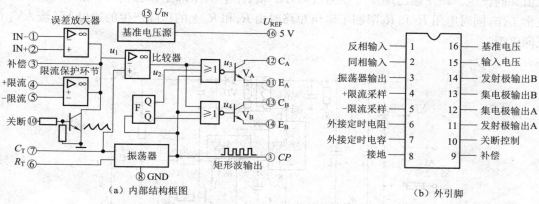

（a）内部结构框图　　　　　　　　　（b）外引脚

图 7-32　SG3524 内部结构框图和外引脚

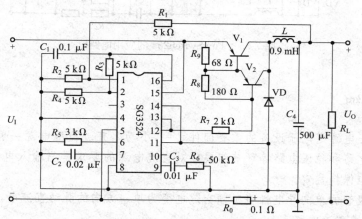

图 7-33　由 SG3524 构成的开关型降压稳压电源

故输出电压的标称值为 5 V。4 引脚与 5 引脚（地）之间外接 R_0 为限流保护采样电阻，以防止 V_1、V_2 过载损坏。9 引脚外接 R_6、C_3 用于防止电路寄生振荡。15 引脚接入输入电压28 V。作为串联型开关稳压电源的稳压原理在此不再赘述。

　　图 7-34 为 TinySwitch254 的引脚排列图，图 7-35 所示为 TinySwitch254 的应用电路。TinySwitch254的调整管为 MOSFET。各引脚功能是：D 为功率 MOSFET 漏极，为启动和稳态工作提供工作电流；S 为功率 MOSFET 源极；BP 为旁路端，内接 5.8 V 稳压器，外接旁路电容，正常工作时，旁路电容在 MOSFET 导通期间为控制电路提供能量；EN 为使能端，是功率 MOSFET 导通、关断的控制端。正常工作时，EN 端为高电平，MOSFET 导通；当 EN 端为低电平时，MOSFET 关断。

　　TinySwitch 不需要辅助电源，特别适于作为移动电话充电器。TinySwitch 总是由输入高压供电，不需要偏置电阻。在市电输入电压范围内（85～256 V）提供恒定电压和电流输出。C_3

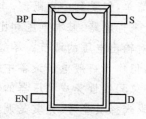

图 7-34　TinySwitch254 的
引脚排列图

为 BP 端外接电容,实现对高频去耦和能量存储。二次绕组经 VD_5 和 C_5 整流滤波提供 5.2 V 输出,L_2 和 C_6 一起提供辅助滤波。由光耦合器 V_1、电流检测电阻 R_4 和 V_2 组成电流控制环,控制恒流输出。输出电压 U_O 由光耦合器 V_1 中 LED 的正向压降(约 1 V)和稳压管 VZ 的稳压值共同设定。即使输出端发生短路故障,R_6 和 R_4 上的压降足以保持 V_2 和 V_1 中 LED 的正常工作,同时电阻 R_7 和 R_9 限制了输出短路时由 R_4 和 R_6 上的压降产生的通过 VZ 流入 V_2 的正向电流。

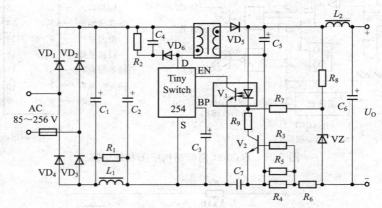

图 7-35　TinySwitch254 的应用电路

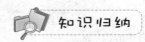

（1）直流稳压电源是电子设备的重要部件之一,小功率直流稳压电源一般由电源变压器、整流电路、滤波电路和稳压电路等环节组成。对直流电源的要求是当输入电压变化及负载变化时,输出电压应保持稳定。

（2）利用二极管的单向导电性将工频交流电变为单一方向的脉动直流电,称为整流。整流电路广泛采用桥式整流电路。

（3）滤波电路能消除脉动直流电压中的纹波电压,提高直流输出电压质量。电容滤波适用于小电流负载及电流变化小的场合,电容滤波对整流二极管的冲击电流大;电感滤波适用于大电流负载及电流变化大的场合,电感滤波对整流二极管的冲击电流小。电容和电感组成的复式滤波效果更好,其中 LC-π 型效果最好。

（4）稳压电路能在交流电源电压波动或负载变化时稳定直流输出电压。稳压管稳压电路最简单,但受到一定限制;串联型稳压电路是直流稳压电路中最为常用的一种,它一般由调整管、采样电路、基准电压和比较放大等环节组成,利用反馈控制调节调整管的导通状态,从而实现对输出电压的调节。尽管因串联型稳压电路的调整管工作在线性放大状态,管耗大、效率较低,但作为一般电子设备中的电源,使用还是十分方便的,应用场合比较多。

（5）线性集成稳压器的稳压性能好、品种多、使用方便、安全可靠,可依据稳压电源的参数要求选择其型号,尤其是调试、组装方便,因此使用较为普遍。

（6）为提高交、直流转换效率,可采用开关型稳压电源。开关型稳压电源中调整管工作在开关状态,功耗小。控制调整管的导通、截止时间的比例就可调节输出电压,有很宽的稳压范围。开关型稳压电源按调整管的控制方式分有脉冲宽度调制方式(PWM)和脉冲频率调制方式(PFM),常用的是串联型脉宽调制方式。

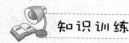 知识训练

题7-1 一般小功率直流稳压电源主要由哪几部分组成?简述各部分的作用。

题7-2 电路如图7-36所示,交流电压表的读数为24 V,负载电阻为800 Ω,问直流电压表和直流电流表的读数分别为多少?

题7-3 单相桥式整流电容滤波电路如图7-10所示,已知$u_2=20$ V,$R_L=80$ Ω,$C=500$ μF。若用直流电压表测得输出电压分别为:(1)28 V;(2)9 V;(3)20 V;(4)18 V;(5)24 V。试分析可能出现的故障,并在正常输出情况下选择整流二极管及滤波电容。

题7-4 电路如图7-37所示,试完成:

(1)分别标出U_{o1}和U_{o2}对地的极性。

(2)分析U_{o1}和U_{o2}是半波整流还是全波整流。

(3)当$u_{21}=u_{22}=20$ V时,求U_{o1}和U_{o2}的值。

(4)当$u_{21}=18$V,$u_{22}=22$ V时,画出U_{o1}、U_{o2}的波形,并求出U_{o1}和U_{o2}各为多少?

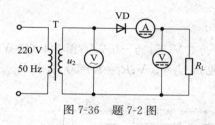

图7-36 题7-2图

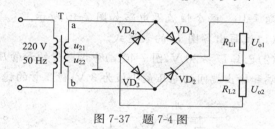

图7-37 题7-4图

题7-5 根据下列题意,选择正确答案。

(1)能实现整流的元件是( )。

    A. 二极管   B. 晶闸管   C. 三极管   D. 稳压二极管

(2)交流电压经整流电路后得到的输出电压是( )。

    A. 平滑直流电压   B. 交流电压

    C. 脉动直流电压   D. 稳定直流电压

(3)若单相桥式整流电路的输出电压为18 V,则电源变压器二次绕组的电压有效值是( )。

    A. 20 V   B. 18 V   C. 24 V   D. 9 V

(4)在单相桥式整流电容滤波电路中,若负载开路,则负载两端的直流电压平均值将会( )。

    A. 下降   B. 升高   C. 变为零   D. 保持不变

(5)整流电路加上电容滤波后,电压波动减小,则输出电压( )。

    A. 下降   B. 升高   C. 保持不变

题7-6 简述电容滤波和电感滤波的原理、特点和使用场合。

题7-7 图7-38是RC-π型滤波电路,已知$u_2=6$ V,现要求$U_o=6$ V、$I_o=100$ mA,试计算R的大小。

题 7-8   串联型线性稳压电源主要由哪几部分组成？其调整管一定工作在线性放大区吗？并简述各部分的作用。

题 7-9   图 7-39 所示为集成运放组成的串联型线性稳压电路，试完成：

(1)标出集成运放的同相输入端和反相输入端。

(2)若 $R_1 = R_2 = 1\ \text{k}\Omega$，计算 U_O。

(3)若调整管的饱和管压降 $U_{CES} = 2\ \text{V}$，求最小输入电压 U_{Imin}。

(4)分析电路的稳压过程。

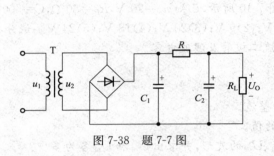

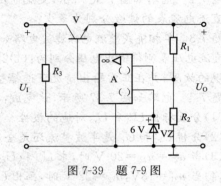

图 7-38   题 7-7 图   图 7-39   题 7-9 图

题 7-10   两个恒流源电路如图 7-40 所示。

(1)试写出各图 I_O 的表达式。

(2)已知 $U_I = 20\ \text{V}$，图 7-40(a)中调整管饱和管压降为 3 V，U_{BE} 为 $-0.7\ \text{V}$；图 7-40(b)W7805 输入端和输出端间的电压最小值为 3 V；稳压管的稳定电压 $U_Z = 5\ \text{V}$；$R_1 = R = 50\ \Omega$，求 R_{Lmax}。

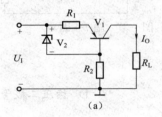

(a)

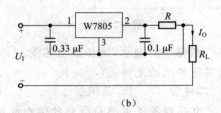

(b)

图 7-40   题 7-10 图

题 7-11   现需要两个直流稳压电源，其输入电压均为 220 V/50 Hz，输出电压/电流分别为 $+12\ \text{V}/400\ \text{mA}$、$-5\ \text{V}/10\ \text{mA}$。要求合理选择元器件。

题 7-12   集成稳压器组成的稳压电源如图 7-41 所示。试分别求出在正常输入电压下的输出电压 U_O；稳压器的输入电压一般选取多大？

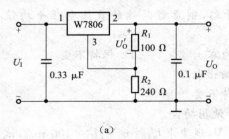

(a)

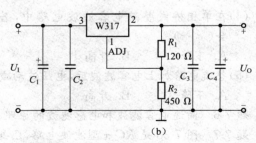

(b)

图 7-41   题 7-12 图

题 7-13 开关型稳压电源主要由哪几部分组成？其调整管工作在什么状态？简述各部分的作用。

题 7-14 何谓开关型稳压电源的脉宽调制式、脉频调制式,一般采用什么方式？

题 7-15 简述图 7-33 开关型降压稳压电源的稳压过程。

知识自测

1. 填空题

(1)直流稳压电源一般由_____、_____、_____及_____四部分组成。

(2)在直流稳压电路中,变压的目的是_____,整流的目的是_____。

(3)将交流电变为直流电的电路称为_____。

(4)整流电路中,利用整流二极管的_____性使交流电变为脉动直流电。

(5)稳压电源的稳压电路可分为_____型和_____型两种。

(6)直流稳压电路中滤波电路主要由_____、_____等储能元件组成。

(7)设变压器二次电压为 U_2,其全波整流电路的输出平均电压为_____;二极管所承受的最大反向电压为_____。

(8)若变压器二次电压的有效值 $U_2 = 10$ V,经桥式整流,电容 C 滤波后,输出电压 $U_O =$ _____V;若电容 C 虚焊(开路),则 $U_O =$ _____V。

(9)在桥式整流、电容滤波、稳压管稳压直流电源电路中,变压器二次电压为 10 V,则整流后的 $U_{O(AV)} =$ _____,滤波后的 $U_{O(AV)} =$ _____,二极管所承受的最大反向电压为_____。

(10)串联型直流稳压电路通常包括五个组成部分,即基准电压电路、_____、_____、保护电路和采样电路。

(11)在串联型稳压电路中,为了正常稳压,调整管必须工作在_____区。

(12)直流稳压电源电路中,滤波电路主要由电容、电感等储能元件组成,其中,_____滤波适合于大电流(大功率)电路,而_____滤波适用于小电流电路。

(13)现有两个硅稳压管,稳压值为 $U_{Z1} = 7.3$ V,$U_{Z2} = 5$ V,若用于稳定电压为 8 V 的电路,则可把 VZ_1 和 VZ_2 串联,VZ_1 应_____偏置,VZ_2 应_____偏置。

(14)三端集成稳压器因有_____、_____、_____三个端而得名。

(15)三端集成稳压器 W7812 的输出电压为_____V。

(16)三端集成稳压器 CW7912 的输出电压为_____V。

(17)已知直流稳压电源电路中,变压器二次电压有效值 $U_2 = 10$ V,正常情况输出电压平均值 $U_{O(AV)} =$ _____;若滤波电容虚焊,则 $U_{O(AV)} =$ _____。

(18)单相桥式整流电路中,负载电阻为 100 Ω,输出电压平均值为 10 V,则流过每个整流二极管的平均电流为_____A。

2. 判断题

(1)直流电源是一种能量转换电路,它将交流能量转换为直流能量。　　　　　　　　(　　)

(2)在桥式整流电路中,如用交流电压测出变压器二次侧的交流电压为 40 V,则在纯电阻负载两端用直流电压表测出的电压值为 48 V。　　　　　　　　　　　　　　(　　)

(3)稳压二极管是利用二极管的反向击穿特性进行稳压的。 （　　）

(4)在变压器二次电压和负载电阻相同的情况下,桥式整流电路的输出电流是半波整流电路输出电流的2倍。 （　　）

(5)桥式整流电路在接入电容滤波后,输出直流电压会升高。 （　　）

(6)用集成稳压器构成稳压电路,输出电压稳定,在实际应用时,不需要考虑输入电压大小。 （　　）

(7)直流稳压电源中的滤波电路是低通滤波电路。 （　　）

(8)在单相桥式整流电容滤波电路中,若有一只整流管接反,输出电压平均值变为原来的一半。 （　　）

(9)滤波电容的容量越大,滤波电路输出电压的纹波就越大。 （　　）

(10)在变压器二次电压和负载电阻相同的情况下,桥式整流电路的输出电流是半波整流电路输出电流的2倍。因此,它们的整流管的平均电流比值为2:1。 （　　）

3. 选择题

(1)若要求输出电压 $U_O = -18$ V,则应选用的三端集成稳压器为（　　）。

    A. W7812　　　　B. W7818　　　　　　C. W7912　　　　　　　D. W7918

(2)直流稳压电源滤波电路中,滤波电路应选用（　　）滤波器。

    A. 高通　　　　　B. 低通　　　　　　　C. 带通　　　　　　　　D. 带阻

(3)若单相桥式整流电容滤波电路中,变压器二次电压有效值为10 V,则正常工作时输出电压平均值 $U_{O(AV)}$ 可能的数值为（　　）。

    A. 4.5 V　　　　B. 9 V　　　　　　　C. 12 V　　　　　　　D. 14 V

(4)在单相桥式整流电容滤波电路中,若有一只整流管接反,则（　　）。

    A. 变为半波整流　　　　　　　　　　B. 并联在整流输出两端的电容 C 将过电压击穿

    C. 输出电压约为 $2U_D$　　　　　　　　D. 整流管将因电流过大而烧坏

(5)关于串联型直流稳压电路,带放大环节的串联型稳压电路的放大环节放大的是（　　）。

    A. 基准电压　　　　　　　　　　　　B. 采样电压

    C. 采样电压与滤波电路输出电压之差　D. 基准电压与采样电压之差

(6)三端集成稳压器 CW7815 的输出电压为（　　）。

    A. 15 V　　　　　B. －15 V　　　　　　C. 5 V　　　　　　　　D. －5 V

(7)变压器二次电压有效值为40 V,整流二极管承受的最高反向电压为（　　）。

    A. 20 V　　　　　B. 40 V　　　　　　　C. 56.6 V　　　　　　D. 80 V

(8)用一只直流电压表测量一只接在电路中的稳压二极管的电压,读数只有0.7 V,这表明该稳压管（　　）。

    A. 工作正常　　B. 接反　　　　　　　C. 已经击穿　　　　　　D. 无法判断

(9)直流稳压电源中,滤波电路的作用是（　　）。

    A. 将交流变为直流　　　　　　　　　B. 将交、直流混合量中的交流成分滤掉

    C. 将高频变为低频　　　　　　　　　D. 将高压变为低压

(10) 两个稳压二极管，稳压值分别为 7 V 和 9 V，将它们组成如图 7-42 所示电路，设输入电压 $U_1 = 20$ V，则输出电压 $U_O = ($　　$)$。

　　A. 20 V　　　　　　　　　　B. 7 V

　　C. 9 V　　　　　　　　　　 D. 16 V

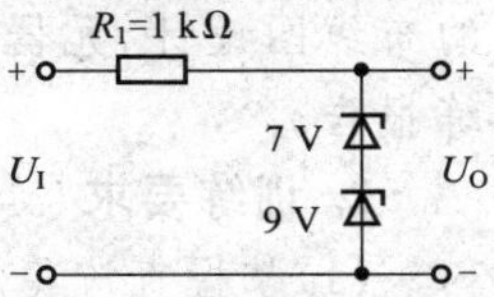

图 7-42　题(10)图

(11) 稳压电源电路中，整流电路的作用是(　　)。

　　A. 将交流变为直流　　　　　　B. 将高频变为低频

　　C. 将正弦波变为方波　　　　　D. 将交、直流混合量中的交流成分滤掉

(12) 具有放大环节的串联型稳压电路在正常工作时，若要求输出电压为 18 V，调整管压降为 6 V，整流电路采用电容滤波，则电源变压器二次电压有效值应为(　　)。

　　A. 12 V　　　　B. 18 V　　　　C. 20 V　　　　　D. 24 V

(13) 串联型稳压电源正常工作的条件是：其调整管必须工作在放大状态，即必须满足(　　)。

　　A. $U_1 = U_O + U_{CES}$　　　　　B. $U_1 < U_O + U_{CES}$

　　C. $U_1 \neq U_O + U_{CES}$　　　　　D. $U_1 > U_O + U_{CES}$

(14) 两个稳压二极管，稳压值分别为 7 V 和 9 V，将它们用于图 7-43 所示电路。设输入电压 $U_1 = 20$ V，则输出电压 $U_O = ($　　$)$。

　　A. 0.7 V　　　　　　　　　　B. 7 V

　　C. 9 V　　　　　　　　　　 D. 20 V

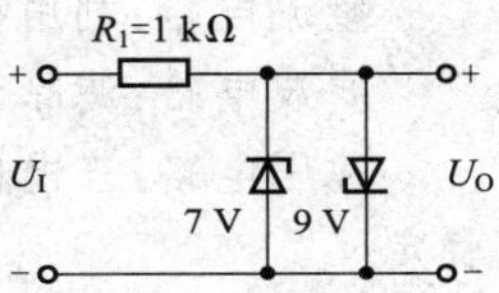

图 7-43　题(14)图

(15) 若桥式整流电路变压器二次电压为 $u_2 = 10\sqrt{2}\sin\omega t$ V，则每个整流管所承受的最大反向电压为(　　)。

　　A. $10\sqrt{2}$ V　　B. $20\sqrt{2}$ V　　C. 20 V　　　　D. $\sqrt{2}$ V

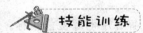

训练项目　直流稳压电源的设计与调试

一、项目概述

所有的电子设备都需要直流稳压电源才能正常工作。常见的直流稳压电源均是通过交流电转换而来的。直流稳压电源主要由整流电路、滤波电路和稳压电路组成。

二、训练目的

通过串联型线性稳压电路的项目训练，加深对直流稳压电源工作原理的理解，熟悉稳压电源质量指标的测量方法；了解短路保护的作用；能独立完成直流稳压电源的组装、调试和测量。

三、训练内容与要求

1. 训练内容

利用模拟电子技术实验装置提供的电路板(或面包板)、三极管、电阻、电容、连接导线

等,设计和组装成直流稳压电源。根据本项目训练要求,以及给定的电路图,完成电路安装的布线图设计、元器件的选择,并完成电路的组装、调试、性能指标的测量,并撰写出项目训练报告。

2. 训练要求

(1)掌握直流稳压电源的组成和工作原理。

(2)学会对直流稳压电源的组装、调试和测量。

(3)撰写项目训练报告。

四、原理分析

1. 直流稳压电源的组成

直流稳压电源一般由电源变压器、整流电路、滤波电路和稳压电路组成。各部分的作用如下:

电源变压器:将交流电(220 V、50 Hz)变换为直流稳压电源所需的交流电压。

整流电路:利用整流二极管的单向导电性将交流电变换为脉动直流电。

滤波电路:滤除单向脉动直流电的交流成分,保留直流成分,使电压波形变得平滑。

稳压电路:当电网电压波动或负载发生变化时,通过电路的自动调节,保证输出电压的稳定。

2. 直流稳压电路的性能指标

稳压系数 S_r 反映稳压性能,输出电阻 r_o 反映带负载能力。

五、内容安排

1. 知识准备

(1)指导教师讲述直流稳压电源的组成和工作原理;明确训练项目的内容、要求、步骤和方法。

(2)学生做好预习,熟悉直流稳压电源工作原理及各元器件作用;了解稳压电源性能指标。

(3)在面包板上完成电路布线图设计。

2. 电路组装

(1)按照图 7-44 组装直流稳压电源,选择三极管、整流二极、电阻、电容、连接导线。确认无误后接通交流电源。

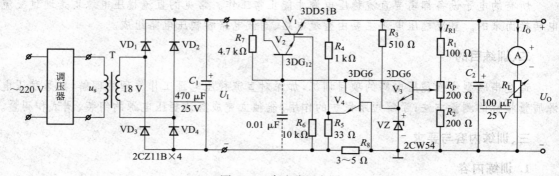

图 7-44   直流稳压电源

(2)接入测量仪表。

3. 电路调试与测量

(1)测量稳压电路输出电压 U_O 的调节范围:

①确认电路连接无误,并先将电源调压器归零位。

②测量稳压电路输出电压 U_O 的调节范围。使负载 R_L 开路($R_L=\infty$),旋转调压器手柄使变压器一次侧输入 $U_S=220$ V,然后调节 R_P,观察输出 U_O 能否变化,若能,则电路基本工作正常。这时测量 U_O 的最大值和最小值、相应的 U_I 值以及调整管 V_1 的管压降 U_{CE1},填入表 7-1 中。

表 7-1 空载时输出电压的测量

R_P 位置	U_O	U_I	U_{CE1}
R_P 右旋到头			
R_P 左旋到头			

(2)测量稳压电路的外特性及输出电阻:

①保持 $U_S=220$ V 不变,在 R_L 开路状态下调节 R_P 使 $U_O=12$ V,然后接入 R_L。调节滑线式变阻器,测量相应的输出电压 U_O 和输出电流 I_O,将测量数据填入表 7-2。

②根据表 7-2 中数据,由 $U_O=11.5\sim12.5$ V 时的 I_O,求出输出电阻。$r_o=\dfrac{\Delta U_O}{\Delta I_O}\Big|_{U_I=常数}$

表 7-2 外特性测量数据

U_O/V	3	6	9	11.5	12	12.5
I_O/A						

(3)测量纹波系数。调节 $U_O=12$ V,$I_O=100$ mA 并保持不变,用晶体毫伏表测输入纹波电压 u_{di} 和输出纹波电压 u_{do}。计算纹波系数 $\gamma=\dfrac{u_{dO}}{U_O}$,并与整流输出纹波系数比较。

(4)测量稳压系数 S_r 和电压调整率 S_U。调节 $U_O=12$ V,$I_O=100$ mA 并保持不变,然后旋转调压器手柄使变压器输入由原来的 220 V 波动±10%,测量相应的 U_O 和 U_I,并计算 S_r 和 S_U,填入表 7-3 中。

$$S_r=\dfrac{\Delta U_O/U_O}{\Delta U_I/U_I}\Big|_{R_L=常数} \qquad S_U=\dfrac{\Delta U_O}{U_O}\times100\%\Big|_{I_L=100\ mA}$$

表 7-3 S_r 和 S_U 测量

U_S	198 V	220 V	242 V
U_O			
U_I			
S_r			
S_U			

(5)短路保护实验。将稳压电路输出端短路,测量下列数据填入表 7-4 中。

表 7-4　短路测量数据

短路实验	U_I	U_O	I_O	U_{C4}	U_{E4}	U_{CE4}	U_{CE1}	U_{R8}
短路前								
短路后								

六、训练所用仪表与器材

(1)单相调压器(2 kV·A)、整流变压器(22 V/18 A)各一台。

(2)晶体毫伏表、示波器各一台。

(3)万用表一块、直流电压表(0~1 A)一块、滑线式变阻器(R_L=200 Ω)一只。

(4)三极管、整流二极管、电阻、电容等若干。

七、成绩评定

训练项目成绩评定采取百分制分段评定的方法:

(1)电路组装工艺,30 分。

(2)主要性能指标测试,40 分。

(3)总结报告,30 分。

整理实验数据,并填入对应表格中,用坐标纸绘制外特性;计算电路的输出电阻;由计算得出的指标数据,评价该电路性能,并提出建议。

附　　录

附录 A　半导体器件型号命名方法

国产半导体器件是根据国家标准 GB/T 249—1989《半导体分立器件型号命名方法》命名的。

1. 半导体器件型号的组成

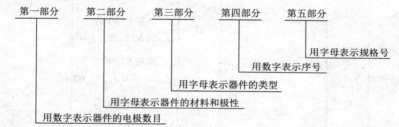

| 第一部分 | 第二部分 | 第三部分 | 第四部分 | 第五部分 |

用数字表示器件的电极数目

用字母表示器件的材料和极性

用字母表示器件的类型

用数字表示序号

用字母表示规格号

以 3DG6C 为例说明其各部分的含义：

第一部分：表示三极管；

第二部分：表示该三极管为硅材料 NPN 型三极管；

第三部分：表示该三极管为高频小功率管；

第四部分：表示产品序列号；

第五部分：表示规格号，表示三极管的耐压值。

注：半导体特殊器件、复合管、激光器件的型号命名只有后面三个部分。

2. 五个组成部分的符号及其意义（见表 A-1）

表 A-1　半导体器件型号五个组成部分的符号及其意义

第一部分		第二部分		第三部分		第四部分	第五部分
用数字表示器件的电极数目		用字母表示器件的材料和极性		用字母表示器件的类型		用数字表示序号	用字母表示规格号
符号	意义	符号	意　义	符号	意　义		
2	二极管	A	N 型，锗材料	P	普通管		
		B	P 型，锗材料	V	微波管		
		C	N 型，硅材料	W	稳压管		
		D	P 型，硅材料	C	参量管		
3	三极管	A	PNP 型，锗材料	Z	整流管		

续上表

第一部分		第二部分		第三部分		第四部分	第五部分
用数字表示器件的电极数目		用字母表示器件的材料和极性		用字母表示器件的类型		用数字表示序号	用字母表示规格号
符号	意义	符号	意义	符号	意义		
3	三极管	B	NPN 型,锗材料	L	整流堆		
		C	PNP 型,硅材料	S	隧道管		
		D	NPN 型,硅材料	N	阻尼管		
		E	化合物材料	U	光电器件		
				K	开关管		
				X	低频小功率管 $(f_\alpha < 3\ \text{MHz}, P_C < 1\ \text{W})$		
				G	高频小功率管 $(f_\alpha \geqslant 3\ \text{MHz}, P_C < 1\ \text{W})$		
				D	低频大功率管 $(f_\alpha < 3\ \text{MHz}, P_C \geqslant 1\ \text{W})$		
				A	高频大功率管 $(f_\alpha \geqslant 3\ \text{MHz}, P_C \geqslant 1\ \text{W})$		
				T	半导体闸流管(可控整流管)		
				Y	体效应管		
				B	雪崩管		
				J	阶跃恢复管		
				CS	场效应器件		
				BT	半导体特殊器件		
				FH	复合管		
				PIN	PIN 型管		
				JG	激光器件		

附录 B　常用半导体器件的参数

1. 整流二极管

整流二极管的参数见表 B-1。

表 B-1　整流二极管的参数

参数		最大整流电流	最大整流电流时的正向压降	最高反向工作电压	反向电流	最高工作频率
符号/单位		I_{FM}/mA	U_F/V	U_{RM}/V	I_R/μA	f_M/kHz
型号	2CZ52B～M	100	≤1.5	50～1 000	≤5	50
	2CZ53B～M	300	≤1	50～1 000	≤250	3
	2CZ54B～M	500	≤1	50～1 000	≤300	3
	2CZ55B～M	1 000	≤1	50～1 000		3
	2CZ56A～M	3 000	≤0.8	25～1 000		39
	1N4001～4007	1 000	1.1	50～1 000	5	
	1N5401～5408	3 000	1	50～1 000	5	
	RL151～157	1 500	1.5	50～1 000	5	
	RL201～207	2 000	1	50～1 000	5	
	1S1835	1 500		600	10	
	1S1887	1 500		400		
	BA157	1 000		400		
	BV206	2 000		300		

最高反向工作电压 U_{RM} 的分挡见表 B-2。

表 B-2　最高反向工作电压的分挡

2CZ52～56 分挡	A	B	C		D	E	F	G	H	J	K	L	M
1N4001～4007 分挡		1	2		3		4		5		6		7
1N5401～5408 分挡		1	2	3	4		5		6		7		8
U_{RM}/V	25	50	100	150	200	300	400	500	600	700	800	900	1 000

2. 稳压管

稳压管的参数见表 B-3。

表 B-3　稳压管的参数

参数		稳定电压	稳定电流	最大稳定电流	额定功耗	动态电阻	国外代换型号
符号/单位		U_Z/V	I_Z/mA	I_{Zmax}/mA	P_{ZM}/mW	r_Z/Ω	
型号	2CW50-2V4	2.4	10	175	500	40	1N5985
	2CW50-2V7	2.7	10	167	500	40	1N5986
	2CW51-3V	3	10	141	500	42	1N5987
	2CW51-3V3	3.3	10	128	500	42	1N5988

参　数	稳定电压	稳定电流	最大稳定电流	额定功耗	动态电阻	国外代换型号
符号/单位	U_Z/V	I_Z/mA	I_{Zmax}/mA	P_{ZM}/mW	r_Z/Ω	
2CW51-3V6	3.6	10	118	500	42	1N5989
2CW52-3V9	3.9	10	100	500	45	1N5990
2CW52-4V3	4.3	10	99	500	45	1N5991
2CW53-4V7	4.7	10	90	500	40	1N5992
2CW53-5V1	5.1	10	83	500	40	1N5993
2CW53-5V6	5.6	10	76	500	40	1N5994
2CW54-6V2	6.2	10	68	500	20	1N5995
2CW54-6V8	6.8	10	63	500	20	1N5996
2CW55-7V5	7.5	10	57	500	10	1N5997
2CW56-8V2	8.2	10	52	500	15	1N5998
2CW57-9V1	9.1	5	47	500	15	1N5999
2CW58-10V	10	5	43	500	20	1N6000
2CW59-11V	11	5	39	500	25	1N6001
2CW60-12V	12	5	35	500	30	1N6002
2CW61-13V	13	3	33	500	40	1N6003
2CW62-15V	15	3	28	500	50	1N6004
2CW62-16V	16	3	27	500	50	1N6005
2CW63-18V	18	3	24	500	60	1N6006
2CW64-20V	20	3	21	500	65	1N6007
2CW65-22V	22	3	19	500	70	1N6008
2CW66-24V	24	3	18	500	75	1N6009
2CW67-27V	27	3	16	500	80	1N6010
2DW230	5.8~6.6	10	30	200	≤25	
2DW231	5.8~6.6	10	30	200	≤15	
2DW232	6.0~6.5	10	30	200	≤10	

（型号列于左侧）

3. 半导体三极管

半导体三极管的参数见表 B-4。

表 B-4　半导体三极管的参数

参　数		集电极最大允许耗散功率	集电极最大允许电流	反向击穿电压			极间饱和电流		共发射极电流放大系数	最高允许结温	国外代换型号
				集-基	集-射	射-基	集-基	集-射			
符号/单位		P_{CM}/mW	I_{CM}/mA	$U_{(BR)CBO}$/V	$U_{(BR)CEO}$/V	$U_{(BR)EBO}$/V	I_{CBO}/μA	I_{CEO}/μA	h_{fe}(β)	T_{JM}/℃	
型号	3AX51B	100	100	≥30	≥12	≥12	≤12	≤500	40~150	75	2SB100、2N1058
	3AX31C	125	125	≥40	≥25	≥20	≤6	≤500	50~150	75	2N64

参　数	集电极最大允许耗散功率	集电极最大允许电流	反向击穿电压			极间饱和电流		共发射极电流放大系数	最高允许结温	国外代换型号
			集-基	集-射	射-基	集-基	集-射			
符号/单位	P_{CM}/mW	I_{CM}/mA	$U_{(BR)CBO}$/V	$U_{(BR)CEO}$/V	$U_{(BR)EBO}$/V	I_{CBO}/μA	I_{CEO}/μA	h_{fe}(β)	T_{JM}/℃	
3AX81A	200	200	≥20	≥10	≥10	≤30	≤1 000	30～250	75	
3BX81A	200	200	≥20	≥10	≥10	≤30	≤1 000	30～250	75	LM9012、2SB185
3AX62	500	500	≥50	≥30		≤100		≥50	85	LM9013、2SC945
3CX201C	300	300		≥35	≥4	≤0.5	≤1	40～400	150	2SA606、2SB22
3DX201C	300	300		≥35	≥4	≤0.5	≤1	40～400	150	2SC732、2SC941
3CX204C	700	700		≥35	≥4	≤5	≤20	55～400	150	
3DX204C	700	700		≥35	≥4	≤5	≤20	55～400	150	
3AG55A	150	50		≥15	≥2	≤8	≤500	30～200	75	
3CG21B	300	50		≥25	≥4	≤0.5	≤1	≥25	150	
3DG6A	100	20	≥30	≥15	≥4	≤0.1	≤0.1	10～200	150	
3DG6B	100	20	≥45	≥20	≥4	≤0.1	≤0.1	20～200	150	
3DG6C	100	20	≥45	≥20	≥4	≤0.1	≤0.1	20～200	150	
3DG6D	100	20	≥45	≥30	≥4	≤0.1	≤0.1	20～200	150	
3DG130C	700	300	≥40	≥30	≥4	≤1	≤10	20～200	175	
3DG100B	100	20		≥30		≤0.01	≤0.01	≥25	175	
CS9011H	300	100		18			≤0.05	97		
CS9012G	600	500		25			≤0.5	118		
CS9013G	400	500		25			≤0.5	118		
CS9014B	300	100		18			≤0.05	100		
3AK801A	50	20		≥12			≤50	≤0.5	30～150	
3DK101A	200	30		≥30			≤0.1	≥20		
3DK106A	700	600		≥25			≤1	15～180		
3DK102A	300	50		≥15			≤0.1	25～180		
3AD53C	20 000	6 000	≥70	≥24	≥20	≤500	≤1 000	12～100	85	
3AD50C	10 000	3 000	≥70	≥30	≥20	≤300	≤2 500	≥12	90	
3DD50C	10 000	3 000	≥70	≥24	≥20	≤300	≤2 500	≥20	90	
3DD150C	50 000	5 000		≥120		≤1 000	≤2 000	≥20	90	

（型号 — 最左侧纵向标题）

4. 场效应管

场效应管的参数见表 B-5。

表 B-5 场效应管的参数

参数		最大耗散功率	漏极饱和电流	最大漏极电流	最高漏-源电压	最高栅-源电压	开启电压	夹断电压	栅源绝缘电阻	共源小信号低频跨导	最高振荡频率
符号/单位		$P_{DM}/$ mW	$I_{DSS}/$ mA	$I_{DM}/$ mA	$U_{(BR)DS}/$ V	$U_{(BR)GS}/$ V	$U_{TH}/$ V	$U_P/$ V	$R_{GS}/$ Ω	g_m $(\mu A/V)$	$f_M/$ MHz
型号	3DJ2H	100	6~10		20	20		$\leqslant|-9|$	$\geqslant 10^8$	$\geqslant 2\,000$	$\geqslant 300$
	3DJ7F	100	1~3.5		20	20		$\leqslant|-9|$	$\geqslant 10^8$	$\geqslant 3\,000$	$\geqslant 90$
	3DJ8J	100	24~35		20	20		$\leqslant|-9|$	$\geqslant 10^7$	$\geqslant 6\,000$	$\geqslant 90$
	3DO4	1 000	$0.5~1.2\times 10^7$		20	20		$\leqslant|-9|$	$\geqslant 10^9$	$\geqslant 2\,000$	
	3DO6B	1 000	$\leqslant 0.001$		20	20	$\leqslant 5$		$\geqslant 10^9$	$\geqslant 2\,000$	
	3CO1	1 000	$\leqslant 0.001$	15	15	20	-2~-6		$\geqslant 10^9$	$\geqslant 500$	

附录C　集成电路型号命名方法

　　我国集成电路型号规定几经变化,1982 年国家标准局颁布了国家标准《半导体集成电路型号命名方法》,在 GB 3430—1982 规定的 CT 1000～CT 4000 等系列的基础上,为了适应国内外集成电路发展的需要,1989 年又进行了修改,完全采用了国标通用的器件系列和品种代号。现行的集成电路就是以新国标 GB 3430—1989 规定命名的,器件的型号由五大部分组成,各部分的符号及含义如表 C-1 所示。

表 C-1　我国集成电路现行国家标准命名规定

第 0 部分		第一部分		第二部分	第三部分		第四部分	
用字母表示器件符合国家标准		用字母表示器件的类型		用阿拉伯数字表示器件系列品种代号	用字母表示器件的工作温度范围		用字母表示器件的封装形式	
符号	意义	符号	意义		符号	意义	符号	意义
C	中国制造	T	TTL	其中 TTL 分为:	C	0～70 ℃	W	陶瓷扁平
		H	HTL	54/74××	G	−25～70 ℃	F	多层陶瓷扁平
		E	ECL	54/74H×××	L	−25～85 ℃	D	多层陶瓷双列直插
		C	CMOS	54/74L×××	E	−40～85 ℃	B	塑料扁平
		F	线性放大器	54/74S×××	R	−55～85 ℃	S	塑料单列直插
		D	音响电视电路	54/74LS×××	M	−55～125 ℃	P	塑料双列直插
		W	稳压器	54/74AS×××	…		J	黑瓷双列直插
		J	接口电路	54/74ALS×××			H	黑瓷扁平
		B	非线性电路				K	金属菱形
		M	存储器				T	金属圆形
		μ	微型机电路				C	陶瓷芯片载体
		AD	A/D 转换器	CMOS 分为:			E	塑料芯片载体
		DA	D/A 转换器	4000 系列			G	网络针栅阵列
		SC	通信专用电路	54/74HC×××			…	…
		SJ	机电仪电路	54/74HCT×××				
		…	…	…				

　　注:4000A 系列电源电压为 3～15 V;4000B 系列电源电压为 3～18 V;74HC 系列电源电压为 2～6 V;4HCT 系列电源电压为 4.5～5.5 V。

示例：

1. 肖特基 TTL 四 2 输入与非门

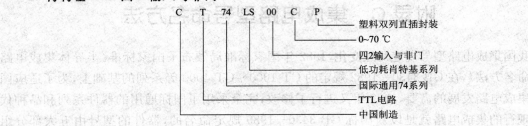

```
C  T  74  LS  00  C  P
```
- 塑料双列直插封装
- 0~70 ℃
- 四2输入与非门
- 低功耗肖特基系列
- 国际通用74系列
- TTL电路
- 中国制造

2. CMOS 四 2 输入或非门

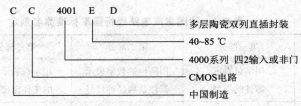

```
C  C  4001  E  D
```
- 多层陶瓷双列直插封装
- 40~85 ℃
- 4000系列 四2输入或非门
- CMOS电路
- 中国制造

附录 D　常用电子元器件图形符号新旧对照表

常用电子元器件图形符号新旧对照表见表 D-1。

表 D-1　常用电子元器件图形符号新旧对照表

名　称	新图形符号	旧图形符号	说　明
电压源			
电流源			
受控电压源			
受控电流源			
半导体二极管			
稳压二极管			
光电二极管			
发光二极管			
NPN 型三极管			
PNP 型三极管			
耗尽型 NMOS 管			
耗尽型 PMOS 管			
增强型 NMOS 管			
增强型 PMOS 管			
N 沟道结型场效应管			

名　称	新图形符号	旧图形符号	说　明
P 沟道结型场效应管			
晶闸管			
极性电容			
理想运算放大器			
光耦合器 光隔离器			

参考文献

[1] 华成英,童诗白. 模拟电子技术基础[M]. 4 版. 北京:高等教育出版社,2006.

[2] 康华光. 电子技术基础(模拟部分)[M]. 5 版. 北京:高等教育出版社,2006.

[3] 陈梓城. 模拟电子技术基础[M]. 北京:高等教育出版社,2003.

[4] 马祥兴. 电子技术及应用[M]. 北京:中国铁道出版社,2006.

[5] 王瑞琴,刘素芳. 模拟电子技术[M]. 北京:中国铁道出版社,2002.

[6] 胡宴如. 模拟电子技术[M]. 2 版. 北京:高等教育出版社,2008.

[7] 王廷才. 电子技术[M]. 北京:高等教育出版社,2006.

[8] 章彬宏. 模拟电子技术[M]. 北京:北京理工大学出版社,2008.

[9] 刘慰平. 模拟电子技术基础[M]. 北京:北京理工大学出版社,2008.

[10] 张树江. 模拟电子技术(基础篇)[M]. 2 版. 大连:大连理工大学出版社,2005.

[11] 张裕民. 模拟电子技术基础工[M]. 西安:西北工业大学出版社,2003.

[12] 李建民. 模拟电子技术基础[M]. 北京:清华大学出版社,2006.

[13] 国兵. 模拟电子技术[M]. 天津:天津大学出版社,2008.